Messungen und Untersuchungen an wärmetechnischen Anlagen und Maschinen

Von

Dr.-Ing. Heinrich Netz

Studienrat, Privatdozent an der Technischen Hochschule Aachen

Mit 107 Textabbildungen

Berlin
Verlag von Julius Springer
1933

Vorwort.

Bei Gelegenheit von Schulungskursen für Ingenieure wurde der Wunsch nach einem Buche geäußert, das bei verhältnismäßig beschränktem Umfange das Gebiet des wärmetechnischen Messens einschließlich der zur Beurteilung wärmetechnischer Vorgänge notwendigen Grundlagen behandelt. Dieser Wunsch hat eine gewisse Berechtigung, da es gerade an einer zusammenfassenden Behandlung der einschlägigen Gebiete in der Literatur mangelt. Wenn ich mich nun entschlossen habe, auf den nachfolgenden Blättern das zu Messungen und Untersuchungen an wärmetechnischen Anlagen und Maschinen notwendige Wissensgebiet in gedrängter Form darzustellen, so konnte das nicht geschehen, ohne aus der großen Fülle des vorliegenden Stoffes eine Auswahl zu treffen. Den wärmetechnischen Grundlagen ist dabei ein breiter Raum vorbehalten worden, da gerade diese für die Auswertung und kritische Beurteilung gewonnener Meßgrößen besonders wichtig sind. Im zweiten Teil wird eine Übersicht der gebräuchlichsten Meßgeräte gegeben; der dritte Teil behandelt Untersuchungen an Maschinen und Anlagen. Wo der Umfang des Buches eine eingehendere Behandlung verbot, ist durch entsprechende Literaturhinweise die Möglichkeit einer Vertiefung des Stoffes gegeben.

Das Werk wendet sich in erster Linie an Studierende und junge Wärmeingenieure in Betrieb und Konstruktion, denen es ein Helfer und Berater sein will. Sollte es hier eine Lücke ausfüllen können, so hätte sich die aufgewandte Mühe reichlich gelohnt.

Dank schulde ich den einschlägigen Firmen für die mir bereitwilligst zur Verfügung gestellten Unterlagen ihrer Erzeugnisse und der Verlagsbuchhandlung für die gute Ausstattung des Buches.

Aachen, im Juli 1933.

Heinrich Netz.

Alle Rechte, insbesondere das der Übersetzung
in fremde Sprachen, vorbehalten.
Softcover reprint of the hardcover 1st edition 1933

ISBN-13: 978-3-642-98351-1   e-ISBN-13: 978-3-642-99163-9
DOI: 10.1007/978-3-642-99163-9

Inhaltsverzeichnis.

Erster Abschnitt.

Wärmetechnische Grundlagen.

Seite

I. Wärme und Arbeit 1

II. Die Wärmeübertragung 5

   1. Mischung 5

   2. Wärmeleitung 5

   3. Wärmestrahlung 10

      a) Strahlung zwischen festen und flüssigen Körpern 10

      b) Strahlung zwischen Gasen und Wänden 16

      c) Die Strahlung leuchtender Flammen 19

   4. Wärmeübertragung durch Berührung (Konvektion) 21

III. Verbrennungslehre 28

IV. Der Wasserdampf 51

V. Wärme- und Kälteschutz 58

Zweiter Abschnitt.

Meßgeräte.

I. Mengenmessung von Flüssigkeiten, Gasen und Dämpfen 65

   1. Volumenmesser 66

   2. Geschwindigkeitsmesser 68

   3. Durchflußmesser 69

      a) Strömungsmesser 69

      b) Mündungsmesser 74

         1. Ausflußmesser 74

         2. Staugeräte 75

         Staurohr 75, Blende 79, Düse 87, Venturirohr 88.

   4. Sonderverfahren 89

   5. Die Anzeigegeräte 89

II. Druckmessung 96

   1. Federmanometer 96

   2. Flüssigkeitsmanometer 97

III. Behälterstandsmessung 98

IV. Temperaturmessung 100

   1. Ausdehnungsthermometer 101

   2. Widerstandsthermometer 103

   3. Thermoelemente 103

      a) einfache Thermoelemente 103

      b) Thermoelemente mit Strahlungsschutz 109

      c) Extrapolationsverfahren 113

Seite

4. Strahlungspyrometer 113
5. Schmelzpunktpyrometer 119
V. Feuchtigkeitsmessung 119
1. Physikalische Grundlagen 119
2. Meßgeräte 123
 a) Psychrometer 123
 b) Hygrometer 126
 c) Absorptionsfeuchtigkeitsmesser 127
 d) Sonderbauarten 128
VI. Gasuntersuchungen 129
1. Chemische Rauchgasprüfer 129
2. Physikalische und elektrische Rauchgasprüfer 136
VII. Fernmessung 143
VIII. Wärmemengenmessung 148
IX. Heizwertschreiber 149
X. Leistungsmessung 152
1. Indizierte Leistung 152
2. Effektive Leistung 154
 a) Elektrische Messung 154
 b) Mechanische Messung 155

Dritter Abschnitt.

Wärmetechnische Untersuchungen.

I. Dampfkessel- und Feuerungsanlagen. 156
II. Wärmekraftmaschinen 169
1. Kolbendampfmaschinen 169
2. Dampfturbinen 180
3. Verbrennungskraftmaschinen 188
 a) Dieselmaschinen 188
 b) Gasmaschinen 197
Literaturverzeichnis 202
Sachverzeichnis 203

Druckfehlerberichtigungen.

S. 58 Gl. 76, statt $\sqrt{t}$ lies $\sqrt[3]{t}$.

S. 60 Zeile 39, statt $\alpha = 5{,}3 + 3{,}6\, v^0$ lies $\alpha = 5{,}3 + 3{,}6\, v$.

Wärmetechnische Grundlagen.

I. Wärme und Arbeit.

Arbeit ist das Produkt aus Kraft mal Weg

$$A = P \cdot s \ \text{mkg} \tag{1}$$

Hierin ist

$P =$ wirkende Kraft kg

$s \ =$ zurückgelegter Weg m

Eine in der Zeit t Sekunden verrichtete Arbeit ist eine Leistung, als deren Einheit die in einer Sekunde verrichtete Arbeit gilt

$$L = \frac{P \cdot s}{t} \ \text{mkg/s} \tag{2}$$

Eine Pferdestärke (PS) ist die in einer Sekunde verrichtete Arbeit von 75 mkg

$$N = \frac{L}{75} = \frac{P \cdot s}{75} \ \text{PS} \tag{3}$$

Aufgabe: Wie groß ist die Leistung einer Pumpe, die in einer Stunde 15 m³ Öl vom spezifischen Gewichte $\gamma = 0{,}9$ auf 20 m fördert?

Es ist

$$N = \frac{15000 \cdot 0{,}9 \cdot 20}{3600 \cdot 75} = 1 \ \text{PS}$$

Die tatsächlich aufgewandte Pumpenleistung ist infolge der unvermeidlichen Verluste größer. Bezeichnet man das Verhältnis

$$\frac{\text{Nutzleistung}}{\text{aufgewandte Leistung}}$$

als Wirkungsgrad η, so folgt z. B. bei $\eta = 0{,}6$ in unserem Beispiel die an der Pumpe tatsächlich aufzuwendende Leistung N_P zu

$$N_P = \frac{N}{\eta} = \frac{1}{0{,}6} = 1{,}67 \ \text{PS}$$

Bei elektrischer Energie tritt an die Stelle des Weges die Spannung, deren Einheit nach dem Italiener Volta mit Volt bezeichnet wird. An die Stelle der Kraft tritt die Stromstärke, deren Einheit nach dem französischen Physiker Ampère benannt ist.

Die elektrische Leistung in der Zeiteinheit errechnet sich aus

$$N = U \cdot I \ \text{Watt} \tag{4}$$

Hierin ist

$U =$ Spannung V

$I =$ Stromstärke A

Da gewöhnlich als Leistungsbezeichnung nicht Watt, sondern die 1000 mal größere Einheit Kilowatt (kW) gewählt wird, folgt die Leistung bei Gleichstrom zu

$$N = \frac{U \cdot I}{1000}\, \text{kW} \tag{5}$$

Bei Wechselstrom ist wegen der Phasenverschiebung der Effektivwert der Leistung

$$N = \frac{U \cdot I \cdot \cos\varphi}{1000}\, \text{kW} \tag{6}$$

Hierin ist

$\cos\varphi =$ Leistungsfaktor.

Bei Drehstrom ist bei gleicher Belastung der Stromzweige

$$N = \frac{\sqrt{3}\, U \cdot I \cdot \cos\varphi}{1000}\, \text{kW} \tag{7}$$

Der Zeitbegriff wird durch Anfügen von s bzw. h (Sekunde bzw. Stunde) zum Ausdruck gebracht. So bedeutet 1 kWh eine Leistung von einem Kilowatt eine Stunde lang.

Aufgabe: Wie groß ist die Nutzleistung einer Dampfmaschine, die mittels Riemen eine Gleichstromdynamomaschine antreibt?

Gemessen ist $U = 220$ V, $I = 180$ A (hinter der Dynamomaschine)

Wirkungsgrad der Dynamomaschine $\eta = 0,85$.

Die Kraftabgabe der Dynamomaschine beträgt

$$N_{\text{Dyn.}} = \frac{220 \cdot 180}{1000} = 39,6\,\text{kW}$$

Für die Riemenübertragung gehen rund 2% der Dampfmaschinenleistung verloren, so daß die Nutzleistung der Dampfmaschine ermittelt wird zu

$$N_{\text{DM.}} = \frac{39,6}{0,85 \cdot 0,98} = 47,6\,\text{kW}$$

Nach dem Gesetz von Faraday sind die aus einem Elektrolyten abgeschiedenen Mengen der Stromstärke und der Zeit des Stromdurchganges proportional. Von dieser Erkenntnis wird in der Meßgerätetechnik, wie wir noch sehen werden, Gebrauch gemacht. Ein Strom von 1 Ampere scheidet in einer Sekunde z. B. folgende Mengen aus

Silber	1,118 mg	Wasserstoff	0,1160 cm³
Kupfer	0,3294 „	Sauerstoff	0,0580 „
Jod	1,3153 „	Knallgas	0,1740 „

Für wärmetechnische Rechnungen sind folgende Umrechnungen der Arbeits- und Leistungswerte notwendig

1 mkg/s	=	9,81 W
1000 mkg/s	=	9,81 kW
1 kW	=	102 mkg/s

$$1\ \text{kWh} \quad = 102 \cdot 3600 = 367\,200\ \text{mkg/h}$$
$$1\ \text{PS} \quad = 75\ \text{mkg/s}$$
$$1\ \text{PS} \quad = 75 \cdot 9{,}81 = 736\ \text{W} = 0{,}736\ \text{kW}$$
$$1\ \text{kWh} \quad = \frac{1000}{736} = 1{,}36\ \text{PSh}$$
$$1\ \text{kW} \quad = 1{,}36\ \text{PS}.$$

Im Jahre 1842 hat Julius Robert Mayer das Gesetz des mechanischen Wärmeäquivalents aufgestellt. Nach diesem Gesetz sind Wärme und Arbeit gleichwertig

$$1\ \text{kcal} \equiv 427\ \text{mkg}$$

d. h. die ,,Einheit der Wärmemenge" (1 kcal) ist einer Arbeit von 427 mkg gleichwertig. 1 kcal ist dabei diejenige Wärmemenge, die notwendig ist um 1 kg flüssiges Wasser von 14,5° auf 15,5°C zu erwärmen. Zur Erwärmung von 1 g Wasser ist $\frac{1}{1000}$ kcal oder 1 cal notwendig. Für wärmetechnische Rechnungen ist die kcal die gebräuchlichere Einheit. Aus der Gleichsetzung von Wärme und Arbeit folgt

$$1\ \text{mkg} \quad = 0{,}002\,342\ \text{kcal}$$
$$1\ \text{PSh} \quad = 632{,}3\ \text{kcal}$$
$$1\ \text{kWh} \quad = 860{,}36\ \text{kcal}$$
$$1\ \text{kWs} \quad = 0{,}239\ \text{kcal}$$
$$1\ \text{Ws} \quad = 0{,}239\ \text{cal}$$
$$1\ \text{kcal} \quad = 1{,}16\ \text{Wh}$$
$$1\ \text{kcal/h} \quad = 1{,}16\ \text{W}$$
$$1\ \text{kcal} \quad = 4{,}184\ \text{kWs} = 427\ \text{mkg}.$$

Wird die vom elektrischen Strom geleistete Arbeit in Wärme umgesetzt, so folgt nach dem Jouleschen Gesetz die in t Sekunden von einem Strom der Stärke I Ampere in einem Leiter vom Widerstand R Ohm entwickelte Stromwärme zu

$$Q = 0{,}238\,65\ J^2 \cdot R \cdot t\ \text{cal} \tag{8}$$

Der in Ohm gemessene Widerstand eines Leiters ist proportional der Länge des Leiters l (m), dem spezifischen Widerstande ϱ und umgekehrt proportional dem Querschnitt F (mm²) des Leiters. Es ist

$$R = \frac{l \cdot \varrho}{F}\ \text{Ohm}. \tag{9}$$

Der spezifische Widerstand $\varrho =$ Widerstand für 1 m Länge und 1 mm² Querschnitt bei 20° C, ist abhängig vom Material und von der Temperatur des Leiters und kann Tabellen entnommen werden[1].

Aufgabe: Wie groß ist der Widerstand einer 5 m langen Kupferleitung mit 1 mm² Querschnitt? $\varrho = 0{,}0175$

Es ist

$$R = \frac{5 \cdot 0{,}0175}{1} = 0{,}0875\ \Omega$$

---

[1] Z. B. Dubbel: Taschenbuch für den Maschinenbau. Bd. II, S. 773, 5. Aufl. Berlin: Julius Springer 1929.

Die Wirkungsgrade werden wie folgt bezeichnet:
mechanischer Wirkungsgrad

$$\eta_m = \frac{\text{Nutzarbeit an der Welle}}{\text{an den Kolben abgegebene Arbeit}} = \frac{N_e}{N_i}$$

Der mechnische Wirkungsgrad erfaßt die mechanischen Verluste in der Maschine z. B. die Reibungsverluste.

Gesamt- oder wirtschaftlicher Wirkungsgrad $= \dfrac{632,3}{W_e} = \eta_g$

Hierin ist W_e die für 1 PS$_e$h tatsächlich verbrauchte Wärmemenge. Der wirtschaftliche Wirkungsgrad ermöglicht eine Beurteilung der Gesamtanlage.

thermodynamischer Wirkungsgrad, auch Gütegrad genannt (Clausius Rankine Wirkungsgrad).

$$\eta_{\text{thd}} = \frac{\text{indizierte Arbeit}}{\text{Arbeit der verlustlosen Maschine}} = \frac{N_i}{N_o}$$

thermischer Wirkungsgrad. Er ist ein wärmewirtschaftlicher Wirkungsgrad, der auf die verschiedenen Leistungen bezogen werden kann, so z. B.

$$\eta_{\text{thi}} = \text{indizierter thermischer Wirkungsgrad} = \frac{632,3}{W_i}$$

Hierin ist W_i die für 1 PS$_i$h verbrauchte Wärmemenge.
Ist W_i auf die kWh bezogen, so wird

$$\eta_{\text{thi}} = \frac{860,36}{W_i}$$

Ist W_o der Mindestwärmeverbrauch für die verlustlose mechanische Energieumwandlung, so ist der Wirkungsgrad dieser Umwandlung

$$\eta_o = \frac{632,3}{W_o} = \text{thermischer Wirkungsgrad der verlust-}$$

losen Maschine.

Kesselwirkungsgrad. Er umfaßt die Strahlungs-, Rückstands-, Abgas- und Restverluste des Kessels.

$$\eta_k = \frac{D\,(i_1 - i_w)}{B \cdot H_u} = \frac{\text{im Kessel nutzbar gemachte Wärme}}{\text{Brennstoffwärme}}$$

Hierin ist

D = stündliche Dampfmenge kg/h
i_1 = Wärmeinhalt des Dampfes beim Verlassen des Überhitzers kcal/kg
i_w = Wärmeinhalt des Speisewassers vor dem Rauchgasvorwärmer (bzw. hinter dem Abdampfvorwärmer) kcal/kg
B = stündliche Brennstoffmenge kg/h
H_u = unterer Heizwert des Brennstoffes kcal/kg

II. Die Wärmeübertragung.

Nach dem zweiten Hauptsatze der Wärmelehre kann Wärme nur von den Stellen höherer Temperatur zu solchen tieferer Temperatur übergehen. Die Wärmeübertragung soll dabei entweder beschleunigt, z. B. bei Feuerungs- und Heizungsanlagen, oder auch, soweit möglich, ganz unterbunden werden. Dieser letzte Fall liegt z. B. beim Wärme- und Kälteschutz vor.

Ein Wärmeübergang kann erfolgen durch

Mischung   Strahlung

Leitung   Berührung

1. Mischung.

Bei der Wärmeübertragung durch Mischung ist der Wärmeinhalt des Gemisches gleich der Summe der Wärmeinhalte der einzelnen Bestandteile. Dies gilt unter der Voraussetzung, daß bei der Mischung weder Wärme nach außen abgegeben wird, noch durch irgendwelche chemischen oder physikalischen Vorgänge neue Wärme hinzukommt.

Aufgabe: Wie hoch ist die Mischungstemperatur, wenn 100 kg Wasser von 5° C mit 20 kg Wasser von 50° C gemischt werden?

Es gilt die Gleichung

$$100 \cdot 5 + 20 \cdot 5 = (100 + 20)\, t,$$

daraus folgt $\qquad\qquad\qquad t = 12{,}5^{0}\,\text{C}.$

Hierbei ist vorausgesetzt, daß keine Verluste entstehen und vollkommene Mischung stattfindet.

2. Wärmeleitung.

Im Innern eines Körpers pflanzt sich die Wärme durch Leitung fort. Die mathematischen Gesetzmäßigkeiten waren bereits durch die grundlegenden Arbeiten von Fourier Mitte des vergangenen Jahrhunderts bekannt[1]. Danach ist bei festen Körpern der Wärmefluß, d. i. die Intensität der Wärmeströmung, abhängig von dem Temperaturgefälle und der Wärmeleitzahl λ. Die Wärmeleitzahl λ ist für die meisten in Betracht kommenden Körper durch Versuche bestimmt worden. Sie ist abhängig von der Eigenschaft des Materials und der Temperatur. Letztere Abhängigkeit ist besonders bei ff. Baustoffen wichtig. So gelten z. B. für ff. Baustoffe die in Zahlentafel 1 aufgeführten Werte. Für andere Stoffe finden sich Wärmeleitzahlen in Zahlentafel 2.

Aus der Abhängigkeit der Wärmeleitzahlen von der Temperatur folgt, daß für den Wärmefluß innerhalb des Körpers mit verschiedenen Werten λ gerechnet werden müßte. Praktisch vereinfacht man jedoch meist die Rechnungen, indem λ für die vorliegende mittlere Temperatur eingesetzt

---

[1] Fourier: Analytische Theorie der Wärme. 1882. Übersetzt von Weinstein. Berlin 1914.

Zahlentafel 1. Wärmeleitzahlen für feuerfeste Baustoffe[1]
(Durchschnittswerte).

mittlere Temperatur °C		200	400	600	800	1000	1200	1400
Wärmeleit-	Silika. . . .	0,56	0,72	0,88	1,03	1,19	1,35	1,51
zahl	Dinas. . . .	0,74	0,84	0,93	1,03	1,13	1,23	1,33
λ	Schamotte .	0,51	0,59	0,66	0,74	0,82	0,9	0,98
kcal/mh°	Magnesit . .	1,15	1,22	1,29	1,36	1,43	1,50	1,58

wird. Mit dieser zulässigen Annäherung erhält man dann die durch eine
senkrecht zum Temperaturgefälle liegende Fläche in der Zeit z durchfließende Wärmemenge Q aus der Gleichung

$$Q = F \frac{\lambda}{s} (t_1 - t_2) z \text{ kcal} \tag{10}$$

Hierin ist

F = Fläche m²
λ = mittlere Wärmeleitzahl kcal/mh °C
s = Wandstärke m
$t_1 - t_2$ = Temperaturgefälle °C
z = Zeit h

Aufgabe: Welches Temperaturgefälle ist notwendig um durch eine Kupfer-
platte von $F = 0,6$ m² Fläche und $s = 0,02$ m Stärke in 15 Minuten ($= \frac{1}{4}$ Stunde)
eine Wärmemenge von 50000 kcal zu übertragen?

Es ist für Kupfer $\lambda = 300$ bis 340; gewählt werde $\lambda = 320$ kcal/mh °C. Es
ist dann

$$t_1 - t_2 = \frac{Q}{F \dfrac{\lambda}{s} z} = \frac{50\,000}{0,6 \dfrac{320}{0,02} 0,25} = 20,85° \text{ C}.$$

Bei Wandstärken über 100 mm und größeren Temperaturunterschieden können durch Einsetzen des Temperaturwertes $t_1 - t_2$ Fehler entstehen, da der Temperaturverlauf innerhalb der Wandung nicht geradlinig erfolgt. In diesem Falle ist die genaue Anwendung der Fourierschen
Gleichung[2]

$$Q = F \lambda \frac{dt}{ds} z \text{ kcal}$$

notwendig.

Der Wärmefluß durch eine aus Schichten verschiedener
Leitfähigkeit zusammengesetzten ebenen Wand folgt aus der
Gleichung

$$Q = \frac{1}{\dfrac{s_1}{\lambda_1} + \dfrac{s_2}{\lambda_2} + \dfrac{s_3}{\lambda_3} + \cdots} (t_1 - t_2) F z \text{ kcal} \tag{11}$$

---

[1] Koppers: Handbuch der Brennstofftechnik. Essen: Verlag Girardet 1931.
[2] Vgl. Ten Bosch: Die Wärmeübertragung, II. Aufl., S. 35. Berlin: Julius
Springer 1927.

Zahlentafel 2. Stoffwerte[1]

Stoff	Spez. Gew. γ kg/dm³	Spez. Wärme c kcal/kg °C	Wärmeleitzahl λ bei 20° C kcal/m h °C	Temperaturleitzahl a m²/h
Metalle:				
Aluminium	2,6—2,7	0,22	175	0,3
Blei	11,34	0,031	30	0,086
Bronze	7,4—8,9	0,091	51—61	0,06
Eisen	7,2—7,8	0,115	40—45	0,05
Gold	19,3	0,031	265	0,44
Kupfer	8,3—8,9	0,094	320	0,38
Messing	8,4—8,7	0,092	94	0,11
Nickel	8,4—8,9	0,11	25	0,053
Platin	21,4	0,032	60	0,087
Quecksilber	13,6	0,033	6	0,013
Silber	10,5	0,056	360	0,61
Zink	6,9—7,1	0,094	95	0,15
Zinn	7,2—7,4	0,056	56	0,13
Baustoffe:				
Holz $\perp$ zur Faser	}0,55—0,82	}0,57—0,65	0,12—0,26	}0,000 35
Holz ‖ zur Faser			0,23—0,37	} —0,0004
Granit	2,5—3,0	0,2	2,7—3,5	—
Marmor	2,6	0,2	1,8—3,0	0,005
Beton	2,1	0,21	0,1—1,2	0,002
Gips	0,8—1,2	0,25	0,3—0,35	0,0012
Ziegelmauerwerk	1,6	0,2	0,6—0,8	0,002
Bruchsteinmauerwerk . . .	—	—	1,3—2,1	—
Bimskies	0,65	0,24	0,13	0,00086
Zement	1,7—1,9	0,27	0,3—0,45	0,0006
Schwemmstein	—	—	0,21	—
Wärmeschutzstoffe [2]:				
Asbest	0,116—1,9	—	0,04—0,7	—
Platten aus Kork, Filz, Torf	—	—	0,04—0,08	—
Korkklein	—	—	0,035	—
Seidenzopf	0,147	—	0,04	—
Glaswolle	0,186	0,16	0,04—0,1	0,001
Schlackenwolle	—	—	0,08	—
Schlacke	0,36—0,7	0,18—0,19	0,12	0,0004 —0,0009
Kieselgurmasse	0,3	0,21	0,05—0,15	0,0015
Sonstige Stoffe:				
Kesselstein	—	—	1—3	—
Glas	2,5—3,9	0,12—0,2	0,5—0,7	0,001 —0,0014
Erde	2,02—2,04	0,44	0,12—2,0	—

---

[1] Ausführl. Tafeln siehe u. a. in Landolt-Börnstein: Phys.-chem. Tab., 5. Aufl. 1923/31 Berlin: Julius Springer.

[2] Vgl. auch S. 63.

Zahlentafel 2. Stoffwerte (Fortsetzung).

Stoff	Spez. Gew. γ kg/dm³	Spez. Wärme c kcal/kg°C	Wärme-leitzahl λ bei 20 ° C kcal/m h ° C	Temperatur-leitzahl a m²/h
Sand	1,5—1,65	0,17—0,22	0,26—0,98	0,001
Porzellan	2,3—2,5	0,26	0,89	0,001
Steinkohle	—	0,3	0,15	—
festgebrannte Ölschicht . .	—	—	0,1	—
Wasser (ruhend)	—	—	0,505	—
Wasserdampf (100—300°) .	—	—	0,02—0,03	—
Eis	0,88—0,92	0,5	1,9	—

λ Luft $\quad\quad = 0,01894\,(1 + 0,00228\,t)$
λ Wasserdampf $= 0,01405\,(1 + 0,00369\,t)$
λ Ruß $\quad\quad\ = 0,12$

Hierin bedeuten

$s_1,\ s_2,\ s_3 =$ Stärke der einzelnen Schichten m
$\lambda_1,\ \lambda_2,\ \lambda_3 =$ Wärmeleitzahl der betr. Schichten kcal/m h°
$t_1,\ t_2 \quad =$ Temperatur der beiden Oberflächen ° C

Aufgabe: Eine ebene Stahlplatte von 1 m² Fläche und $s_1 = 0{,}01$ m Stärke ist mit einer Kesselsteinschicht von der Stärke $s_2 = 0{,}001$ m bedeckt. Die Wärmeleitzahlen sind:

$$\text{Stahl} \ldots \ldots \quad \lambda_1 = 50 \text{ kcal/m h}^0$$
$$\text{Kesselstein} \ldots \quad \lambda_2 = 1 \text{ kcal/m h}^0$$

Welche Wärmemenge kann je Stunde durch Leitung übertragen werden, wenn die Oberflächentemperaturen 1000° und 300° C sind? Welche Wärmemenge kann je Stunde bei denselben Temperaturen, aber fehlender Kesselsteinschicht übertragen werden?

Es ist

$$Q = \frac{1}{\dfrac{0{,}01}{50} + \dfrac{0{,}001}{1}}\,(1000 - 300)\,1 = 583\,000 \text{ kcal}$$

Ohne Kesselsteinschicht ist

$$Q = \frac{1}{\dfrac{0{,}01}{50}}\,(1000 - 300)\,1 = 3\,500\,000 \text{ kcal}$$

d. i. also rund 6mal soviel. Man erkennt hieraus den schädlichen Einfluß des Kesselsteinbelages. Selbst sehr dünne Kesselsteinschichten von Bruchteilen eines mm schädigen die gute Wärmeübertragung außerordentlich. Andererseits genügen schon verhältnismäßig geringe Isolierstärken um die Wärmeabstrahlung erheblich zu verringern.

Die Gleichungen für die Wärmeleitung bei ebenen Platten können ohne großen Fehler auch bei solchen Rohren benutzt werden, deren Durchmesser im Verhältnis zur Wandstärke sehr groß ist, z. B. Dampfkesselwandungen. Die Fläche ist in diesem Falle aus dem mittleren Rohrdurchmesser $\dfrac{d_i + d_a}{2}$ zu berechnen.

Bei **Rohren** mit geringerem Durchmesser ist die durch die Rohrwand geleitete Wärmemenge

$$Q = 2\,\pi\;l\,z\;(t_1 - t_2)\;\frac{\lambda}{\ln\dfrac{d_a}{d_i}}\;\text{kcal} \qquad (12)$$

Hierin haben z, t_1, t_2, λ die frühere Bedeutung. Außerdem ist
$l = $ Rohrlänge m
$d_a = $ Außendurchmesser cm
$d_i = $ Innendurchmesser cm

In dieser Gleichung ist die längs des Radius verlaufende Temperatur nicht mehr geradlinig, sondern dem wahren Verlauf entsprechend, logarithmisch angenommen.

Bei aus **mehreren Schichten** verschiedener Leitfähigkeit zusammengesetzten **Rohren** folgt die durchgehende Wärmemenge aus

$$Q = 2\,\pi\;l\,z\;(t_1 - t_2)\;\frac{\lambda_m}{\ln\dfrac{d_a}{d_i}}\;\text{kcal} \qquad (13)$$

Die mittlere Wärmeleitzahl λ_m folgt dabei aus den Wärmeleitzahlen der einzelnen Stoffe zu

$$\lambda_m = \frac{\ln\dfrac{d_a}{d_i}}{\sum\dfrac{\ln D}{\lambda}}$$

Hierin bedeutet

$D = $ Durchmesserverhältnis z. B. $\dfrac{d_1}{d_i} = D_1;\quad \dfrac{d_2}{d_1} = D_2;$

$$\frac{d_3}{d_2} = D_3 \;\text{usw.}$$

$d_a = $ Außendurchmesser cm
$d_i = $ Innendurchmesser cm
$d_1,\,d_2,\,d_3 \ldots = $ Schichtdurchmesser cm
$\lambda_1,\,\lambda_2,\,\lambda_3 \ldots = $ Wärmeleitzahlen der einzelnen Schichten kcal/m h°

Aufgabe: Eine Dampfleitung vom Durchmesser 70/76 mm und einer Wärmeleitfähigkeit $\lambda = 50$ wird mit 10 mm Asbestmasse von der Wärmeleitfähigkeit $\lambda = 0,175$ isoliert. Die Temperatur der Innenwand beträgt 200° C, die Temperatur der Außenwand 20° C. Welche Wärmemenge kann je m Rohr und Stunde durch Leitung übertragen werden

a) ohne Isolierung,
b) mit Isolierung?

Es ist ohne Isolierung

$$Q = 2\pi l z\,(t_1 - t_2)\;\frac{\lambda}{\ln\dfrac{d_a}{d_i}} = 2\pi \cdot 1 \cdot 1\,(200-20)\,\frac{50}{\ln\dfrac{76}{70}} = 686\,172,8\;\text{kcal/m h}$$

Mit Isolierung ist

$$\lambda_m = \frac{\ln \dfrac{d_a}{d_i}}{\varSigma \dfrac{\ln D}{\lambda}} = \frac{\ln \dfrac{76+20}{70}}{\dfrac{\ln \dfrac{76}{70}}{50} + \dfrac{\ln \dfrac{96}{76}}{0,175}} = 0,2334 \text{ kcal/m h}^0$$

$$Q = 2\pi l\, z\, (t_1 - t_2)\, \frac{\lambda_m}{\ln \dfrac{d_a}{d_i}}$$

$$= 2\pi \cdot 1 \cdot 1\, (200 - 20)\, \frac{0,2334}{\ln \dfrac{96}{70}} = 833,89 \text{ kcal/m h.}$$

Durch die Isolierung ist die Wärmeleitung also wesentlich verringert worden. Sie beträgt in unserem Beispiel nur noch rund 0,12 vH. des Wertes der isolierten Leitung.

Für manche wärmetechnische Rechnungen ist die Kenntnis der Temperaturleitfähigkeit wichtig. Sie ist eine vom Stoffzustand abhängige Größe und gekennzeichnet durch die Gleichung

$$a = \frac{\lambda}{c \cdot \gamma} = \frac{\lambda}{c \cdot g \cdot \varrho} \ \text{m}^2/\text{h} \tag{14}$$

Hierin ist

λ = Wärmeleitfähigkeit kcal/m h °C
c = spezifische Wärme kcal/kg °C
γ = spezifisches Gewicht kg/m³
ϱ = Massendichte kg s²/m⁴
g = Erdbeschleunigung m/s²

Für einige der am häufigsten vorkommenden Stoffe sind die entsprechenden Werte in Zahlentafel 2 zusammengestellt.

3. Wärmestrahlung.

a) Strahlung zwischen festen und flüssigen Körpern.

Ein heißer Körper strahlt Wärme aus. Man bezeichnet als Emissions- oder Strahlungsvermögen die von 1 cm² Fläche in einer Sekunde ausgestrahlte Wärme. Wärmestrahlen sind elektromagnetische Schwingungserscheinungen, die sich mit großer Geschwindigkeit (300000 km/s) durch den Raum fortpflanzen. Treffen die Wärmestrahlen auf einen wärmeundurchlässigen Körper, so werden sie wieder in Wärme zurückverwandelt. Eine dazwischen liegende trockene Luftschicht wird dabei nicht erwärmt; sie ist wärmedurchlässig (diatherman). Außer trockener Luft gibt es noch andere Gase, die für Wärmestrahlen vollkommen durchlässig sind. Feuchte Luft ist durch den Wasserdampfgehalt nicht mehr vollkommen diatherman. Ebenso hält z. B. Kohlensäure einen Teil der Wärmestrahlen zurück; es werden also Wärmestrahlen absorbiert. Das Absorptionsvermögen ist das Verhältnis der absorbierten Wärme zu der gesamten Strahlungsenergie. Auch feste Körper absorbieren nicht vollkommen, sondern nur „optisch schwarze Körper". Von diesen werden keinerlei auftreffende Wärmestrahlen zurückgeworfen (reflektiert).

Ihrem Wesen nach ist die Wärmestrahlung der Lichtstrahlung verwandt. Die Gesetze der Reflexion, Brechung und Sammlung können daher auch auf die Wärmestrahlung Anwendung finden. Ein strahlender Körper sendet Licht- und Wärmestrahlen verschiedener Wellenlänge aus. Grundsätzlich wird von allen Wellenlängen, also auch von der Lichtstrahlung, Wärmeenergie fortgetragen, doch ist die Stärke, die „Intensität", der Wärmestrahlung abhängig von der Wellenlänge. Sie erreicht Höchstwerte im nicht sichtbaren (ultraroten) Gebiete der Strahlung.

Die Energieverteilung der Strahlung im Spektrum ist durch das für den optisch schwarzen Körper geltende Plancksche Strahlungsgesetz gegeben. Die einer bestimmten Wellenlänge λ entsprechende Strahlungsenergie (Intensität) I_λ für die absolute Temperatur T des strahlenden schwarzen Körpers folgt hiernach aus der Gleichung

$$I_\lambda = C \cdot 10^{-8} \frac{\lambda^{-5}}{e^{\frac{c}{\lambda T}} - 1} \ \text{kcal/m}^2 \, \text{h cm} *$$

Hierin ist
$C = $ Konstante $= 3{,}17$
$c = $ Konstante $= 1{,}43$
$\lambda = $ Wellenlänge cm
$e = $ Basis der natürlichen Logarithmen $= 2{,}7183$

Für verschiedene Temperaturen ist die Abhängigkeit der Intensität von der Wellenlänge auf Grund des Planckschen Gesetzes in Abb. 1 wiedergegeben. Der jeweilige von der Intensitätskurve begrenzte Flächeninhalt gibt die Gesamtstrahlung (Licht + Wärmestrahlung) wieder. Von der Gesamtstrahlung ist nur der Bereich von 0,4—0,8 μ sichtbar[1] und an der Gesamtwärmewirkung gemessen ohne Bedeutung für den Wärmeüber-

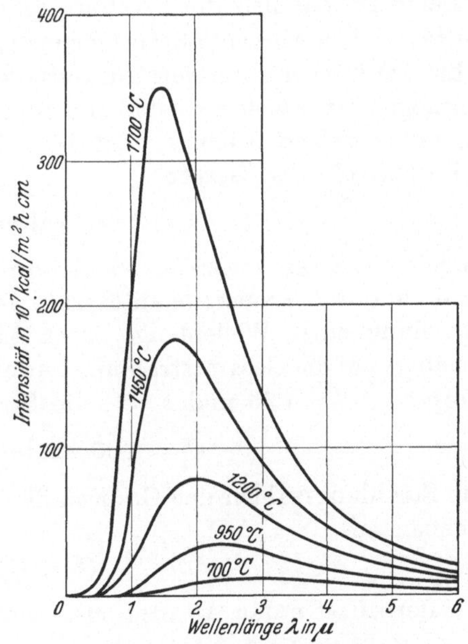

Abb. 1. Plancksches Strahlungsgesetz.

---

* Vgl. Schack: Der industrielle Wärmeübergang. Düsseldorf: Verlag Stahleisen 1929.

[1] $1\,\mu = 1/1000$ mm.

gang, nicht jedoch für die Temperaturmessung auf Grund der Licht-
helligkeit, wie wir später noch sehen werden.

Die Summierung der Intensität über sämtliche Wellenlängen ergibt,
daß die Gesamtstrahlung des absolut schwarzen Körpers der vierten
Potenz der absoluten Temperatur proportional ist. Dieses von Stefan
durch Versuche gefundene und von Boltzmann theoretisch begründete
Stefan-Boltzmannsche Strahlungsgesetz hat die Form

$$Q = C_s \left(\frac{T}{100}\right)^4 \text{ kcal/m}^2\text{ h}$$

Hierin ist

Q = ausgestrahlte Wärmemenge kcal/m² h
T = absolute Temperatur des strahlenden Körpers ^0K
C_s = Strahlungskonstante des absolut schwarzen Körpers = 4,96 kcal/m² h Grad⁴

Strahlt der Körper mit der Temperatur T_1 ^0K auf einen Körper mit
der Temperatur T_2 ^0K, so ist die abgestrahlte Wärmemenge

$$Q = C_s \left[\left(\frac{T_1}{100}\right)^4 - \left(\frac{T_2}{100}\right)^4\right] \text{ kcal/m}^2\text{ h} \qquad (15)$$

Die Gleichung gilt streng genommen nur für den „schwarz" strahlenden
Körper (C_s = 4,96), doch ist mit hinreichender Genauigkeit die Anwendung auch auf „Grau"strahler möglich. Nach dem Kirchhoffschen
Gesetze ist nämlich die Strahlungszahl eines beliebigen Körpers proportional dem Absorptionsvermögen des betr. Körpers. Der vollkommen
schwarze Körper absorbiert alle auffallenden Strahlen; das Absorptionsvermögen ist gleich eins und die Strahlungszahl ist am größten. Bei
„grau" strahlenden Körpern ist der Schwärzegrad kleiner als eins. Das
Kirchhoffsche Gesetz

$$C_s = k \cdot s \text{ kcal/m}^2\text{ h Grad}^4,$$

wobei C = Strahlungszahl, s = Absorptionsvermögen oder Schwärzegrad und k = Proportionalitätszahl bedeuten, gilt genau nur für die
Strahlung einer Wellenlänge, doch kann man das Gesetz auch angenähert auf die Gesamtstrahlung anwenden. Für den absolut schwarzen
Körper ist k = 4,96 und s = 1, die Strahlungszahl also

$$C_s = 4,96 \text{ kcal/m}^2\text{ h Grad}^4$$

Die Strahlungszahlen der Graustrahler sind kleiner als 4,96 und zu berechnen aus

$$C = \varepsilon\, C_s$$

Hierbei ist ε das Absorptionsverhältnis.

In Zahlentafel 3 sind die Strahlungszahlen für einige häufiger vor-
kommende Oberflächen enthalten. Bei vielen Strahlungsrechnungen ist
die Einsetzung der richtigen Strahlungszahl schwierig, da die Versuchs-
grundlagen noch nicht als abgeschlossen betrachtet werden können, so

Zahlentafel 3. Strahlungszahlen „C“ kcal/m² h Grad⁴
(Durchschnittswerte)[1].

Stoff	ε	„C“
Metalle:		
Aluminiumblech gewalzt[2]	—	0,3—0,4
Aluminiumblech poliert[2]	—	0,18—0,3
Gußeisen, rauh, stark oxydiert	0,94	4,66
Eisen, matt oxydiert	0.96	4,76
Eisen, hochblank poliert	0,29	1,44
Kupfer, blank poliert	0,13	0,645
Kupfer, schwach poliert	0,17	0,845
Kupfer, gewalzt	0,64	3,18
Kupfer, gerauht	0,76	3,77
Messing, matt poliert	0,22	1,09
Zink, matt	0,21	1,04
Zinn	0,05	0,248
Silber	0,03	0,149
Gold, nicht poliert	0,49	2,43
Baustoffe:		
Holz, glatt	0,78	3,87
Basalt …	0,72	3,57
Roter Sandstein ⎫ glatt geschliffen	0,60	2,98
Marmor ⎬ nicht poliert …	0,58	2,88
Granit nicht glänzend …	0,45	2,23
Dolomitkalk ⎭	0,41	2,03
Tonschiefer	0,69	3,42
Gips	0,78	3,87
Kalkmörtel, rauh, weiß	0,90	4,46
Verputz	0,93	4,61
Mauerwerk	0,93	4,61
Kies	0,29	1,44
Lehm	0,39	1,935
Sand	0,76	3,77
Sonstige Stoffe:		
Ruß (Kohle)	0,95	4,71
Glas	0,93	4,61
Wasser	0,67	3,32
Eis	0,64	3,18
Sägespäne	0,75	3,72
Papier	0,80	3,97
Ackererde	0,38	1,885
Humus	0,66	3,28
Baumwollzeug	0,77	3,82
Seidenstoff	0,78	3,87
Wollstoff	0,78	3,87
Ölanstrich	0,78	3,87

---

[1] Umgerechnet nach Hütte I, 25. Aufl., S. 463. Berlin: W. Ernst u. Sohn 1925. Eingehende Werte finden sich auch in Schack: Der industrielle Wärmeübergang, S. 400. Düsseldorf: Verlag Stahleisen 1930.

[2] Eingehende Werte: Hauszeitschrift V. A. W. Erftwerk 3, 1930.

z. B. bei polierten Metallen im Bereich bis 500° C. Temperatur, Wellenlänge und Oberflächenbeschaffenheit beeinflussen die Strahlungszahl erheblich. Die Tafelwerte können daher nur als Näherungswerte gelten.

Sind die Strahlungszahlen kleiner als die des nicht schwarzen Körpers, so ist bei Strahlung im geschlossenen Hohlraum

$$C = \frac{1}{\dfrac{1}{C_1} + \dfrac{F_1}{F_2}\left(\dfrac{1}{C_2} - \dfrac{1}{C_s}\right)} \text{ kcal/m}^2 \text{ h Grad}^4 \qquad (16)$$

Hierin gelten

C_1 und F_1 für die innere Fläche,
C_2 und F_2 für die umgebende Fläche.

Für den Sonderfall, daß F_2 sehr groß ist gegenüber F_1, z. B. eine Rohrleitung im Freien, folgt

$$C = \frac{1}{\dfrac{1}{C_1} + \dfrac{1}{C_2} - \dfrac{1}{C_s}} \text{ kcal/m}^2 \text{ h Grad}^4 \qquad (17)$$

Bei der Strahlung entfernt liegender Flächen beliebiger Stellung kann man angenähert setzen

$$C = \frac{C_1 C_2}{C_s} \text{ kcal/m}^2 \text{ h Grad}^4 \qquad (18)$$

Die Strahlung einer Fläche in schräger Richtung nimmt nach dem Lambertschen Gesetz mit dem Cosinus des Winkels zwischen Strahl- und Einfallslot ab. Bezeichnet man diesen Winkel mit φ, so ist die ausgesandte Strahlung

$$Q = Q_n \cos \varphi \text{ kcal/h} \qquad (19)$$

Hierin ist

$Q_n = $ senkrecht zur Fläche ausgestrahlte Wärmemenge.

Es ist

$$Q_n = \frac{Q_{ges}}{\pi} \text{ kcal/h,}$$

wobei Q_{ges} die aus dem Stefan Boltzmannschen Gesetze zu berechnende Gesamtstrahlung ist. Es folgt also

$$Q_n = \frac{1}{\pi} C \left[\left(\frac{T_1}{100}\right)^4 - \left(\frac{T_2}{100}\right)^4 \right] \text{ kcal/m}^2 \text{ h} \qquad (20)$$

Das Lambertsche Gesetz gilt genau nur für diffuse Strahlung. Ein Körper strahlt diffus, wenn auffallendes Licht nicht spiegelnd reflektiert, sondern nach allen Richtungen zerstreut wird.

Die Strahlungsintensität einer punktförmigen Strahlungsquelle nimmt mit dem Quadrate des Abstandes ab. Es ist

$$J = \frac{J_1}{r^2} \qquad (21)$$

Hierin ist

$J_1 = $ Strahlungsintensität in 1 m Entfernung

$r = $ Entfernung in m

Ist die Fläche nicht punktförmig, sondern ausgebreitet, so gilt diese Gesetzmäßigkeit nicht mehr. Die Entfernung ist dann nebensächlich, was für optische und thermoelektrische Strahlungsmessungen wichtig ist. So braucht schon keine Entfernungskorrektur berücksichtigt zu werden, wenn gerade das Gesichtsfeld des optischen Pyrometers vollkommen von der strahlenden Fläche ausgefüllt wird.

Stehen zwei strahlende Flächen F_1 und F_2 unter beliebigem Winkel einander gegenüber, so folgt nach dem Lambertschen und nach dem Entfernungsgesetz die ausgetauschte Strahlungswärme zu (vgl. Abb. 2)

$$Q = C \frac{F_1 F_2}{r^2 \pi} \cos \alpha \, \cos \beta \left[\left(\frac{T_1}{100} \right)^4 - \left(\frac{T_2}{100} \right)^4 \right] \text{ kcal/h } * \qquad (22)$$

Hierin ist

$C = $ Strahlungszahl

$\alpha = $ Winkel zwischen Strahl und Einfallslot der Fläche F_1

$\beta = $ Winkel zwischen Strahl und Einfallslot der Fläche F_2

$r = $ kürzester Abstand der bestrahlten Flächenelemente

$T_1, T_2 = $ Temperatur der beiden Flächen ^0K

Unter Umgehung der genauen Rechnung kann man in vielen Fällen die Berechnung der Gesamtstrahlung von Hohlräumen, die durch eine kleine Öffnung Wärmestrahlen nach außen senden, auf eine einfache Flächenstrahlung zurückführen. Können durch eine kleine Öffnung eines Feuerraumes Wärmestrahlen nach außen gelangen, so wirkt der Hohlraum wie ein absolut schwarzer Körper. Zur Berechnung der Abstrahlung mit

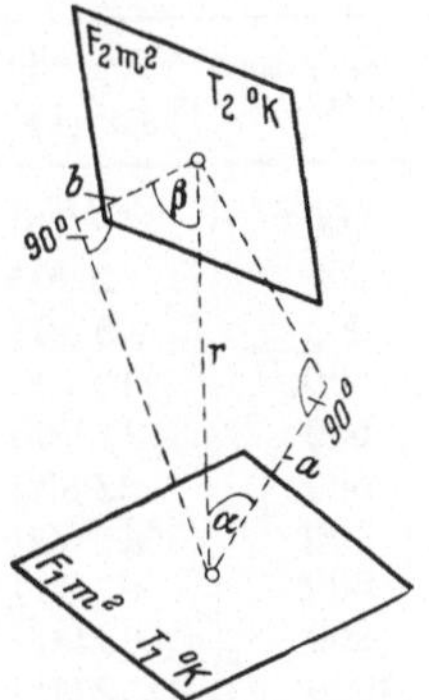

Abb. 2.
Strahlung zwischen zwei unter beliebigem Winkel stehenden Flächen.
$a = $ senkrechter Abstand der Ebene des Flächenstückes F_2 von $F_1 = r \cos \alpha$.
$b = $ senkrechter Abstand der Ebene des Flächenstückes F_1 von $F_2 = r \cos \beta$.

Hilfe des Stefan-Boltzmannschen Gesetzes kann man infolgedessen den Öffnungsquerschnitt als strahlende Fläche einsetzen mit einer Strahlungszahl, die um so näher an der schwarzen Strahlungszahl liegt, je kleiner die Öffnung im Verhältnis zum Hohlraum ist. Feuerräume strahlen durch eine offene Feuertür etwa mit einer Strahlungszahl, die um $C = 4{,}5$ herum liegt. Für genauere Rechnungen, wie etwa die Strahlungsaufnahme der verschiedenen Wasserrohre eines Kessels durch die glühende Brennstoffschicht, ist dieses Verfahren jedoch nur begrenzt gültig[1].

---

* Gerbel: Die Grundgesetze der Wärmestrahlung. Berlin: Julius Springer 1917.

[1] Seibert: Die Wärmeaufnahme der bestrahlten Kesselheizfläche. Arch. Wärmewirtsch. 9/1928 S. 180—88.

Aufgabe: Wie groß ist die Wärmemenge, die beim Öffnen einer 0,25 m² großen Feuerraumtür aus einem Feuerraum an die Außenluft abgestrahlt wird? Die Temperatur des Feuerraumes beträgt 1600° C, die Lufttemperatur 20° C.

Es ist

$$Q = C \cdot F \left[\left(\frac{T_1}{100}\right)^4 - \left(\frac{T_2}{100}\right)^4 \right] \text{kcal/h}$$

$$Q = 4,5 \cdot 0.25\,(18,73^4 - 2,93^4)$$

$$Q = 139\,000 \text{ kcal/h}$$

Bei allen Strahlungsberechnungen ist zu beachten, daß durch eine im Strahlenweg befindliche absorbierende Gasschicht die auf dem bestrahlten Körper ankommende Wärmemenge erheblich verringert werden kann. Insbesondere absorbieren wasserdampf- und kohlensäurehaltige Gase in erheblichem Maße Wärmestrahlen.

Vielfach ist die Einführung einer Wärmeübergangszahl zweckmäßig. Diese Wärmeübergangszahl bringt die je m²h°C übergehende Wärme zum Ausdruck. Sie folgt aus der Gleichung (vgl. auch S. 24)

Zahlentafel 4. Gesamtstrahlung des optisch schwarzen Körpers.

$$Q = C_s \left(\frac{T}{100}\right)^4 \text{kcal/m² h}$$

Temperatur °C	Abstrahlung Q kcal/m² h	Temperatur °C	Abstrahlung Q kcal/m² h
100	970	1100	176 000
200	2 500	1200	234 000
300	5 400	1300	304 000
400	10 200	1400	389 000
500	17 700	1500	490 000
600	28 800	1600	610 000
700	44 500	1700	752 000
800	65 700	1800	916 000
900	93 900	1900	1 106 000
1000	130 000	2000	1 324 000

$$Q = \alpha\,(t_1 - t_2) \text{ kcal/m²h zu}$$

$$\alpha = \frac{Q}{t_1 - t_2} \text{ kcal/m² h °C} \tag{23}$$

Hierin ist

Q = übergegangene Wärme kcal/m² h

t_1 = Temperatur des wärmeabgebenden Mittels °C

t_2 = Temperatur des wärmeaufnehmenden Mittels °C

Für den vorliegenden Fall der Strahlung einer Wand (Q_w) auf eine andere Wand folgt

$$\alpha_{\text{str}} = \frac{Q_w}{t_{w_1} - t_{w_2}} \text{ kcal/m²h °C}$$

b) Strahlung zwischen Gasen und Wänden.

Die Wärmestrahlung heißer Gase hat kein fortlaufendes Spektrum, das die Voraussetzung für die Anwendung des Stefan-Boltzmannschen Gesetzes ist. Im Gegensatz zu den festen Körpern sind die Gase Selektivstrahler, d. h. sie emittieren und absorbieren nur Strahlen in bestimmten Wellenbereichen. Die Strahlungsstärke ist dabei abhängig von Schichtstärke, Gasart, Gasdichte und Temperatur. In Öfen und Feuerungen kommen hauptsächlich Wasserdampf und Kohlensäure als Strahler in

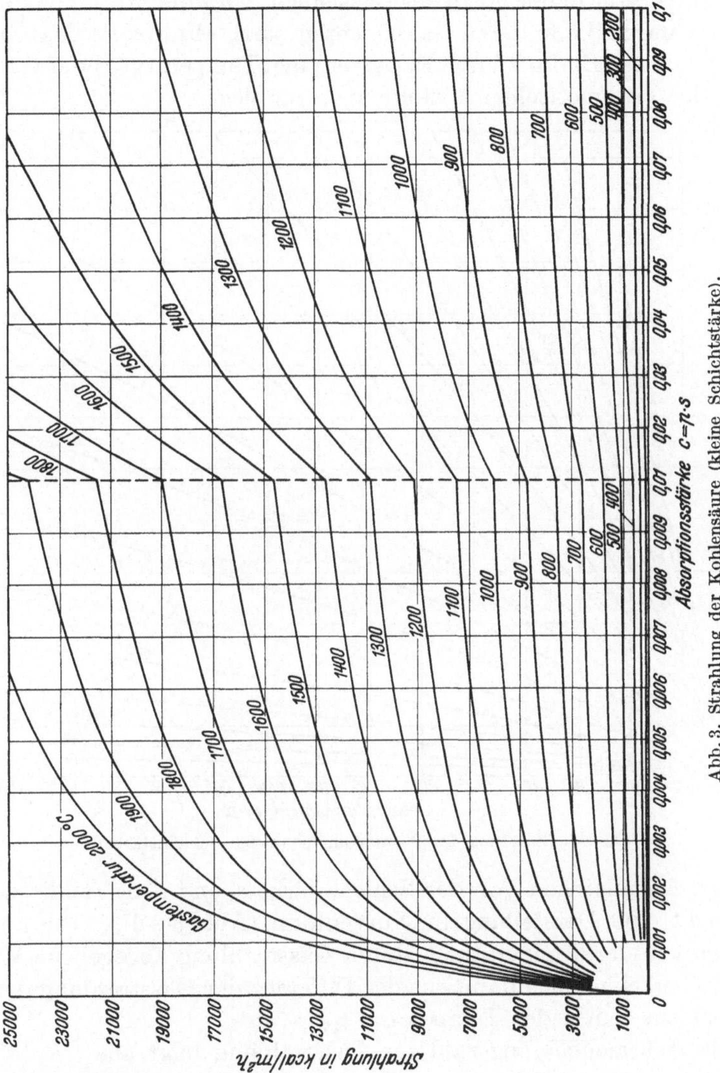

Abb. 3. Strahlung der Kohlensäure (kleine Schichtstärke).

Betracht. Schack hat die Strahlung von Kohlensäure und Wasserdampf untersucht und durch Rechnung in Abhängigkeit von Temperatur und dem Produkt $p \cdot s$ (Teildruck · Schichtstärke) dargelegt[1]. Nusselt

---

[1] Schack: Der industrielle Wärmeübergang. Düsseldorf: Verlag Stahleisen 1929.

hat ähnliche Betrachtungen für Verbrennungskraftmaschinen und Rohre angestellt [1]. Die Anwendung der Gasstrahlungsformeln setzt eine gleichmäßige Temperatur über den Querschnitt des Gaskörpers voraus. Da die Temperatur in der Nähe von Heizflächen meist etwas geringer ist als die Temperatur in der Mitte der Gasschicht, wird die Strahlung des Gaskörpers durch die kälteren Gasschichten stark absorbiert. Man berücksichtigt diesen Einfluß durch Einsetzen einer Temperatur, die etwas unterhalb der arithmetischen Mitteltemperatur liegt.

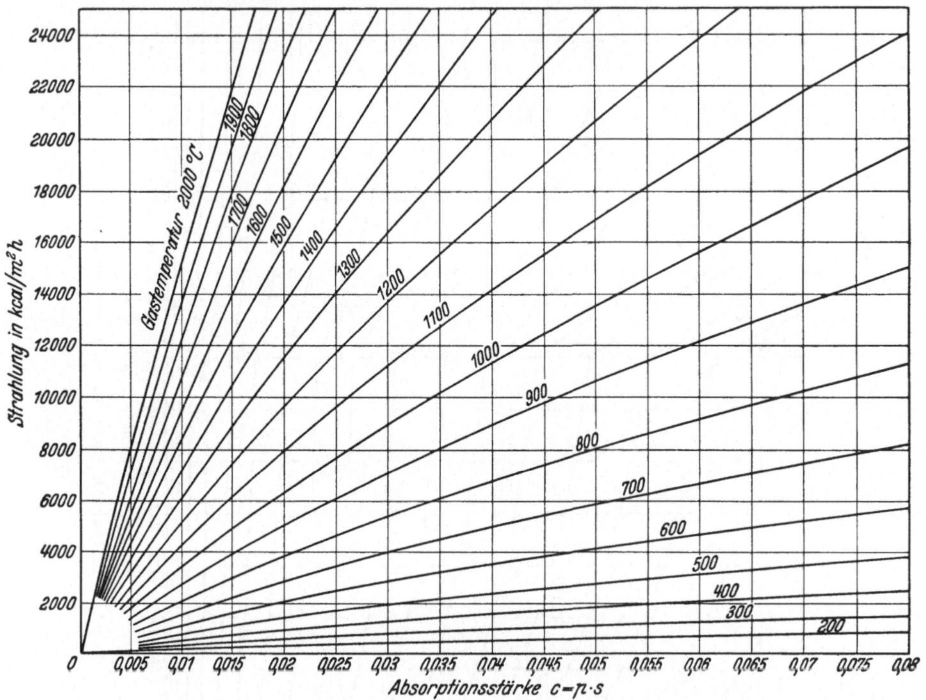

Abb. 4. Strahlung des Wasserdampfes (kleine Schichtstärke).

Die Abhängigkeit von der Schichtstärke s und dem Teildruck p ermöglicht eine Darstellung in Kurvenform (Abb. 3—6) [2]. Die auf eine Fläche von der Temperatur t_1 durch Gasstrahlung abgegebene Wärmemenge berechnet sich dann aus der Differenz der Gasstrahlung der Gastemperatur t und der Temperatur t_1.

Die Wärmeübergangszahl für Gasstrahlung folgt aus

$$\alpha_g = \frac{Q_g}{t_g - t_w} \; \text{kcal/m}^2 \, \text{h} \, ^0\text{C}$$

---

[1] Nusselt: Mitt. über Forsch.-Arb. Heft 264. S. 10. VDI-Zeitschrift 1929 S. 763.

[2] Schack: Der industrielle Wärmeübergang. Düsseldorf: Verlag Stahleisen 1929.

Aufgabe: Wie groß ist die auf eine Fläche von der Temperatur $t_1 = 500^\circ$ C und der Größe 1 m² ausgestrahlte Wärmemenge einer Rauchgasschicht von 1,5 m Dicke, die aus 15 vH. Kohlensäure und 6 vH. Wasserdampf besteht? Die Gastemperatur ist $t = 1000^\circ$ C.

Es ist

$$\text{für CO}_2 \quad s = 1{,}5; \quad p = 0{,}15; \quad p \cdot s = 0{,}225$$
$$\text{für H}_2\text{O} \quad s = 1{,}5; \quad p = 0{,}06; \quad p \cdot s = 0{,}09$$

Aus den Kurventafeln folgt für die Kohlensäurestrahlung bei

$$t = 1000^\circ \text{ C}; \quad Q_1 = 12000; \quad t_1 = 500^\circ \text{ C}; \quad Q_2 = 2000$$

für die Wasserdampfstrahlung folgt bei

$$t = 1000^\circ \text{ C}; \quad Q_1' = 21000; \quad t_1 = 500^\circ \text{ C}; \quad Q_2' = 4000$$

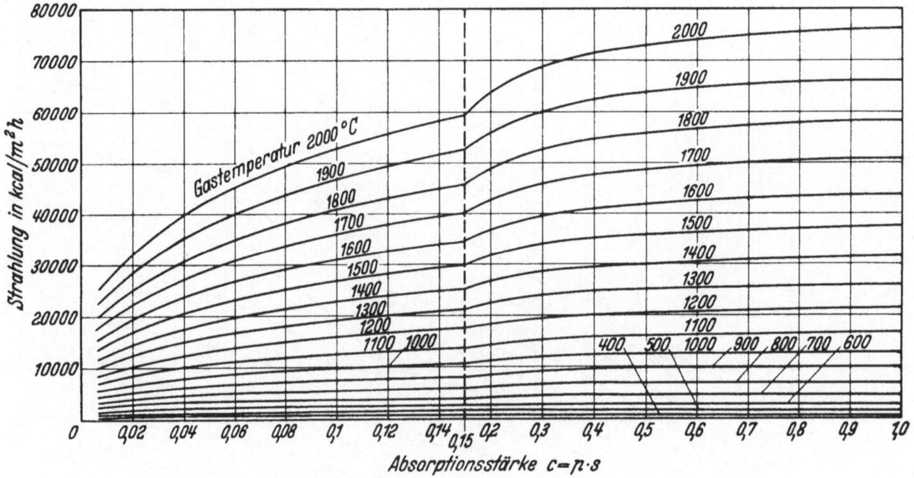

Abb. 5. Strahlung der Kohlensäure (große Schichtstärke).

Mithin ist die durch Gasstrahlung abgegebene Wärme

$$Q = (Q_1 + Q_1') - (Q_2 + Q_2')$$
$$= 33000 - 6000 = 27000 \text{ kcal/m}^2 \text{ h}$$

Damit wird

$$\alpha_g = \frac{27000}{500}$$
$$\alpha_g = 54 \text{ kcal/m}^2\text{h}^\circ \text{ C}$$

c) Die Strahlung von leuchtenden Flammen.

Das Leuchten der Flammen wird durch feinverteilte Rußteilchen hervorgerufen, die sich weder wie feste Körper noch wie Gase verhalten. Diese feinverteilten Rußteilchen nehmen aus der heißen Gasatmosphäre Wärme auf und strahlen sie an die Umgebung ab. Dabei sind die Rußteilchen selbst aber noch weitgehend für Wärmestrahlen durchlässig und zwar gehen rund 95 vH. der auffallenden Strahlen nicht absorbiert durch die Rußteilchen hindurch. Der konvektive Wärmeübergang der heißen

Gase auf die Rußteilchen ist sehr groß, so daß die Rußteilchen praktisch die Temperatur des sie umgebenden Gases haben. Die Anwendung des Stefan-Boltzmannschen Gesetzes auf die Strahlung der leuchtenden Flammen wäre jedoch nur begrenzt gültig, da die Strahlungszahl für Flammenstrahlung, ähnlich wie die Gasstrahlung, von der Schichtdicke beeinflußt wird. Erst von einer bestimmten Flammenstärke an nimmt die Flammenstrahlung nicht mehr zu. Schack berechnet auf Grund

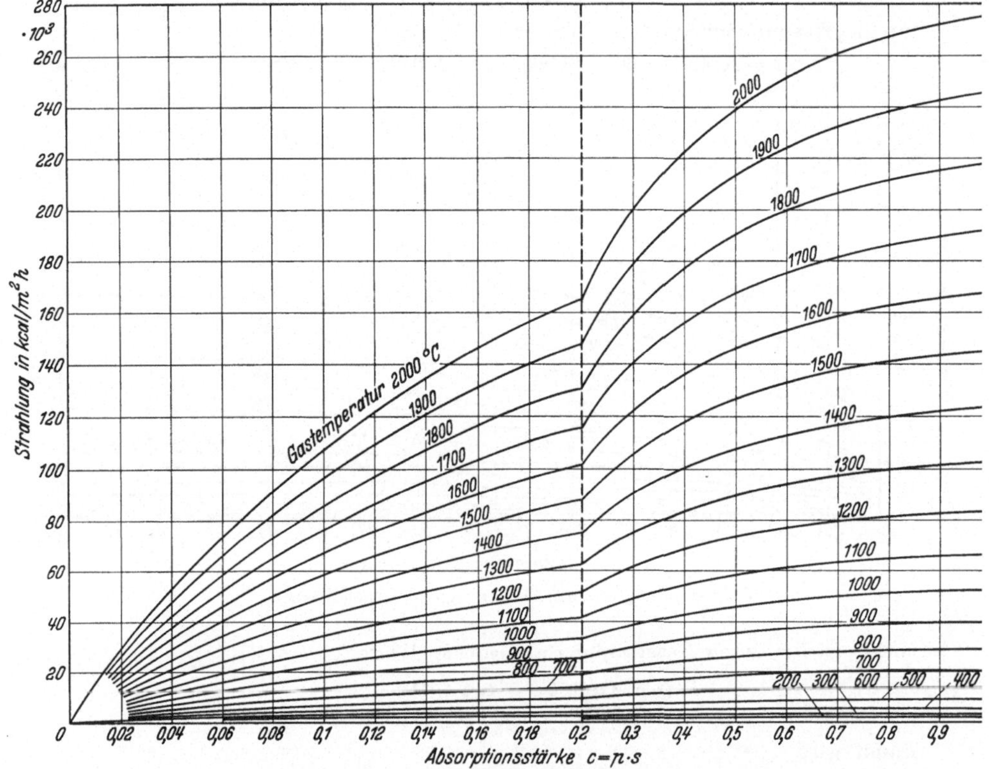

Abb. 6. Strahlung des Wasserdampfes (große Schichtstärke).

seiner Untersuchungen über die Flammenstrahlung die Wärmeaufnahme der bestrahlten Fläche nach einer Näherungsformel

$$Q = C_2 \, \varphi \, p \left[\left(\frac{T_1}{100} \right)^4 - \left(\frac{T_2}{100} \right)^4 \right] \text{kcal/m}^2 \text{ h} \qquad (24)$$

Hierin bedeutet

C_2 = Strahlungszahl der bestrahlten Fläche

φ = Beiwert

        = 0,7 für kurze gedrungene Flammen mit kleiner Absorptionsstärke

        = 1,1 für langgestreckte Flammen mit kleiner Absorptionsstärke

        = 1,0 bei unendlich großer Absorptionsstärke

p = sog. Schwärzegrad; eine Funktion der Absorptionszahl, der Schichtstärke und der Temperatur.

Eine genaue Vorausberechnung der Strahlung ist heute noch nicht möglich. Sie ist dadurch erschwert, daß im Bereich der leuchtenden Flammen Gas- und Flammenstrahlung gleichzeitig auftreten. Die Flammenstrahlung kann bei hohen Temperaturen Gasstrahlung und Berührungsübertragung übertreffen. Hierauf beruhen die Erfolge, die mit der Karburierung von Gasen (Zusatz von Kohlenwasserstoff zu nichtleuchtender Flamme) gemacht worden sind[1]. Als ungefähre Anhaltszahl mag gelten, daß die Strahlung durch leuchtende Flammen mit 50—60 vH. (Ausnahmen bis 80 vH.) der schwarzen Strahlung eingesetzt werden kann[2]. Es folgt daraus, daß eine schleppende (leuchtende) Verbrennung nicht ungünstig zu sein braucht, vorausgesetzt, daß keine Rußteilchen unverbrannt entweichen.

Die Wärmeübergangszahl für Flammenstrahlung folgt aus

$$\alpha_{fl} = \frac{Q_{fl}}{t_{fl} - t_w} \ \text{kcal/m}^2\,\text{h}\,^0\text{C}$$

4. Wärmeübertragung durch Berührung (Konvektion).

Die Wärmeübertragung durch Konvektion ist dadurch gekennzeichnet, daß fortlaufend neue Gasteilchen mit der Heizfläche in Berührung kommen und ihre Wärme an die Heizfläche abgeben. Diese mechanische Wärmeübertragung ist infolgedessen wesentlich von dem Bewegungszustand des Gases abhängig. Man spricht von erzwungener Konvektion, wenn der Bewegungszustand mit einem Hilfsmittel, z. B. Druckgefälle aufrecht erhalten wird, von freier Konvektion, wenn die Bewegung z. B. durch Wärmeausdehnung, Auftriebserscheinungen u. a. erfolgt. Mit der Wärmeübertragung durch Konvektion ist stets auch ein Wärmeübergang durch Leitung verbunden, doch ist der Wärmeübergang durch Leitung gering gegenüber dem Wärmeübergang durch Konvektion. Nach der Grenzschichtentheorie von Prandtl bildet sich in unmittelbarer Nähe der Heizflächen eine dünne ruhende oder langsam strömende Grenzschicht aus, bei der die Wärme durch Leitung übertragen wird. In der anschließenden Gasschicht erfolgt der Wärmeübergang durch Konvektion. Da die Art der Strömung den konvektiven Wärmeübergang stark beeinflußt, ist die Kenntnis der hierfür grundlegenden Gesetzmäßigkeiten wichtig. O. Reynolds stellte bei seinen Untersuchungen fest, daß zwei Strömungsarten zu unterscheiden sind,

---

[1] Bericht Stahlw.-Aussch. V. D. Eisenh. 96. Arch. Eisenhüttenw. Bd. 1, 1927/28. S. 629/38.

[2] Messungen an Kohlenstaubbrennkammern ergaben eine Strahlungszahl der leuchtenden Flamme von $\alpha_s = 2{,}8$ bis $4{,}0$.

Loschge: Arch. Wärmewirtsch. Bd. 7 (1926) Nr. 1
Ritschie: „ „ „ 8 (1927) S. 5
Bancel: „ „ „ 9 (1929) S. 129
Kuhn: „ „ „ 11 (1930) S. 453

laminare und turbulente Strömung. Unterhalb einer gewissen Geschwindigkeit erfolgt die Bewegung in parallelen Stromfäden (laminare Strömung), oberhalb dieser „kritischen" Geschwindigkeit ist diese Parallelität gestört und es erfolgen auch Bewegungen in senkrecht zur Strömungsrichtung liegenden Ebenen (turbulente Strömung). Irgendwelche Störungen der Strömung rufen Wirbelungen hervor, doch wird eine laminare Strömung durch Wirbelungen nicht turbulent, da nach einer bestimmten Strecke wieder eine Beruhigung der Strömung eintritt. Nach Reynolds erfolgt der Übergang von laminarer in turbulente Strömung bei Überschreiten eines Kennwertes R, der durch folgende Gleichung ausgedrückt werden kann

$$R = \frac{v \cdot D \cdot \gamma}{\eta'} \tag{25}$$

Hierin ist

$v = $ Geschwindigkeit bezogen auf Strömungszustand m/h
$D = $ Rohrdurchmesser m
$\gamma = $ spezifisches Gewicht bezogen auf Strömungs- und Betriebszustand kg/m³
$\eta' = $ Zähigkeit des Gases oder der Flüssigkeit kg/mh

Bezieht man die Zähigkeit η' auf die Gewichtseinheit, so muß man noch durch die Schwerebeschleunigung $\left(\dfrac{m}{h^2}\right)$ dividieren, also

$$\eta = \frac{\eta'}{g} \text{ kg h/m}^2$$

und

$$\eta' = \eta g$$

Damit geht obige Gleichung in die Form über

$$R = \frac{v D \gamma}{\eta g} \tag{26}$$

Die Gleichung ist auch dimensionsrichtig, wenn eingesetzt wird

$v = $ m/s $\eta = $ kg s/m²
$D = $ m $g = $ m/s²
$\gamma = $ kg/m³

Häufig setzt man noch an Stelle der dynamischen Zähigkeit η die kinematische Zähigkeit ν, wobei

$$\nu = \frac{\eta g}{\gamma}$$

Damit wird

$$R = \frac{v D}{\nu} \tag{26 a}$$

Bei Rechnungen mit Zähigkeitszahlen ist zu beachten, in welchen Dimensionen die Zahlenangaben der Tabellenbücher gemacht sind, damit die Gleichungen dimensionsrichtig bleiben. Zahlenangaben über die Zähigkeit sind nachstehend aufgeführt. Bei Gasgemischen kann man, solange genauere Gesetzmäßigkeiten fehlen, nach Nusselt die Zähigkeit nach der Mischungsregel auf Grund der Zusammensetzung des Gemisches in Raumteilen oder Teildrücken berechnen [1].

Der Grenzwert der laminaren Strömung liegt nach den Messungen von Schiller bei $R = 2320$, darüber hinaus stellt sich turbulente Strömung ein [2]. Durch besondere Maßnahmen (polierte Wandungen) ist laminare Strömung auch noch bei höheren Reynoldsschen Zahlen möglich. Die zur Zahl $R = 2320$ gehörenden Geschwindigkeit heißt „kritische Geschwindigkeit"; sie errechnet sich durch Einsetzen des Wertes in die obige Gleichung und Division durch 3600 zu

Zahlentafel 5. Anhaltszahlen für die dynamische Zähigkeit $\eta \cdot 10^6$ in kg s/m².

Stoff	Temperaturen °C				
	0	50	100	200	300
Wasser . .	183,3	55	28,2	—	—
Wasserdampf					
bei 3 ata	—	—	—	1,7	2,06
„ 10 ata	—	—	—	1,95	2,18
„ 20 ata	—	—	—	—	2,32
„ 40 ata	—	—	—	—	2,64
Luft . . .	1,77	2,04	2,27	2,65	3,03
Sauerstoff .	1,94	2,22	2,51	3,06	—
Stickstoff .	1,7	1,94	2,17	2,57	—
Kohlenoxyd	1,76	2,04	—	—	—
Kohlensäure	1,44	1,66	1,89	2,32	—
Wasserstoff	0,89	0,99	1,09	1,26	1,42
Methan . .	1,05	1,22	1,4	—	—

(Eingehendere Zahlenangaben siehe: Landolt-Börnstein, Phys.-chem. Tabellen. Berlin: Julius Springer 1923—31.)

$$v_k = \frac{0{,}643\,\eta}{d \cdot \gamma_0} \ \text{m/s}$$

(Für γ kann γ_0, bezogen auf 0^0 C, 760 mm Q.-S., eingesetzt werden, da v und γ für denselben Stoff umgekehrt proportional sind.)

Die senkrechten Komponenten der turbulenten Strömung sind für den Wärmedurchgang bedeutungsvoller als die rein laminaren Strömungen, bei denen der Wärmeübergang hauptsächlich durch Leitung stattfindet. Bei turbulenter Strömung entfällt der Hauptanteil auf die Konvektion und das Temperaturbild hat etwa den in Abb. 7 dargestellten Verlauf. Unmittelbar an der Wand ruht die Flüssigkeit, es findet hier Wärmeübergang durch Leitung statt. In der Grenzschicht erfolgt ein starker Temperaturabfall.

Der konvektive Wärmeübergang ist im wesentlichen abhängig von folgenden Eigenschaften:

Art des Strömungsmittels,

Form und Beschaffenheit der Wände,

Zustand der Flüssigkeit (Temperatur, Druck, Dichte, Wärmeleitfähigkeit, Zähigkeit),

---

[1] Mitt. Forsch.-Arb. Ing. W. 264.
[2] Z. angew. Math. Mech. Bd. I (1921) S. 436—44.

Strömungsgeschwindigkeit,
Temperatur der Wandung.

Die Zusammenfassung dieser verschiedenen Einflüsse stößt auf Schwierigkeiten, die man durch Einführung einer Wärmeübergangszahl α_k umgeht[1]. Die von einer heißen Wand auf eine kältere Flüssigkeit übergehende Wärmemenge folgt dann aus

$$Q = \alpha_k \, (t_w - t_{fl}) \text{ kcal/m}^2 \text{ h} \qquad (27)$$

Hierin bedeutet

$\alpha_k =$ Wärmeübergangszahl kcal/m² h °C

$t_w =$ Wandtemperatur °C

$t_{fl} =$ Temperatur der Flüssigkeit ° C, gemessen als mittlere Temperatur über dem betreffenden Querschnitt.

Häufig liegt bei der Wärmeübertragung der Fall vor, daß Wärme durch eine Wand hindurch übertragen wird. Es sind die Temperaturen der beiden Stoffe, nicht aber die Wandtemperaturen bekannt. Man setzt dann die durchgehende bzw. übertragene Wärmemenge dem Temperaturgefälle proportional und zwar ist

$$Q = k \, (t_1 - t_2) \text{ kcal/m}^2 \text{ h} \qquad (28)$$

Hierin ist

$k =$ Wärmedurchgangszahl kcal/m² h ° C

$t_1, t_2 =$ Temperaturen der beiden Stoffe ° C

Die Wärmedurchgangszahl k ist die rechnerische Zusammenfassung der Wärmeübertragungsvorgänge und von den einzelnen Wärmeübergangswiderständen, den Wandstärken und den Wärmeleitzahlen der Wandungen abhängig.

Für eine ebene Wand folgt entsprechend der Abb. 7:

1. Wärmeübergang an Wand I

$$Q = \alpha_1 \, (t_1 - t_{w_1})$$

2. Wärmeleitung in der Wand

$$Q = \frac{\lambda}{s} \, (t_{w_1} - t_{w_2})$$

3. Wärmeübergang von Wand II

$$Q = \alpha_2 \, (t_{w_2} - t_2).$$

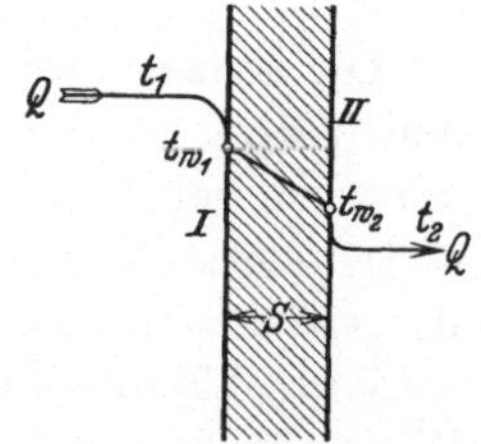

Abb. 7. Wärmedurchgang durch eine ebene Wand.

Hierbei sind α_1 und α_2 die Gesamtwärmeübergangszahlen (Konvektion + Strahlung).

Durch Elimination der unbekannten Wandtemperaturen folgt für die durchgehende Wärmemenge

$$Q = \frac{1}{\dfrac{1}{\alpha_1} + \dfrac{1}{\alpha_2} + \dfrac{s}{\lambda}} \, (t_1 - t_2) \text{ kcal/m}^2 \text{ h}$$

---

[1] Berechnung von α siehe Literaturverzeichnis: Wärmeübertragung.

Die Wärmedurchgangszahl für die **ebene Wand** ist demnach

$$k = \frac{1}{\frac{1}{\alpha_1} + \frac{1}{\alpha_2} + \frac{s}{\lambda}} \; \text{kcal/m}^2\,\text{h}\ ^0\text{C} \qquad (29)$$

Für eine ebene Wand aus mehreren Schichten mit den Stärken s_1, s_2... und den Wärmeleitzahlen λ_1, λ_2... folgt entsprechend

$$k = \frac{1}{\frac{1}{\alpha_1} + \frac{1}{\alpha_2} + \frac{s_1}{\lambda_1} + \frac{s_2}{\lambda_2} + \cdots} \; \text{kcal/m}^2\,\text{h}\ ^0\text{C} \qquad (30)$$

Bei **Röhren** und **zylindrischen Wänden** sind die beiden Oberflächen, an denen der Wärmeübergang stattfindet, nicht gleich groß; die Innenwand ist kleiner als die Außenwand. Berechnet man in gleicher Weise wie bei der ebenen Wand die Wärmedurchgangszahl, so folgt für ein Rohr von 1 m Länge

$$k = \frac{\pi}{\frac{1}{d_i \alpha_i} + \frac{1}{d_a \alpha_a} + \frac{1,15}{\lambda} \log \frac{d_a}{d_i}} \; \text{kcal/m h}\ ^0\text{C} \qquad (31)$$

bzw. für eine Rohrwand aus mehreren Schichten, z. B. zwei,

$$k = \frac{\pi}{\frac{1}{d_i \alpha_i} + \frac{1}{d_a \alpha_a} + \frac{1,15}{\lambda_i} \log \frac{d_a}{d_i'} + \frac{1,15}{\lambda_a} \log \frac{d_i'}{d_i}} \; \text{kcal/m h}\ ^0\text{C} \qquad (32)$$

Hierbei sind α die Wärmeübergangszahlen und d die Rohrdurchmesser. Anhaltszahlen für „k" finden sich in Zahlentafel 5 a, 6 u. 16. Besser ist jedoch die Berechnung von „k" aus den Gleichungen 29—32.

Zahlentafel 5 a.

Anhaltszahlen für die Wärmedurchgangszahl k.

Wärmeübergang $\leftrightarrows$			k kcal/m² h ⁰ C
Wasser	Gußeisen	Luft (Rauchgas)	8—10
„	Stahl	„	10—20
„	Kupfer (Messing)	„	12—25
„	Gußeisen	Wasser	240—260
„	Stahl	„	250—300
„	Kupfer (Messing)	„	300—350
Luft (Rauchgas)	Gußeisen	Luft (Rauchgas)	3—8
„	Stahl	„	10—15
„	Kupfer (Messing)	„	8—15
Dampf	Gußeisen	„	6—10
„	Stahl	„	10—25
„	Kupfer (Messing)	„	12—18
„	Gußeisen	Wasser	700—900
„	Stahl	„	800—1200
„	Kupfer (Messing)	„	1000—2500

Die höheren Zahlen gelten für höhere Belastungen (größere Geschwindigkeit).

Zahlentafel 6. Mittelwerte der Wärmedurchgangszahlen k und der Strahlungsanteile σ bei Dampfkesseln und Vorwärmern.

	Wärmedurch-gangszahl k (nur für Berührungs-übertragung) kcal/m² h °C	Strahlungs-anteil σ (gesamte über-tragene Wärme = 1 gesetzt)
Flammrohrkessel	12—14	0,4
Lokomobilkessel	16—18	0,4
Lokomotivkessel	35	0,35
Zylindrischer Schiffskessel	20	0,35
Wasserrohrkessel (einfach)	20	0,4
Schrägrohrkessel.	25	0,5
Steilrohrkessel.	25	0,5
Überhitzer bei Belastungen von		
10—20 km/m² h	12—14	—
21—30 ,, ...	15—22	—
31—40 ,, ...	22	—
41—50 ,, ...	22—25	—
über 50 ,, ...	25	—
(bezogen auf Kesselheizfläche)		
Rauchgasvorwärmer aus Gußeisen glatt	11—15	—
,, ,, Stahl glatt	15—25	—
,, mit Rippen	8—12	—
Abdampfwasservorwärmer, bei denen der Dampf die Rohre umspült, bei		
Abdampf von 1,1—1,5 ata	1400—2000	—
,, ,, 1,5—5 ,, ...	2000—2500	—
desgl. aber Rohranordnung, die verhindert, daß das Kondensat eines Rohres auf das andere Rohr tropft	3400	—
stehende Vorwärmer		
für Abdampf von 1,1—1,5 ata	600—1600	—
,, ,, ,, 1,5—5,0 ,, ...	1650—1900	—
Abdampfvorwärmer, bei denen der Dampf die Rohre durchströmt		
Dampf von 1—5 ata Eisenrohre	1800—2800	—
Kupferrohre	2000—10 000	—
Plattenluftvorwärmer	15—18	—

Die Richtungen des Heizstromes und des zu heizenden Mediums sind von großem Einfluß auf den Wärmeübergang. Man spricht vom Gegenstrom, wenn die Strömung beider Mittel parallel gegeneinander, vom Gleichstrom, wenn die Strömung parallel und gleichgerichtet ist. Bei Kreuzstrom und Querstrom bewegen sich beide Mittel senkrecht zueinander. Die beiden letzten Fälle sind rechnerisch am schwersten zu erfassen[1] (zweidimensionale Temperaturverteilung). Als Temperatur-

---

[1] Nusselt: Wärmeübergang im Kreuzstrom. VDI-Zeitschrift 1911, S. 2021.

differenz ist in allen drei Fällen die mittlere Temperaturdifferenz Δt_m einzusetzen (vgl. Abb. 8).

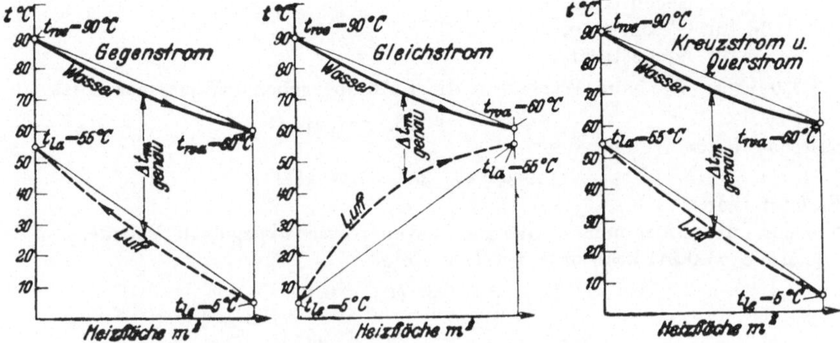

Abb. 8. Temperaturverlauf beim Gegenstrom-, Gleichstrom- und Kreuzstrom-Wärmeaustausch.

Die durchgehende Wärmemenge ist wieder

$$Q = k \, \Delta t_m \ \text{kcal/m}^2 \, \text{h}$$

Die Temperaturzu- bzw. abnahme längs der Heizfläche verläuft nicht linear. Die Ermittlung von Δt_m aus der Gleichung

$$\Delta t_m = \frac{t_1 + t_2}{2} - \frac{t_3 + t_4}{2}$$

ist daher nur angenähert richtig. Genauer wird Δt_m berechnet aus[1]:

Gleichstrom

$$\Delta t_m = \frac{(t_1 - t_3) - (t_2 - t_4)}{2{,}303 \log \dfrac{t_1 - t_3}{t_2 - t_4}} \tag{33}$$

Gegenstrom

$$\Delta t_m = \frac{(t_1 - t_4) - (t_2 - t_3)}{2{,}303 \log \dfrac{t_1 - t_4}{t_2 - t_3}} \tag{34}$$

Kreuzstrom und Querstrom

$$\Delta t_m \simeq \frac{t_1 - t_3 + t_2 - t_4}{2} \tag{35}$$

Hierin sind

t_1 und t_3 die Eintrittstemperaturen,
t_2 und t_4 die Austrittstemperaturen.

Aufgabe: In einem mit Warmwasser beheizten Lufterhitzer werden stündlich $G = 600$ kg Luft von $t_{le} = 5°$ erwärmt. Wassereintrittstemperatur $t_{we} = 90°$, Wasseraustrittstemperatur $t_{wa} = 60°$.

Um einfache Vergleichszahlen zu erhalten, sei angenommen, daß in allen drei Fällen die Verluste gleich Null sind. Auch soll die Luftaustrittstemperatur gleich sein. Die Wärmedurchgangszahl sei $k = 20$ kcal/m² h°C.

---

[1] Graphische Lösung siehe Arbeitsblatt 13 des Archiv für Wärmewirtschaft 13/10 1932.

Zu berechnen ist:
1. die Endtemperatur der Luft,
2. die Heizfläche des Vorwärmers:
   a) für Gegenstrom,
   b) für Gleichstrom,
   c) für Kreuzstrom.

Lösung: Die vom Wasser an die Luft abgegebene Wärmemenge ist

$$Q = W \cdot c \cdot (t_{we} - t_{wa})$$

Mit $c = 1$, für Wasser, folgt

$$Q = 240 \cdot 1 \cdot 30 = 7200 \text{ kcal}$$

Es ist ferner:

von der Luft aufgenommene Wärme = vom Wasser abgegebene Wärme.

Mit $c_p = 0,241$ kcal/kg °C für Luft, folgt

$$Q = G \cdot c_p \cdot (t_{la} - t_{le})$$

$$t_{la} = \frac{7200}{600 \cdot 0,241} + 5 \cong \mathbf{55^0 \, C}$$

Für Gegenstrom folgt aus Gleichung 34

$$\Delta t = \frac{(90 - 55) - (60 - 5)}{2,303 \log \dfrac{90 - 55}{60 - 5}} = 44,2^0 \, C$$

Für Gleichstrom folgt aus Gleichung 33

$$\Delta t = \frac{(90 - 5) - (60 - 5)}{2,303 \log \dfrac{90 - 5}{60 - 5}} = 28,2^0 \, C$$

Für Kreuzstrom folgt aus Gleichung 35

$$\Delta t \cong \frac{90 - 5 + 60 - 55}{2} = 45^0 \, C$$

Die zugehörigen Heizflächen bestimmen sich aus

$$H = \frac{Q}{k \, \Delta t} \, \text{m}^2$$

zu

$$H = \frac{7200}{20 \cdot 44,2} = 8,14 \, \text{m}^2 \text{ bei Gegenstrom}$$

$$H = \frac{7200}{20 \cdot 28,2} = 12,78 \, \text{m}^2 \text{ bei Gleichstrom}$$

$$H = \frac{7200}{20 \cdot 45} = 8 \, \text{m}^2 \text{ bei Kreuzstrom}$$

Man erkennt aus den Ergebnissen, daß bei gleicher übertragener Wärmemenge und gleichen Anfangs- bzw. Endtemperaturen die Kreuzstrom- und Gegenstromübertragung wirtschaftlicher ist als die Gleichstromübertragung. Zu beachten ist auch der entstehende Fehler, wenn an Stelle der genauen Formel zur Bestimmung von Δt mit dem arithmetischen Mittel gerechnet wird.

III. Verbrennungslehre.

Die in den Brennstoffen enthaltenen brennbaren Bestandteile: Kohlenstoff, Wasserstoff und Schwefel verbrennen bei genügender Luftzufuhr zu Kohlensäure, Wasserdampf und schwefliger Säure. Voraussetzung ist, daß der Brennstoff vorher auf seine Entzündungstemperatur gebracht wird und die Wärmeleitfähigkeit des Brennstoffes zur Weiterleitung der Wärme auf die benachbarten Teile genügend groß ist. Brennender Koks erlischt im Freien, weil er diese Bedingung nicht erfüllt.

Ist die Verbrennung, etwa durch ungenügende Luftzufuhr oder schlechte Mischung von Brennstoff und Luft, unvollkommen, so enthalten die Verbrennungserzeugnisse noch brennbare Stoffe wie CO, H_2, CH_4 und andere Kohlenwasserstoffe. Die Verbrennung ist auch unvollkommen, wenn in den Rückständen und in den Abgasen noch C enthalten ist. Unvollständige Verbrennung kann auch durch unvollständig verlaufende chemische Reaktionen, d. i. vollständige oder teilweise Dissoziation (Zerfall der entstandenen Produkte in die Bestandteile) entstehen.

Jede unvollständige Verbrennung bedeutet einen Verlust, sofern nicht mit der unvollständigen Verbrennung ein besonderer Zweck verfolgt wird, z. B. die Erzeugung von Heizgas aus festen Brennstoffen (Generatorgas). Es ist deshalb notwendig, der Feuerung mindestens die theoretische Sauerstoff- bzw. Luftmenge zuzuführen. Meist ist es jedoch notwendig, diese theoretische Menge etwas zu überschreiten, d. h. die Feuerung mit Luftüberschuß zu betreiben. Luftüberschuß begünstigt die vollkommene Verbrennung, weil ein Überschuß an Sauerstoff dem Zerfall von CO_2 und H_2O entgegenwirkt und eine nachträgliche Verbrennung von etwa entstandenem Ruß, Teer und brennbaren Gasen erleichtert wird. Das entspricht auch dem chemischen Grundsatz, daß bei jeder Reaktion, die schnell verlaufen soll, ein Überschuß an einem der beteiligten Stoffe vorhanden sein muß.

Für verschiedene Brennstoffe sind die notwendigen Sauerstoffmengen in Zahlentafel 7 aufgeführt[1].

Zahlentafel 7. Theoretischer Sauerstoffbedarf.

Brennstoff	Endprodukt	theoretischer Sauerstoffbedarf kg/kg Brennstoff	Nm³/Nm³ Brennstoff
Kohlenstoff C ..	CO_2	2,67	—
Kohle C ..	CO	1,33	—
Wasserstoff H_2 ..	H_2O	8	0,5
Schwefel S ...	SO_2	1	—
Kohlenoxyd CO .	CO_2	0,57	0,5
Methan CH_4 ...	$CO_2 + 2\,H_2O$	4	2
Äthylen C_2H_4 ..	$2\,CO_2 + 2\,H_2O$	3,43	3,0
Azetylen C_2H_2 ..	$2\,CO_2 + H_2O$	3,08	2,5
Benzol C_6H_6 ...	$6\,CO_2 + 3\,H_2O$	3,08	7,5
Äthan C_2H_6 ...	$2\,CO_2 + 3\,H_2O$	3,73	3,5

Der Sauerstoffbedarf technischer Gasgemische läßt sich nach ihren Bestandteilen errechnen. Enthalten die Gasgemische selbst Sauerstoff, so verringert sich der Sauerstoffbedarf dementsprechend.

---

[1] Über die Berechnung des Sauerstoffbedarfs vgl. das Werk des Verfassers „Dampfkessel". Leipzig: B. G. Teubner 1933.

Bei festen und flüssigen Brennstoffen nimmt man an, daß ein Tei^1 des in dem Brennstoff enthaltenen Sauerstoffes vollständig an einen Teil des Wasserstoffes gebunden ist. Da sich 8 kg Sauerstoff mit 1 kg Wasserstoff verbinden, sind $\frac{o}{8}$ kg nicht mehr brennbar und von der gesamten Wasserstoffmenge abzuziehen. Brennbar sind nur noch $h - \frac{o}{8}$ kg Wasserstoff (disponibler Wasserstoff).

Für 1 kg eines festen oder flüssigen Brennstoffes ergibt sich aus den Elementarbestandteilen das zur Verbrennung notwendige Sauerstoffgewicht zu

$$O_2 = \tfrac{8}{3} c + 8 h - o + s \text{ kg/kg}$$

hierin bedeuten c, h, s, o die Gewichtsteile C, H_2, S und O_2.

Die Sauerstoffmenge folgt aus der Gewichtsgleichung nach Division durch das entsprechende spezifische Gewicht des Sauerstoffs. Dieses ist bei

$$15^0 \text{ C und } 735{,}5 \text{ mm } Q\text{.-}S. = 1{,}312 \text{ kg/m}^3$$
$$0^0 \text{ C } ,, \quad 760 \quad ,, \quad ,, \quad = 1{,}429 \text{ kg/Nm}^3$$

Damit wird

$$O_2' = \frac{\tfrac{8}{3} c + 8 h - o + s}{1{,}312} \text{ m}^3/\text{kg} \ (15^0,\ 735{,}5 \text{ mm }\ Q\text{.-}S.)$$

bzw.

$$O_2' = \frac{\tfrac{8}{3} c + 8 h - o + s}{1{,}429} \text{ Nm}^3/\text{kg}$$

Ist die Sauerstoffmenge berechnet, so folgt die Luftmenge aus der Beziehung, daß in 1 kg trockener Luft 0,231 kg Sauerstoff und in 1 m³ Luft 0,209 m³ Sauerstoff enthalten sind.

Für feste und flüssige Brennstoffe erhält man jetzt folgende Gleichungen für den theoretischen Luftbedarf

$$L_o = \frac{\tfrac{8}{3} c + 8 h - o + s}{0{,}231} \text{ kg/kg Brennstoff} \qquad (36)$$

$$L_o = \frac{\tfrac{8}{3} c + 8 h - o + s}{1{,}312 \cdot 0{,}209} \text{ m}^3/\text{kg Brennstoff } (15^0,\ 735{,}5 \text{ mm } Q\text{.-}S.) \quad (37)$$

$$L_o = \frac{\tfrac{8}{3} c + 8 h - o + s}{1{,}429 \cdot 0{,}209} \text{ Nm}^3/\text{kg Brennstoff} \qquad (38)$$

Aufgabe: Welche theoretische Sauerstoff- und Luftmenge ist notwendig um 1 Nm³ Leuchtgas folgender Zusammensetzung zu verbrennen?

$$0{,}08 \text{ CO}, \quad 0{,}49 \text{ H}_2, \quad 0{,}34 \text{ CH}_4, \quad 0{,}04 \text{ C}_2\text{H}_4, \quad 0{,}025 \text{ CO}_2, \quad 0{,}03 \text{ N}_2$$

Die Sauerstoffmenge folgt aus

$$0{,}5 \cdot 0{,}08 + 0{,}5 \cdot 0{,}49 + 2 \cdot 0{,}34 + 3 \cdot 0{,}04 = 1{,}085 \text{ Nm}^3,$$

und da in 1 Nm³ Luft 0,209 Nm³ Sauerstoff enthalten ist, folgt

$$L_o = \frac{1{,}085}{0{,}209} = 5{,}19 \text{ Nm}^3/\text{Nm}^3.$$

Aufgabe: Welche theoretische Sauerstoff- und Luftmenge ist notwendig um 1 kg Gaskohle folgender Zusammensetzung zu verbrennen?

$$80\,\text{vH. C}, \quad 4\,\text{vH. H}_2, \quad 0,2\,\text{vH. S}, \quad 6\,\text{vH. O}_2.$$

Die Sauerstoffmenge folgt aus

$$\frac{1}{1,429}\,(2,67 \cdot 0,8 + 8 \cdot 0,04 - 0,06 + 0,002) = 1,671\ \text{Nm}^3/\text{kg},$$

dementsprechend wird der Luftbedarf

$$L_0^{\cdot} = \frac{1,671}{0,209} = 8,01\ \text{Nm}^3/\text{kg}.$$

In der Zahlentafel 8 sind Mittelwerte für die **theoretische Luftmenge** einiger Brennstoff aufgeführt.

Beim Verbrennen von Kohlenstoff mit der stöchiometrischen Luftmenge entsteht ein Gas mit 21 vH. CO_2 und 79 vH. N_2. Je nach der Zusammensetzung des Brennstoffes sind die maximalen CO_2-Gehalte verschieden. Eine Zusammenstellung findet sich in Zahlentafel 9.

Vollständige Verbrennung ist mit theoretischer Luftmenge nur unter den günstigsten Bedingungen zu erreichen, etwa wenn der Brennstoff in feinstverteiltem Zustande, z. B. bei einem Gas, nach vollkommener Mischung mit Luft zur Verbrennung kommt. Im allgemeinen ist aber ein **Luftüberschuß** erforderlich, der zwar die Verbrennungstemperatur durch die „überflüssige" zu erwärmende Luft herabsetzt, also den Wirkungsgrad verschlechtert, aber zur Vermeidung der schädlichen CO-Bildung notwendig ist. Der Luftüberschuß ist je nach Brennstoff und Bauart der Feuerung verschieden. Bezeichnet man die Luftüberschußzahl mit m und die theoretische Luftmenge mit L_0 so folgt die wirkliche Luftmenge aus

$$L = m \cdot L_0 \tag{39}$$

Im Mittel ist $m = 1,3$—$1,4$ (Ausnahmen 1,8) bei Rostfeuerungen, 1,1—1,2 bei Halbgasfeuerungen, 1,2—1,3 bei ungeregelten Gasfeuerungen, 1,0—1,2 bei geregelten Gas-, Öl- und Kohlenstaubfeuerungen.

Der wirkliche Luftüberschuß läßt sich aus der Zusammensetzung der Abgase berechnen. Enthalten die Abgase **fester Brennstoffe** $o\,\%$ Sauerstoff und $n\,\%$ Stickstoff, so entstammen hiervon $n_v = n - 3,78\,o$ aus der zur Verbrennung erforderlich gewesenen Luft, mithin ist

$$m = \frac{n}{n - 3,78\,o} \tag{40}$$

Häufig schreibt man diese, für feste und flüssige Brennstoffe geltende Gleichung auch in der Form

$$m = \frac{21}{21 - 79\,\dfrac{o}{n}} \tag{41}$$

Zahlentafel 8. Mittelwerte der theoretischen Verbrennungsluftmenge L_o *.

| Feste Brennstoffe | Luftmenge | | Flüssige Brennstoffe | Luftmenge | | Gasförmige Brennstoffe | Luftm. |
	kg/kg	m³/kg 15°735,5		kg/kg	m³/kg 15° 735,5		m³/m³
Holz	5,0	4,2	Erdöl, roh	13,8	11,6	Leuchtgas	5,4
Torf	4,9	4,1	Benzin	15,0	12,7	Koksofengas	4,5
Braunkohle, erdig	4,0	3,4	Petroleum	14,6	12,4	Azetylen	11,9
„ Stücke	7,5	6,3	Gasöl	14,4	12,2	Blaugas	15,0
„ Brikett	6,7	5,7	Masut	14,4	12,2	Braunkohlenschwelgas	2,4
Steinkohlen, Schlesien, Saar	9,1	7,7	Solaröl	13,9	11,7	Gichtgas	0,7
„ Ruhr	10,1	8,6	Paraffinöl	14,0	11,8	Generator-Luftgas aus Steinkohle	1,1
Anthrazit, deutsch	10,1	8,6	SteinkohlenteerHorizontalof.	11,9	10,1	„ „ Koks	0,7
„ englisch	11,4	9,6	„ Vertikalofen	12,6	10,6	„ „ Braunk.	1,0
Steinkohlenkoks	9,9	8,4	„ Schrägofen	12,4	10,5	„ „ Holz	1,1
„ -Halbkoks	10,1	8,6	„ Koksofen	12,2	10,3	„ „ Torf	0,8
			Wassergasteer	12,8	10,8	Wassergas aus Koks	2,2
			Ölgasteer	12,2	10,3	Mischgas aus Steinkohle	1,0
			Benzol	13,2	11,2	„ „ Koks	0,9
			Naphthalin	12,9	10,9	„ „ Anthrazit	1,0
			Teeröl	12,8	10,8	„ „ Braunkohle	1,1
			Spiritus 95 vH.	8,3	7,0	„ „ Lokomotivlösche	0,9
						Mondgas	1,1

* Aus Dubbel: Taschenbuch f. d. Maschinenbau. 5. Aufl. Berlin: Julius Springer 1929.

Zahlentafel 9. Kohlensäuregehalt der Abgase in vH. in
Abhängigkeit von der Luftüberschußzahl m.

Brennstoff	Luftüberschußzahl m					
	1,0	1,1	1,2	1,3	1,4	1,5
Kohlenstoff .	21	19	17	15	13	11
Koks	20	18	16	14	12	10
Braunkohle . .	19—20	17—18	15—16	13—14	11—12	9—10
Steinkohle . .	~18,5	16,5	14,5	12,5	10,5	8,5
Teeröl	17,5	15,5	13,5	11,5	9,5	7,5
Leuchtgas und Koksgas . .	10	9	8	7	6	5
Generator- und Gichtgas . .	18—25	17—24	15,5—22,5	13,5—20,5	12—19	10—17

Für gasförmige Brennstoffe ist

$$m = \frac{n - \dfrac{n_g}{r}}{100 - 3{,}78\,o} \qquad (42)$$

Hierin ist

n_g = Stickstoffgehalt des Brennstoffes $\%$
r = Abgasmenge m^3/m^3 Brennstoff

Die Abgase enthalten Wasserdampf, der aus der Brennstoffeuchtig-
keit, dem Schwelwasser gebildet aus H_2 und O_2 des Brennstoffes und
aus dem Verbrennungswasser von H_2, CH_4 und C_nH_n entsteht. Er befindet sich in den Verbrennungsgasen in überhitztem Zustande, worauf
bei thermischen und Volumenrechnungen Rücksicht zu nehmen ist.

Der maximale Kohlensäuregehalt der Abgase läßt sich bei Vor-
liegen einer Brennstoffanalyse für feste Brennstoffe berechnen aus

$$CO_2 = \frac{21\,c}{m \cdot c + 3\,(m - 0{,}21)\,(h - \tfrac{o}{8})} \text{ Vol.-}\% \qquad (43)$$

$$CO_{2\,max} = \frac{21\,c}{c + 2{,}37\,(h - \tfrac{o}{8})} \text{ Vol.-}\% \qquad (44)$$

Angenähert folgt die Luftüberschußzahl aus

$$m \simeq \frac{CO_{2\,max}}{CO_{2\,wirkl}} \qquad (45)$$

Hierbei ist

$CO_{2\,max}$ aus Zahlentafel 9 oder aus Gleichung 44,
$CO_{2\,wirkl}$ aus der Rauchgasanalyse zu entnehmen.

Ist die Zusammensetzung des Brennstoffes und der Rauchgase bekannt, so gelten folgende Gleichungen zur Ermittlung der Rauchgasmenge V bei festen und flüssigen Brennstoffen

$$V = 1{,}86 \underbrace{\frac{100\,c}{co_2 + co + ch_4 + 2\,cn\,hn}}_{\text{trockene Gase}} + 22{,}4 \underbrace{\left(\frac{h}{2} + \frac{w}{18}\right)}_{\text{Wasserdampf}} Nm^3/kg \qquad (46)$$

Hierin bedeuten

c, h, w, in das Rauchgas übergegangener Kohlenstoff-, Wasserstoff- und Wassergehalt des Brennstoffs in Gewichtsteilen

co_2, co, ch_4, $2\,c_n h_n$ Rauchgaszusammensetzung in Raumteilen. Meist genügt es für praktische Zwecke die trockene Rauchgasmenge zu berechnen aus

$$V = 1,86 \frac{100 \cdot c}{co_2 + co} \text{ Nm}^3/\text{kg} * \qquad (47)$$

Ist die **Luftüberschußzahl** m und die **Brennstoffzusammensetzung** bekannt, so wird

$$V = 22,4 \left[\frac{m}{0,21} \left(\frac{c}{12} + \frac{h'}{4} + \frac{s}{32} \right) + \frac{n}{28} - \frac{h'}{4} \right] + 22,4 \left(\frac{h}{2} + \frac{w}{18} \right) \text{Nm}^3/\text{kg} \quad (48)$$

Hierbei ist

$h' = h - \frac{o}{8}$ disponibler Wasserstoff

c, s, n, h, w Bestandteile des Brennstoffes in Gewichtsteilen

Für gasförmige Brennstoffe ist mit Benutzung der **Rauchgasanalyse**

$$V = 100 \underbrace{\frac{co + co_2 + ch_4 + 2 c_n h_n}{CO_2 + CO}}_{\text{trockene Gase}} + \underbrace{h + 2\,ch_4 + 2\,c_n h_n}_{\text{Wasserdampf}} \qquad (49)$$

m³/m³ bezogen auf Betriebszustand, hierbei sind zu entnehmen CO_2 und CO, im Nenner, der Rauchgasanalyse; die übrigen Bestandteile der Frischgasanalyse. Sämtliche Bestandteile in Raumteilen.

Ist die **Luftüberschußzahl** m und die **Frischgaszusammensetzung** bekannt, so folgt

$$\left. \begin{aligned} V = 1 &+ \frac{m}{0,21} \left(\frac{co + h}{2} + 2\,ch_4 + 3\,c_2 h_4 + 2,5\,c_2 h_2 + 7,5\,c_6 h_6 - o \right) \\ &- \tfrac{1}{2} \left(h + co + c_2 h_2 - c_6 h_6 \right) \end{aligned} \right\} \quad (50)$$

m³/m³ bezogen auf Betriebszustand, sämtliche Bestandteile in Raumteilen.

Bei gasförmigen Brennstoffen kann man die **Zusammensetzung der trockenen Rauchgase** wie folgt berechnen:

Es ist die aus 1 m³ Brenngas entstehende Kohlensäuremenge, vollständige Verbrennung vorausgesetzt:

$$co + co_2 + ch_4 + c_n h_n = A \text{ m}^3/\text{m}^3 \text{ Brenngas} \qquad (51)$$

Hierbei umfaßt $c_n h_n$ die Restbestandteile des Brenngases, die zu

---

* Wird die Rauchgasmenge in m³ (15° 735,5 mm Q.-S.) gewünscht, so ist statt 1,86 der Wert 2,03 einzusetzen. (Eingehendere Darlegungen siehe: Netz, Dampfkessel a. a. O.)

CO_2 verbrennen können. Im allgemeinen ist

$$c_n h_n = c_2 h_4 + c_2 h_2 + c_6 h_6$$

Die Sauerstoffmenge ist:

$$(m-1)\left[\frac{co+h}{2} + 2c\,h_4 + 3c_n\,h_n - o\right] = (m-1)\cdot \boldsymbol{D}\ \text{m}^3/\text{m}^3\ \text{Brenngas} \quad (52)$$

und der **Kohlensäuregehalt** der Abgase

$$CO_2 = 100\ \frac{A}{A+n+\dfrac{m-0,21}{0,21}\,D}\ \text{vH.} \quad (53)$$

Der maximale Kohlensäuregehalt ergibt sich durch Einsetzen von $m=1$ in vorstehende Gleichung.

Bei der Untersuchung von Feuerungsanlagen kann man den CO-Gehalt der Rauchgase, sowie die Luftüberschußzahl zeichnerisch nach einem Verfahren von **Seufert** bestimmen, wenn die Zusammensetzung des Brennstoffes, sowie der CO_2 und der O_2-Gehalt der Rauchgase bekannt sind[1].

Das **Rauchgasgewicht** in kg/kg Brennstoff berechnet sich für feste und flüssige Brennstoffe aus

$$G = 1 + m\cdot L_0 - a \quad (54)$$

Hierin ist

m = Luftüberschußzahl
L_0 = Luftmenge (theor.) kg/kg Brennstoff
a = Aschegehalt des Brennstoffes kg/kg Brennstoff

Man kann das Rauchgasgewicht auch berechnen aus

$$G = \gamma_g \cdot V\ \text{kg/kg Brennstoff, wobei } \gamma_g \text{ das spezifische Ge-}$$
wicht der Rauchgase ist (vgl. S. 36 u. 77).

In Zahlentafel 10 sind die spezifischen Gewichte der Gasbestandteile bezogen auf 0^0, 760 mm Q.-S. und bezogen auf 15^0, 735,5 mm Q.-S. aufgeführt[2].

Aufgabe: Wie groß ist das spezifische Gewicht γ_R des trockenen Rauchgases von der Zusammensetzung

$$CO_2 = 11\ \text{vH.}, \quad O_2 = 8\ \text{vH.}, \quad N_2 = 81\ \text{vH.}$$

bei 15^0 735,5 mm Q.-S., bzw. 0^0 760 mm Q.-S.?

---

[1] VDI-Zeitschrift 1920, S. 505.

[2] Messung des spezifischen Gewichtes ist bei Gasen durch den Ausfluß-apparat von **Schilling-Bunsen** oder durch **Gaswaagen** möglich (bei Flüssigkeiten durch **Aräometer**). Vgl. auch **Zipperer**: Über die Ermittlung des Raumgewichtes und des spezifischen Gewichtes von feuchten und trockenen Gasen. Meßtechnik 1931, Heft 6.

Zahlentafel 10.
Spezifische Gewichte von Gasen und Dämpfen.

Gasart	Zeichen	γ_g 0°, 760 mm Q.-S. kg/Nm³	γ_g 15°, 735,5 mm Q.-S. kg/m³
Sauerstoff	O_2	1,429	1,31
Stickstoff	N_2	1,251	1,147
Wasserstoff . . .	H_2	0,0898	0,083
Kohlenoxyd . . .	CO	1,25	1,147
Kohlensäure . . .	CO_2	1,977	1,801
Luft	—	1,293	1,186
schweflige Säure .	SO_2	2,9266	2,623
schwere Kohlen- wasserstoffe . .	$C_n H_n$	$\sim$1,252	$\sim$1,148
Methan	CH_4	0,717	0,656
Azetylen	C_2H_2	1,179	1,066
Äthylen	C_2H_4	1,261	1,148
Äthan	C_2H_6	1,357	1,231
Benzol	C_6H_6	3,4824	3,193
Generatorgas . .	—	1,12—1,18	1,02—1,08
Gichtgas	—	$\sim$1,277	$\sim$1,17
Wassergas	—	$\sim$0,6897	$\sim$0,631

Es ist:

$$\gamma_g = \frac{CO_2 \cdot \gamma_1 + O_2 \cdot \gamma_2 + N_2 \cdot \gamma_3}{100}$$

$$= \frac{11 \cdot 1,801 + 8 \cdot 1,31 + 81 \cdot 1,147}{100}$$

$$\gamma_g = 1,23 \text{ kg/m}^3 \text{ (bezogen auf } 15° \, 735,5 \text{ mm)}$$

oder

$$= \frac{11 \cdot 1,977 + 8 \cdot 1,429 + 81 \cdot 1,251}{100}$$

$$\gamma_g = 1,334 \text{ kg/Nm}^3$$

Je größer der CO_2-Gehalt, desto schwerer ist das Gas. Beimengungen von Wasserdampf können das spezifische Gewicht bis zu 8 vH. vermindern.

Aufgabe: Welche Rauchgasmenge liefert Steinkohle mit einem Kohlenstoffgehalt von C = 77 vH.? Die Gasmenge soll für eine Temperatur von $t_g = 300°$ C und einen CO_2-Gehalt von 12 vH. berechnet werden.

Nach Gleichung 47 ist:

$$V = 1,86 \cdot \frac{100 \cdot 0,77}{12} = 11,9 \text{ Nm}^3/\text{kg}$$

bzw.

$$V = 2,03 \cdot \frac{100 \cdot 0,77}{12} = 13,0 \text{ m}^3/\text{kg}$$

Das entwickelte Volumen ist um $\dfrac{273 + t_g}{273 + t}$ größer.

Also folgt:

$$V' = V \cdot \frac{273 + t_g}{273 + t}$$

$$= 11{,}9 \cdot \frac{273 + 300}{273} = \mathbf{25\ m^3/kg}\ \text{bei } 760\ \text{mm Q.-S.}$$

bzw.

$$V' = 13 \cdot \frac{273 + 300}{273 + 15} = \mathbf{25{,}85\ m^3/kg}\ \text{bei } 735{,}5\ \text{Q.-S.}$$

Steht das Rauchgas unter einem Druck von z. B. 745 mm Q.-S., so ist das wahre Volumen zu berechnen aus:

$$V = 25 \cdot \frac{760}{745} = 25{,}85 \cdot \frac{735{,}5}{745} = 25{,}6\ \text{m}^3/\text{kg}\ (300^0\ \text{und } 745\ \text{mm Q.-S.}).$$

Aufgabe: Wie groß ist das spezifische Gewicht eines Gases folgender Zusammensetzung

$$CO_2 = 3{,}2\ \text{vH.}, \quad C_2H_4 = 2{,}8\ \text{vH.}, \quad C_6H_6 = 0{,}7\ \text{vH.}, \quad O_2 = 0{,}5\ \text{vH.}$$

$$CO = 9{,}3\ \text{vH.}, \quad H_2 = 48{,}8\ \text{vH.}, \quad CH_4 = 27{,}3\ \text{vH.}, \quad N_2 = 7{,}4\ \text{vH.}\ ?$$

Es folgt

$$\gamma_g = \frac{3{,}2 \cdot 1{,}977 + 2{,}8 \cdot 1{,}261 + 0{,}7 \cdot 3{,}4824 + 0{,}5 \cdot 1{,}429 + 9{,}3 \cdot 1{,}25 + 48{,}8 \cdot 0{,}0898}{\div}$$

$$\frac{+\ 27{,}3 \cdot 0{,}717 + 7{,}4 \cdot 1{,}251}{100} = 0{,}5782\ \text{kg/Nm}^3$$

Zur Berechnung des spezifischen Gewichtes eines wasserdampfgesättigten Gases im Betriebszustand gilt nach **Plenz**

$$\gamma_g = \frac{273}{(273 + t)\,760}\,[0{,}804\ p_s + \gamma_0\,(p + b - p_s)]\ \text{kg/m}^3 \qquad (55)$$

Hierin ist

γ_g = spezifisches Gewicht im Betriebszustand kg/m³
γ_0 = spezifisches Gewicht bei 0⁰, 760 mm Q.-S. kg/Nm³ t
b = Barometerstand mm Q.-S.
p = statischer Gasdruck mm Q.-S.
p_s = Wasserdampfspannung bei t⁰ C mm Q.-S. (Zahlentafel 24)
t = Gastemperatur ⁰C

Zur Umrechnung des spezifischen Gewichtes eines **feuchten** (gesättigten oder ungesättigten) Gases dienen die Gl. 85 u. 86.

Bei der obigen Aufgabe war mit der vereinfachten Gleichung für die Rauchgasmenge gerechnet und die Wasserdampfspannung vernachlässigt worden, was praktisch häufig zulässig ist. Genau ist die Umrechnung wasserdampfgesättigter Gasvolumina auf Normalzustand oder umgekehrt durchzuführen nach der Gleichung

$$V_t = V'\,\frac{(p + b - p_s)\,273}{760\,(273 + t)}\ \text{Nm}^3\ \text{t} \qquad (56)$$

Hierin ist

V' = wasserdampfgesättigtes Gasvolumen im Betriebszustand m²
b = Barometerstand reduziert auf 0⁰ C mm Q.-S.
p = statischer Gasdruck mm Q.-S.
p_s = Wasserdampfspannung bei t⁰ in mm Q.-S.
t = Gastemperatur ⁰C

Umrechnung vom Betriebszustand (feucht) V auf V_t Nm³ t siehe Gleichung 87.

Zwischen Heizwert, Luftbedarf und Abgasmenge bestehen Zusammenhänge, die Rosin und Fehling in ihrem Werke zum Ausdruck gebracht haben[1]. D'Huart kommt zu einer guten Übereinstimmung mit den Rosinschen Formeln, die auch für Kohlenstaubfeuerungen Anwendung finden können, ermittelt aber für feste Brennstoffe mit Heizwerten unter 5000 kcal/kg etwas geänderte Formeln[2]. Tafel 11 enthält die Formeln zur Berechnung des theoretischen Luftbedarfs und der Abgasmenge nach Rosin, wobei für feste Brennstoffe die Vorschläge D'Huarts berücksichtigt sind.

Zahlentafel 11. Abgasmenge und Luftbedarf für feste, flüssige und gasförmige Brennstoffe.

Brennstoffe	Verbrennungsgasmenge V_0 Nm³/kg bzw. Nm³/Nm³	Theoretischer Luftbedarf L_0 in Nm³/kg bzw. Nm³/Nm³	Verbrennungsgasmenge V Nm³/kg bzw. Nm³/Nm³ bei Luftüberschuß (Luftüberschußzahl $= m$)
feste Brennstoffe über $H_u = $ 5000 kcal/kg	$\dfrac{0{,}915}{1000} H_u + 1{,}5$	$\dfrac{1{,}01}{1000} H_u + 0{,}5$	$\dfrac{H_u}{1000}(1{,}01\,m - 0{,}095) + 0{,}5\,(m + 2)$
feste Brennstoffe unter $H_u = 5000$ kcal/kg	$\dfrac{1{,}1}{1000} H_u + 0{,}4$	$\dfrac{1{,}1}{1000} H_u$	$\dfrac{H_u}{1000}\,1{,}1\,(m + 0{,}4)$
Öle	$\dfrac{1{,}11}{1000} H_u$	$\dfrac{0{,}85}{1000} H_u + 2$	$\dfrac{H_u}{1000}(0{,}85\,m + 0{,}23) + 2\,(m - 1)$
Armgase	$\dfrac{0{,}725}{1000} H_u + 1$	$\dfrac{0{,}875}{1000} H_u$	$\dfrac{H_u}{1000}(0{,}875\,m - 0{,}15) + 1$
Reichgase	$\dfrac{1{,}14}{1000} H_u + 0{,}25$	$\dfrac{1{,}09}{1000} H_u - 0{,}25$	$\dfrac{H_u}{1000}(1{,}09\,m + 0{,}05) + 0{,}25\,m$

Der Wärmeinhalt der Verbrennungsgase[3] ist eine Funktion ihrer Temperatur. Es ist

$$i = c_{p_m} \cdot t \ \text{kcal/Nm}^3 \tag{57}$$

Hierin ist

$c_{p_m} = $ mittlere spezifische Wärme bezogen auf 1 Nm³

$t \ \ \ = $ Temperatur der Verbrennungsgase °C

---

[1] Rosin und Fehling: Das I—t-Diagramm der Verbrennung. VDI-Verlag 1929.

[2] Zbl. Hütten- u. Walzwerke 1928, S. 177 u. 242.

[3] Vgl. auch Arbeitsblatt 3 des Arch. Wärmewirtsch. 13 (1932).

Schüle[1] hat nachgewiesen, daß die Verteilung von Kohlensäure, Wasserdampf und zweiatomigen Gasen derart ist, daß ihre entgegenwirkenden Einflüsse sich gegenseitig aufheben und die Annahme einer mittleren spezifischen Wärme zulassen.

Die mittlere spezifische Wärme ermittelt sich dabei auf Grund der Verbrennungsgaszusammensetzung zu

$$c_{p_m} = \frac{c_{p\,(CO_2)}\,CO_2 + c_{p(O_2)}\,O_2 + c_{p(Rest)} \cdot Rest}{100}\ \text{kcal/kg}^0\,C \qquad (58)$$

bzw.

$$C_{p_m} = \frac{C_{p\,(CO_2)}\,CO_2 + C_{p\,(Rest)} \cdot Rest}{100}\ \text{kcal/Nm}^3\ {}^0\,C \qquad (59)$$

Hierin ist

$c_{p\,(CO_2)}$; $C_{p\,(CO_2)}$ = spezifische Wärme der Kohlensäure kcal/kg ^{0} C bzw. kcal/Nm^3 ^{0}C

$c_{p\,(O_2)}$ = spezifische Wärme des Sauerstoffs kcal/kg^0 C

$c_{p\,(Rest)}$; $C_{p\,(Rest)}$ = „ „ des Restes kcal/kg^0 C, bzw. kcal/Nm^3 ^{0}C

O_2 = Sauerstoffgehalt der Verbrennungsgase vH.

CO_2 = Kohlensäuregehalt der Verbrennungsgase vH.

Rest = $CO + N_2$ bzw. $CO + O_2 + N_2$ = Restbestandteile der Verbrennungsgase in vH.[2]

Zahlenwerte der spezifischen Wärmen finden sich in Zahlentafel 12. Als Mittelwert kann man bei Verbrennungsgasen setzen

$$c_p = 0{,}25\ \text{kcal/kg}^0\,C \quad \text{und} \quad C_p = 0{,}3\ \text{kcal/Nm}^3\ {}^0\,C$$

Aufgabe: Wie groß ist die mittlere spezifische Wärme eines Verbrennungsgases von $t = 1000^0$ C und folgender Zusammensetzung:

$$CO_2 = 10\ \text{vH.} \qquad O_2 = 8\ \text{vH.}$$
$$CO = 1\ \text{vH.} \qquad N_2 = 81\ \text{vH.?}$$

Aus Zahlentafel 12 folgt bei 1000^0 C

	c_p	C_p
CO_2	0,26	0,511
O_2	0,232	0,332
$N_2 + CO$	0,265	0,332

Damit wird

$$c_p = \frac{0{,}26 \cdot 10 + 0{,}232 \cdot 8 + 0{,}265 \cdot 82}{100} = 0{,}262\ \text{kcal/kg}$$

und

$$C_p = \frac{0{,}511 \cdot 10 + 0{,}332 \cdot 90}{100} = 0{,}349\ \text{kcal/Nm}^3$$

Aufgabe: Steinkohle mit 75 vH. C, 6 vH. H_2, 8 vH. O_2, 4 vH. Feuchtigkeit und 7 vH. Asche bei einem Heizwert von $H_u = 7300$ kcal/kg wird bei 20^0 C

---

[1] Schüle: Z. VDI 1916, S. 630.

[2] Enthalten die Gase noch SO_2 und H_2 in nennenswerten Mengen, so müssen diese Bestandteile gesondert berücksichtigt werden.

Zahlentafel 12. Mittlere spezifische Wärmen für Gase[1].

Temperatur °C	C_p kcal/Nm³ °C					c_p kcal/kg °C							Rauchgas mit der Zusammensetzung: 12% CO_2 8% O_2	
	2 atomige Gase, Luft, H_2, O_2, CO, N_2	Methan CH_4	Äthylen C_2H_4	Wasserdampf H_2O	Kohlensäure, schweflige S. CO_2, SO_2	Sauerstoff O_2	trockene Luft	Stickstoff Kohlenoxyd N_2, CO	Schweflige Säure SO_2	Kohlensäure CO_2	Wasserstoff H_2	Wasserdampf	C_{pR} kcal/Nm³ °C	c_{pR} kcal/kg °C
0	0,312	0,343	0,420	0,372	0,397	0,218	0,241	0,249	0,139	0,202	3,445	0,462	0,3216	0,2408
100	0,314	0,379	0,469	0,373	0,410	0,219	0,242	0,251	0,144	0,209	3,467	0,464	0,3244	0,2434
200	0,316	0,414	0,518	0,375	0,426	0,221	0,244	0,252	0,149	0,217	3,490	0,466	0,3292	0,2453
300	0,318	0,450	0,567	0,376	0,442	0,222	0,246	0,254	0,155	0,225	3,512	0,468	0,3334	0,2479
400	0,320	0,486	0,616	0,378	0,456	0,224	0,247	0,255	0,159	0,232	3,534	0,470	0,3353	0,2498
500	0,322	0,522	0,666	0,380	0,467	0,225	0,249	0,257	0,164	0,238	3,556	0,473	0,3386	0,2522
600	0,324	0,557	0,715	0,383	0,477	0,226	0,250	0,259	0,167	0,243	3,579	0,476	0,3424	0,2544
700	0,326	0,593	0,764	0,385	0,487	0,228	0,252	0,260	0,170	0,248	3,601	0,479	0,3453	0,2560
800	0,328	0,629	0,813	0,389	0,497	0,229	0,253	0,262	0,174	0,253	3,624	0,484	0,3476	0,2583
900	0,330	0,664	0,862	0,394	0,505	0,230	0,255	0,264	0,177	0,257	3,646	0,490	0,3510	0,2604
1000	0,332	0,700	0,911	0,398	0,511	0,232	0,256	0,265	0,179	0,260	3,668	0,495	0,3537	0,2618
1100	0,334	0,736	0,960	0,402	0,517	0,233	0,258	0,267	0,181	0,263	3,690	0,500	0,3542	0,2638
1200	0,336	0,771	1,009	0,407	0,521	0,235	0,260	0,269	0,182	0,265	3,713	0,506	0,3582	0,2658
1300	0,338	0,807	1,055	0,413	0,526	0,236	0,261	0,270	0,184	0,268	3,735	0,513	0,3596	0,2670
1400	0,340	0,843	1,107	0,418	0,530	0,238	0,263	0,272	0,186	0,270	3,758	0,520	0,3628	0,2690
1500	0,342	0,879	1,157	0,424	0,536	0,239	0,264	0,274	0,188	0,273	3,780	0,527	0,3653	0,2711
1600	0,344	—	—	0,430	0,541	0,240	0,266	0,275	0,189	0,275	3,802	0,535	—	—
1700	0,346	—	—	0,438	0,546	0,242	0,267	0,277	0,191	0,278	3,824	0,544	—	—
1800	0,348	—	—	0,446	0,550	0,243	0,269	0,279	0,192	0,280	3,847	0,554	0,3724	0,2762
1900	0,350	—	—	0,455	0,554	0,245	0,270	0,280	0,193	0,282	3,869	0,566	—	—
2000	0,352	—	—	0,465	0,556	0,246	0,272	0,282	0,194	0,283	3,891	0,578	—	—
2500	0,362	—	—	0,516	0,570	0,253	0,280	0,290	0,200	0,290	4,003	0,642	0,385	0,2870
3000	0,372	—	—	0,573	0,581	0,260	0,288	0,299	0,204	0,296	4,115	0,713	—	—

[1] Tabelle nach Mitteilung 60 der Wärmestelle Düsseldorf.
Zur Umrechnung der C_p-Werte auf 15° 735,5 mm Q.-S. sind die Tafelwerte mit:

$$\frac{273}{273+15} \cdot \frac{735,5}{760} = 0,916 \text{ zu multiplizieren.}$$

Kesselhaustemperatur verfeuert. Barometerstand 740 mm Q.-S. In den trockenen Abgasen wird im Mittel festgestellt: 12 vH. CO_2, 1 vH. CO, 6,5 vH. O_2 [1].

Wie groß ist der Wärmeverlust der Abgase bei $t = 350^0$ Abgastemperatur?

Nach Gleichung 46 ist die Abgasmenge

$$V = 1,86 \frac{100 \cdot 0,75}{12 + 1} + 22,4 \left(\frac{0,06}{2} + \frac{0,04}{18}\right) Nm^3/kg$$

$$V = 11,422 \ Nm^3/kg.$$

Nach Zahlentafel 12 ist die spezifische Wärme

$$C_p \ kcal/Nm^3 \ ^0 C$$

$t \ ^0 C$	CO_2	H_2O	Rest
20	0,398	0,372	0,312
350	0,449	0,377	0,319

Damit wird

$$C_{p_m (20^0)} = \frac{12 \cdot 0,398 + 7 \cdot 0,372 + 81 \cdot 0,312}{100} = 0,326$$

$$C_{p_m (350^6)} = \frac{12 \cdot 0,449 + 7 \cdot 0,377 + 81 \cdot 0,319}{100} = 0,337$$

Es folgt dann die Wärmemenge aus

$$Q = V \left(C_{p_m (350^0)} \cdot t_{350^0} - C_{p_m (20^0)} \cdot t_{(20^0)}\right)$$
$$= 11,422 \ (0,338 \cdot 350 - 0,326 \cdot 20) = 1280 \ kcal$$

Zu ähnlichen Ergebnissen gelangt man mit Hilfe der Rosinschen Gleichungen und Kurventafeln.

Aus der Luftüberschußzahl

$$m = \frac{21}{21 - 79 \frac{o}{n}} = \frac{21}{21 - 79 \frac{6,5}{80,5}} = 1,43$$

folgt nach Zahlentafel 11

$$V = \frac{Hu}{1000} (1,01 \ m - 0,095) + 0,5 \ (m + 2)$$

$$= \frac{7300}{1000} (1,01 \cdot 1,43 - 0,095) + 0,5 \ (1,43 + 2)$$

$$= 11,565 \ Nm^3/kg \ (\text{Abweichung gegenüber der Rechnung} + 0,143 \ Nm^3/kg$$
$$= \sim 1,5 \ vH.)$$

Der Wärmeinhalt wird nach dem Rosinschen I—t-Diagramm (Abb. 9) für die Temperaturen 350 bzw. 20^0 C bestimmt zu 120 bzw. 8 kcal. Es folgt dann die Wärmemenge aus

$$Q = (120 - 8) \ 11,565 = 1295 \ kcal/kg \ \text{Kohle},$$

also genügende Übereinstimmung mit der Rechnung.

Das zu vorstehender Rechnung benutzte $I - t$ Diagramm von Rosin und Fehling ist für Verbrennungsrechnungen außerordentlich zweck-

---

[1] Der Wasserdampfgehalt der Abgase bezogen auf Nm^3 t ist 7 vH.

mäßig, da ohne größere Rechnungen lediglich auf Grund der Heizwert und Luftüberschußbestimmung alle kennzeichnenden Größen abgelesen werden können.

Die Abgase entweichen durch den Schornstein ins Freie. Die abziehende Wärmemenge ist dabei um so größer, je größer der Temperaturunterschied zwischen Rauchgas und Luft ist. Dieser „fühlbare" Wärme-

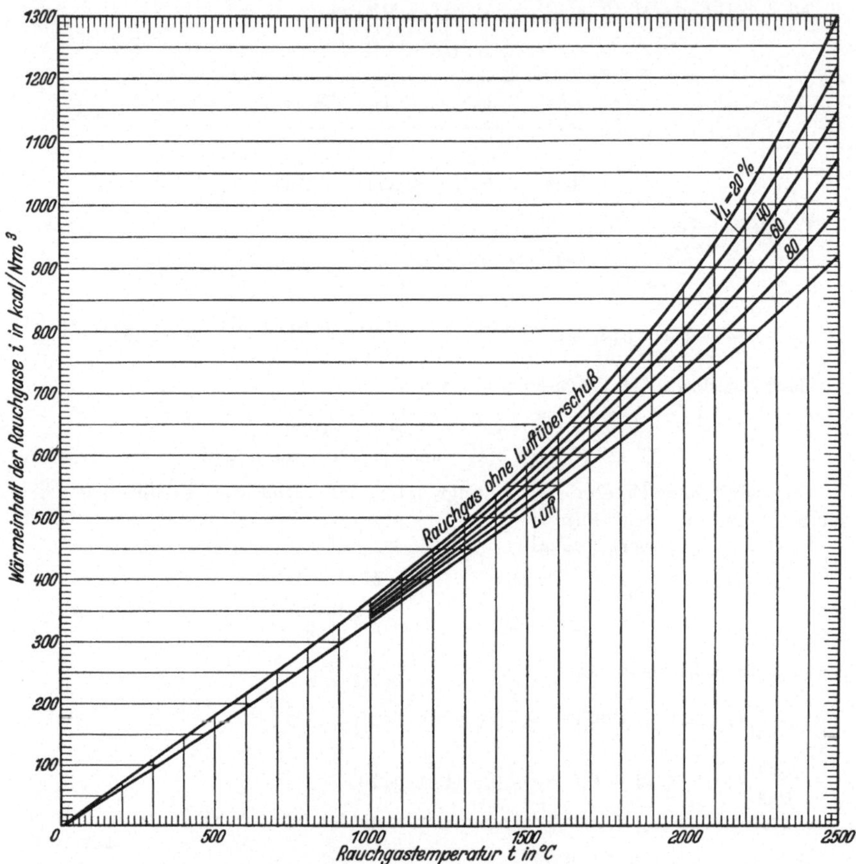

Abb. 9. I—t-Diagramm der Verbrennung.

verlust ist nicht ganz zu vermeiden, da eine bestimmte Rauchgastemperatur zur Aufrechterhaltung des Zuges notwendig ist. Abb. 10 gibt den Wärmeverlust bei verschiedenen Temperaturunterschieden zwischen Rauchgas und Außenluft ($T - t$), und verschiedenen CO_2-Gehalten bei Verbrennung einer Steinkohle mit $H_u = 7500$ kcal/kg und $CO_{2\,max} = 20$ vH. wieder.

Die Kurven sind für vollkommene Verbrennung errechnet nach

der Siegertschen Formel

$$V \cong \sigma \frac{T-t}{CO_2} \text{ vH.} \tag{60}$$

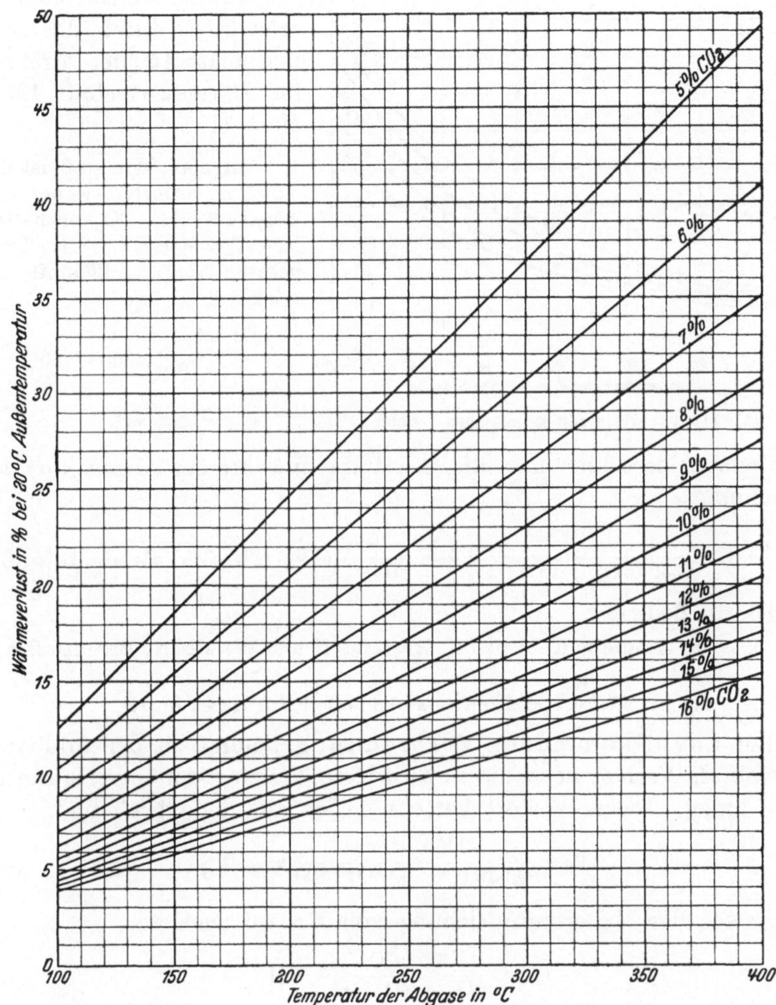

Abb. 10. Wärmeverlust in vH. bei 20° Außentemperatur und Steinkohlenfeuerung.

Hierin bedeutet

σ = Koeffizient
T = Abgastemperatur °C
t = Außenlufttemperatur (Kesselhaustemperatur) °C
CO_2 = Kohlensäuregehalt der Abgase in vH.

Der Koeffizient σ der Siegertschen Formel ist vom Brennstoff abhängig und kann aus Abb. 11 entnommen werden. Für Steinkohle ist

$\sigma \simeq 0,65$. Die Siegertsche Formel ist brauchbar, solange die unverbrannten Gase unter 0,3 Raumteilen bleiben.

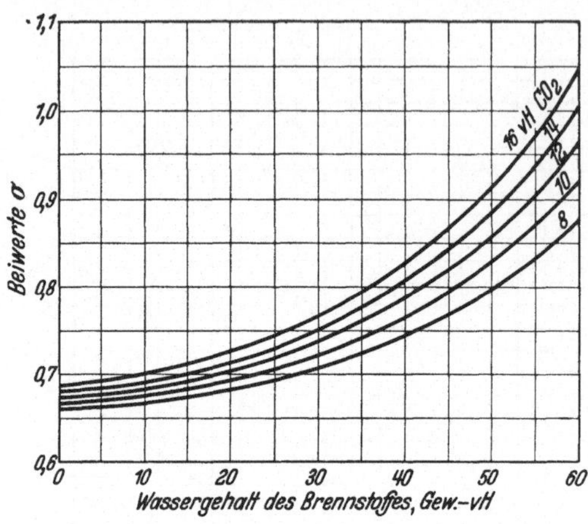

Abb. 11. Beiwerte σ zur Siegertschen Formel.

Die genaue Ermittlung des Rauchgasverlustes wird erleichtert durch das Arbeitsblatt 15 des Archivs für Wärmewirtschaft 1932, Heft 11.

Aufgabe: Wie groß ist der Abwärmeverlust, wenn die Abgase 8 vH. CO_2 enthalten bei $T = 300^0\,C$? Die Temperatur der Außenluft ist $t = 20^0\,C$.

Es ist
$$V \simeq 0,65\,\frac{300 - 20}{8}$$
$$= 22,8\ \text{vH.}$$

Genauer berechnet man die fühlbare Wärme der Abgase aus der Gleichung

$$V = \left[0,32\,\frac{c}{0,536\,(CO_2 + CO)} + 0,46\,\frac{9\,h + w}{100}\right](T - t)\ \text{kcal/kg Brennstoff} \quad (61)$$

Hierin bedeutet

$c, h, w =$ Bestandteile Kohlenstoff, Wasserstoff und Wasser des Brennstoffes in vH.,

$CO_2, CO =$ Kohlensäure und Kohlenoxydgehalt des Abgases in vH.

Bei unvollkommener Verbrennung kommt zu der fühlbaren Wärme als Verlust noch die gebundene Wärme der unverbrannten Gase hinzu. Dieser Verlust berechnet sich aus der Gleichung

$$V_u = \frac{3050 \cdot c \cdot co}{0,536\,(CO_2 + CO) \cdot 100}\ \text{kcal/kg} \quad (62)$$

oder nach der Näherungsgleichung von Brauß auch aus

$$V_u = \frac{70 \cdot CO}{CO_2 + CO + H_2}\ \text{vH.} \quad (63)$$

Bei unvollkommener Verbrennung läßt sich nach Hassenstein der fühlbare Wärmeverlust mit genügender Genauigkeit für Steinkohle berechnen aus

$$V = \frac{0,65\,(T - t)}{CO_2 + CO + H_2 + 0,33}\ \text{vH.} \quad (64)$$

Damit wird bei unvollkommener Verbrennung der Gesamtverlust

$$V_{\text{ges}} = V_u + V\ \text{kcal/kg}$$

Aufgabe: Wie groß ist der Wärmeverlust durch unvollkommene Verbrennung bei folgender Zusammensetzung des Rauchgases

$$CO_2 = 8 \text{ vH.}, \quad CO = 2,5 \text{ vH.?}$$

Es sei $T = 300^0$ C und $t = 20^0$ C.

Der Wärmeverlust folgt aus

$$Vu_1 = \frac{0,65\,(300 - 20)}{8 + 2,5 + 0,33} = 16,8 \text{ vH.}$$

$$Vu_2 = \frac{70 \cdot 2,5}{8 + 2,5} = 16,7 \text{ ,,}$$

$$\text{Summe} \quad 33,5 \text{ vH.}$$

Gegenüber dem vorhergehenden Beispiel, das mit vollkommener Verbrennung gerechnet war, bedeutet also schon 1 vH. Unverbranntes rund 4,5 vH. mehr Wärmeverlust.

Die Verbrennungstemperatur ist in erster Linie vom Heizwert des Brennstoffes abhängig, an zweiter Stelle stehen Vollkommenheit der Verbrennung und Vorwärmung von Brennstoff und Verbrennungsluft. Zur Erzielung hoher Temperaturen ist geringer Luftüberschuß notwendig, daher sind hohe Verbrennungstemperaturen am besten mit Wassergas, kohlenwasserstoffreichen Gasen, Heizölen, hochwertigen Kohlen und Koks zu erreichen. Besonders hohe Temperaturen ermöglicht die Verbrennung in reinem Sauerstoff. Wegen der Möglichkeit weitgehender Durchmischung von Brennstoff und Luft bei geringem Luftüberschuß erzielen Gasfeuerungen, Kohlenstaubfeuerungen und Oberflächenfeuerungen günstigen pyrometrischen Effekt. Die Höhe der Verbrennungstemperatur ist durch Dissoziationsvorgänge begrenzt. Kohlensäure und Wasserdampf dissoziieren mit zunehmender Temperatur in steigendem Maße. Einen Anhalt von dem Umfang der Dissoziation gibt nachstehende Zahlentafel.

Dissoziation von CO_2 und H_2O in vH.
nach W. Nernst

Temperatur ^{0} C	1227	1727	2227	2927	3237
CO_2 bei 1 at .	0,05	2,05	17,6	54,8	82,2
H_2O bei 1 at .	0,02	0,58	4,21	14,4	30,9

Die Einflußfaktoren der Dissoziation sind sehr zahlreich, sie wirken aber teilweise gegeneinander und heben sich dadurch auf. Dissoziationsvorgänge erhalten erst über 1500^0 C merkbaren Einfluß auf die Temperatur der Verbrennungsvorgänge. Auch dann wird die Erniedrigung der Verbrennungstemperatur nicht unbedingt zu einer Verminderung der nutzbaren Wärme führen, denn nach Abkühlung der Gase unter 1500^0 wird die Reaktion wieder rückläufig. Durch Verwandlung latenter Wärme in fühlbare wird die thermische Wirkung der Dissoziation wieder aufgehoben, so daß sie sich nur als eine Verschleppung des Verbrennungsvorganges auswirkt.

Die genaue Vorausberechnung der Verbrennungstemperatur t_a ist schwierig, doch hat Schack Gleichungen entwickelt, die ohne Versuchsrechnungen ein hinreichend genaues Ergebnis liefern[1]. Es ist hierfür nur die Kenntnis des Heizwertes und der Abgasanalyse notwendig. Diese Gleichungen lauten für drei verschiedene Temperaturbereiche

$$\text{für } 800\text{—}1800^0 \quad t_a = \frac{Hu + Q + 32\,A + 80\,B + 75\,C}{0{,}364\,A + 0{,}591\,B + 0{,}477\,C} \; {}^0\text{C}$$

$$\text{für } 1100\text{—}2400^0 \quad t_a = \frac{Hu + Q + 50{,}4\,A + 103\,B + 190\,C}{0{,}378\,A + 0{,}607\,B + 0{,}565\,C} \; {}^0\text{C}$$

$$\text{für } 1700\text{—}2800^0 \quad t_a = \frac{Hu + Q + 93{,}5\,A + 128\,B + 448\,C}{0{,}4\,A + 0{,}621\,B + 0{,}695\,C} \; {}^0\text{C}$$

Hierin bedeuten

$H_u=$ unterer Heizwert des Brennstoffes kcal/kg bzw. kcal/Nm³
$Q = G \cdot c_g \cdot t_g + L \cdot c_l \cdot t_l =$ kcal/kg bzw. kcal/Nm³
    die durch Vorwärmung von Brennstoff und Luft zugeführte Wärme
$A =$ aus 1 Nm³ bzw. 1 kg Brennstoff entstehende Stickstoff- und Sauerstoffmenge in Nm³
$B =$ aus 1 Nm³ bzw. 1 kg Brennstoff entstehende Kohlensäuremenge in Nm³
$C =$ aus 1 Nm³ bzw. 1 kg Brennstoff entstehende Wasserdampfmenge in Nm³

Für überschlägliche Berechnungen hat Bansen noch ein Verfahren zur Ermittlung der Verbrennungstemperatur bei Gas- und Luftvorwärmung angegeben[2].

Die in vorstehendem als Verbrennungstemperatur bezeichnete Anfangstemperatur ist praktisch nicht zu erreichen, denn sie setzt außer vollkommener Verbrennung ohne Luftüberschuß, Verbrennung in einem allseitig geschlossenen Raum voraus, dessen Wände bereits diese Temperatur haben und für Wärme undurchlässig sind. Es kommt noch hinzu, daß die Verbrennungsgeschwindigkeit in technischen Feuerungen beabsichtigt oder unbeabsichtigt gering ist. Die Verbrennungstemperatur t_a ist demnach ein theoretischer Höchstwert, den man in der Praxis zu erreichen bemüht ist. Die fühlbare Höchsttemperatur ist die Flammentemperatur, die räumlich und zeitlich geringe Ausmaße hat. Je kleiner der Verbrennungsraum, je kürzer die Verbrennungszeit und je ungestörter das Temperaturfeld ist, desto mehr nähert sich die Flammentemperatur der theoretischen Verbrennungstemperatur. Infolge des ununterbrochenen Wärmeflusses zu den Feuerungswänden und Heizflächen ist die Flammentemperatur t_{fl} höher als die Temperatur der sie umgebenden Wandungen. Als Temperaturfaktor der Flamme kann man den Ausdruck bezeichnen

$$\eta_{t_1} = \frac{t_{fl}}{t_a}$$

---

[1] Mitt. Nr. 87 der Wärmestelle Düsseldorf.
[2] Eisenhütte Bd. IV (1930) S. 323.

η_{t_1} ist 0,95—0,97 bei guter Zündfähigkeit, hoher Vorwärmung, guter
Durchmischung und geringer Abstrahlung;

0,85—0,8 bei träger Verbrennung, kalten Feuerraumwandungen
und Heizflächen.

Angenähert läßt sich die Flammentemperatur eines festen Brennstoffes auch berechnen aus

$$t_f = t_l + \frac{\eta_1 (1-\sigma) H_u}{(1+m \cdot L_0 - a)\, c_{pg}} \; ^0\mathrm{C} \tag{65}$$

Hierin ist

η_1 = Wirkungsgrad der Feuerung, d. i. der Bruchteil der vom brennbaren Gehalt
in der Feuerung umgesetzten Wärme = 0,85—0,98
H_u = Heizwert des Brennstoffes kcal/kg
L_0 = theoretische Luftmenge kg/kg
m = Luftüberschußzahl
a = Aschegehalt des Brennstoffes kg/kg
t_1 = Lufttemperatur ^{0}C
c_{pg} = spezifische Wärme der Rauchgase kcal/kg ^{0}C $\simeq$ 0,25
σ = durch Abstrahlung abgegebene Wärme in vH.

Es ist σ für

Innenfeuerung 25—50
Unterfeuerung 20—25
Vorfeuerung 10—15

Bei Vorwärmung der Luft darf der Wärmeinhalt der vorgewärmten Luft nicht vernachlässigt werden.

Bezeichnet c_{pl} die spezifische Wärme der Luft = $\sim$ 0,245 kcal/kg ^{0}C,
t_l die Temperatur der vorgewärmten Luft und t die Temperatur der
kalten Außenluft, so wird angenähert

$$t_f = t_l + \frac{\eta_1 (1-\sigma) H_u + m\, L_0\, c_{p_1} (t_l - t)}{(1+m \cdot L_0 - a)\, c_{pg}} \tag{66}$$

Zur Aufrechterhaltung der Gasbewegung bei der Verbrennung
und zur Ableitung der Abgase ist ein bestimmter Zug notwendig. Sieht
man von der künstlichen Zugerzeugung ab, so entsteht der natürliche
Zug durch den Auftrieb der Gase. Der Zug ist positiv, wenn die heißen
Gase nach oben ziehen, negativ, wenn die heißen Gase nach unten geführt werden. In diesem Falle vermindert der Auftrieb die Zugwirkung.
Der Gasströmung setzen sich Widerstände durch Reibung und Stoßverluste bei Querschnitts- und Richtungsänderungen, sowie beim Ein-
saugen der Luft durch Roststäbe entgegen. Nusselt hat nachgewiesen,
daß auch durch die konvektive Wärmeübertragung heißer Gase an
Wandungen und Heizgut ein Druckabfall und daher ein Zugverlust entsteht[1]. Durch richtige Gasführung, genügende Querschnitte, strömungs-
technisch richtige Kanalform und Einhaltung einer günstigen Geschwin-

---

[1] Stahl u. Eisen Bd. 43 (1923) S. 456/635.

digkeit, lassen sich diese Widerstände in mäßigen Grenzen halten. Günstige Gasgeschwindigkeiten liegen für Ofen- und Kaminanlagen in den Grenzen

$$v_0 = 1\text{—}5 \text{ m/s} \quad (0^0\ 760 \text{ mm } Q.\text{-}S.)$$

Hierin ist v_0 auf 0^0 C 760 mm Q.-S. bezogen. Die wirkliche Gasgeschwindigkeit v errechnet sich aus der reduzierten Gasgeschwindigkeit v_0 nach der Gleichung

$$v = v_0\,(1 + \alpha\,t)\,\frac{p_0}{p_1}\ \text{m/s} \tag{67}$$

Hierin ist

$\alpha\ = 1/273$
$t\ =$ mittlere Temperatur des Gases ^{0} C
$p_0 = 760$ mm Q.-S.
$p_1 =$ mittlerer Absolutdruck in der Gasleitung mm Q.-S.

Der Reibungsverlust in glatten Metallrohren ist von Brabbée und Fritzsche untersucht worden. Danach berechnet sich der Reibungsverlust in mm W.-S. je m glattes Rohr aus

$$R = \frac{b\,\gamma^{0,852}\,v^{1,924}}{d^{1,281}}\ \text{mm W.-S./m} \tag{68}$$

Hierin bedeuten

$b\ =$ Festwert $= 5,66$
$\gamma\ =$ spezifisches Gewicht des Gases in kg/m³ bezogen auf den vorhandenen Zustand
$v\ =$ Gasgeschwindigkeit m/s, bezogen auf den vorhandenen Zustand
$d\ =$ lichter Rohrdurchmesser mm

In gemauerten Kanälen, Öfen und in Leitungen, die staubhaltige und feuchte Gase führen, ist R zu vergrößern und zwar ist der Reibungsverlust bei

$$\text{Gasgeschwindigkeiten bis } 3 \text{ m/s} \quad 2\ \ R$$
$$,, \qquad\qquad \text{über } 3 \text{ m/s} \quad 2,5\ R$$

Bei allmählich sich ändernden Querschnitten, rechne man mit dem mittleren Querschnitt, bei rechteckigen Querschnitten mit dem gleichwertigen Durchmesser

$$d = \frac{2\,a \cdot b}{a + b}$$

Die Geschwindigkeit wird dabei auf den ursprünglichen Querschnitt bezogen.

Nach einer anderen Formel ist der Reibungsverlust bei Öfen u. a.

$$R = \frac{\lambda\,v_0^2\,\gamma_0\,T}{g \cdot 2 \cdot 273 \cdot d}\ \text{mm W.-S./m} \tag{69}$$

Hierin ist außer den obigen Bezeichnungen

$\lambda\ =$ Widerstandsziffer
$T\ =$ absolute Temperatur ^{0} K
$g\ =$ Erdbeschleunigung m/s²

Die Widerstandsziffer berechnet sich nach Hopf aus

$$\lambda = 10^{-2} \left(\frac{k}{d} \right)^{0,314}$$

Hierin ist

$k =$ Rauhigkeitsmaß m (für Öfen rund 400)

Kistner hat die Reibungsdruckverluste in speichernden Wärmeaustauschern näher untersucht und für nicht versetzte Rostpackung eine Sonderformel aufgestellt[1].

Aufgabe: Wie groß ist der Reibungsverlust eines gemauerten Rauchgaskanals, wenn das Gas mit $v_0 = 2$ m/s ($0°$ 760 mm Q.-S.) und einer mittleren Temperatur von $t = 600°$ C den Kanal durchzieht? Es ist $\gamma_0 = 1,293$ kg/Nm³ und der absolute Gasdruck im Kanal $p = 750$ mm Q.-S.

Es ist (Gl. 67)

$$v = v_0 \, (1 + \alpha \, t) \, \frac{p_0}{p_1} = 2 \left(1 + \frac{1}{273} \, 600 \right) \frac{760}{750} = 6,53 \text{ m/s}$$

γ_g nach Gl. 55 ($p_s = 0$)

$$\gamma_g = \frac{273}{(273 + 600) \, 760} \, (1,293 \cdot 750) = 0,401$$

γ_g kann auch nach Gl. 85 berechnet werden.

$$d = 2 \, \frac{a \cdot b}{a + b} = \frac{2 \cdot 1500 \cdot 1800}{1500 + 1800} = 1636 \text{ mm}$$

$$R = 2 \frac{5,66 \cdot 0,401^{0,852} \cdot 6,53^{1,924}}{1636^{1,281}} = 0,0146 \text{ mm W.-S. je m Kanal}$$

Die Stoßverluste werden durch die empirische Gleichung

$$Z = \xi \, \frac{v^2 \, \gamma}{2 \, g} \text{ mm W.-S.} \tag{70}$$

zum Ausdruck gebracht. Hierbei ist ξ ein Beiwert, der in den Grenzen 0—3 liegt und von der Art des Widerstandes abhängig ist. Bei mehreren Widerständen an derselben Stelle ist die Summe der Widerstandsbeiwerte einzusetzen. Sind die Geschwindigkeiten vor dem Widerstande, z. B. Gitterwerk im Kanal, gering im Vergleich zu der Geschwindigkeit im engsten Querschnitt, so kann die Vorgeschwindigkeit vernachlässigt und die Geschwindigkeit im engsten Querschnitt eingesetzt werden. Sind beide Geschwindigkeiten nicht wesentlich voneinander verschieden, so wird

$$Z = \xi \frac{(v_2^2 - v_1^2) \, \gamma}{2 \, g} \text{ mm W.-S.}$$

Die Stoßverluste sind weit größer als die Verluste durch Reibung.

Die Summe der Widerstände muß durch positive Auftriebe überwunden werden. Der Auftrieb wird gegebenenfalls durch Saug- oder

---

[1] Arch. Eisenhüttenw. Bd. 3 (1929/30) S. 760.

Druckgebläse verstärkt. Bei hohen Feuerräumen kann ein zu starker Auftrieb manchmal störend wirken und einen Überdruck im Feuerraum und Austritt der Rauchgase aus den Fugen der Hängedecken hervorrufen.

Zieht man von der Summe der Zugverluste die nutzbaren Auftriebe ab, so erhält man die erforderliche Zugstärke. Durch Vermeidung abfallender Gaszüge läßt sich der natürliche Gasauftrieb innerhalb des Ofens weitgehend zur Überwindung der Widerstände ausnutzen. Es könnte im günstigen Falle die Zugstärke am Ende einer Ofen- oder Feuerungsanlage gleich Null sein, ohne daß eine schlechte Leistung damit verbunden sein müßte. Sieht man von den rechnerisch schwer erfaßbaren Einflüssen des Windes ab, so wird der Auftrieb durch den Gewichtsunterschied der vorhandenen Gassäule und einer gedachten Luftsäule gleicher Abmessungen unter den durch Druck und Temperatur gegebenen Bedingungen erzielt. Die Rauchgassäule hat ein geringeres spezifisches Gewicht als die Vergleichsluftsäule und durch diesen Druckunterschied entsteht eine Strömung. Ist für die Querschnittseinheit der Druck der Luftsäule $H \cdot \gamma_l$ kg, der Druck der Gassäule $H \cdot \gamma_g$ kg, so folgt der Auftriebsdruck zu

$$A = H\,(\gamma_l - \gamma_g)\ \text{kg/m}^2\ \text{bzw. mm W.-S.}$$

oder

$$A = 273\,H\left(\frac{\gamma_{0l}}{273 + t_l} \cdot \frac{p_1}{p_0} - \frac{\gamma_{0g}}{273 + t_g} \cdot \frac{p_1}{p_0}\right)\text{mm W.-S.}$$

Hierin ist

H = Höhe der aufsteigenden Gassäule m
γ_{0l}, γ_{0g} = spezifisches Gewicht der Luft-, Gassäule kg/Nm³
t_l, t_g = Luft-, Gastemperatur ° C
p_1 = Luft-, Gasdruck mm Q.-S.
p_0 = 760 mm Q.-S.

Der Auftrieb ist im wesentlichen abhängig von der Gastemperatur und der Höhe der Gassäule. Je höher die heiße Gassäule und je höher die Gastemperatur, desto größer ist der Auftrieb oder Zug. Höhere Temperatur der Außenluft verringert den Auftrieb.

Durch das Druckgefälle A wird eine Strömung erzeugt, die die statische Höhe h, die Geschwindigkeitshöhe, die Reibungs- und Stoßwiderstände, sowie die entgegengesetzt wirkenden Auftriebskräfte überwinden muß. Es ist also

$$273\,H\left(\frac{\gamma_{0l}}{273 + t_l} \cdot \frac{p_1}{p_0} - \frac{\gamma_{0g}}{273 + t_g} \cdot \frac{p_1}{p_0}\right) = h + \frac{\gamma_{0g}}{273 + t_g} \cdot \frac{v^2}{2g} + \Sigma R + \Sigma Z$$
$$+ \Sigma\ \text{Gegenauftriebe mm W.-S.} \tag{71}$$

Hierin ist h der mit Wassermanometer meßbare Zug in mm W.-S.

Da die Auftriebskräfte der heißen Gase innerhalb der Öfen und Feuerungen zur Überwindung der Widerstände meist nicht ausreichen, wird ein Kamin zur Erhöhung des Zuges vorgesehen. Zur Ermittlung der Kaminhöhe wird häufig unter Umgehung der genauen Rechnung der Zugbedarf h am Kaminfuß angenommen. Man rechnet als Zugstärke bei

$$
\begin{array}{lr}
\text{Öfen ohne Vorwärmkammern} \ldots \ldots & 5\text{—}10 \text{ mm W.-S.} \\
\text{Öfen mit Rekuperativvorwärmern} \ldots & 15\text{—}30 \;\; ,, \qquad ,, \\
\text{Öfen mit Regenerativvorwärmern und} & \\
\text{Winderhitzer} \ldots \ldots \ldots \ldots & 30\text{—}50 \;\; ,, \qquad ,, \\
\text{Dampfkesseln je nach Größe und Ausführung} & 10\text{—}55 \;\; ,, \qquad ,,
\end{array}
$$

Es ist dann

$$
h = 273\,H \left(\frac{\gamma_{0l}}{273 + t_l} \cdot \frac{p_1}{p_0} - \frac{\gamma_{0g}}{273 + t_g} \cdot \frac{p_1}{p_0} \right) - \frac{\gamma_{0g} \cdot 273}{273 + t_g} \cdot \frac{v_0^2}{2g} - H \cdot R \text{ mm W.-S.} \quad (72)
$$

Stoßverluste und Gegenauftriebe sind hier nicht vorhanden. Mit H ist jetzt die Kaminhöhe in m und mit t_g die mittlere Rauchgastemperatur im Kamin bezeichnet. Da $p_1 \simeq p_0$ und die Geschwindigkeitshöhe und Reibungsverluste im Kamin gering sind, setzt man häufig

$$
h = 273 \cdot H \left(\frac{\gamma_{0l}}{273 + t_l} - \frac{\gamma_{0g}}{273 + t_g} \right) \text{ mm W.-S.}
$$

Aufgabe: Wie hoch wird die Schornsteinhöhe bei folgenden Annahmen? Zugkraft am Schornsteinfuß $h = 20$ mm W.-S.
$t_l = 10^0$ C, $t_g = 250^0$ C in Schornsteinmitte
$\gamma_{0l} = 1{,}29$ kg/Nm³ für mittelschwere feuchte Luft
$\gamma_{0g} = 1{,}33$ kg/Nm³ für Abgase mit 10 vH. CO_2

Es wird

$$
H = \frac{20}{273 \left(\dfrac{1{,}29}{273 + 10} - \dfrac{1{,}33}{273 + 250} \right)} = 36{,}6 \text{ m}
$$

IV. Der Wasserdampf.

Die theoretischen Gesetzmäßigkeiten, denen der Wasserdampf unterliegt, sind insofern verwickelt, als die allgemeine Zustandsgleichung der Gase

$$
P \cdot v = R \cdot T
$$

auf Wasserdampf nur im überhitzten Gebiet begrenzte Anwendung finden kann. Die experimentelle Forschung hat ergeben, daß bei der Erwärmung des Wassers von 0^0 auf den Siedepunkt eine vom Druck abhängige Wärmemenge zugeführt werden muß. Diese zur Erhitzung des Wassers benötigte Wärme heißt Flüssigkeitswärme. Die Umwandlung des heißen Wassers aus dem flüssigen in den dampfförmigen Zustand erfordert weitere Wärmezufuhr in der ebenfalls vom Druck abhängigen Verdampfungswärme. Wird die Verdampfungswärme dem bereits auf Siedetemperatur erhitzten Wasser restlos zugeführt, so ist der „trocken gesättigte" Zustand erreicht, mit anderen Worten: 1 kg Wasser ist restlos in 1 kg trocken gesättigten Wasserdampf verwandelt worden, also in Wasserdampf, der keinen Tropfen Wasser mehr enthält. Zwischen der „Flüssigkeitsgrenze" und der „Dampfgrenze" liegt das Gebiet des Naßdampfes. Naßdampf ist ein Gemisch aus Wasser und trocken gesättigtem Dampf. Der Dampfgehalt wird mit x bezeichnet. So bedeutet z. B. $x = 0{,}8$, daß es sich um Dampf mit einem Wasser-

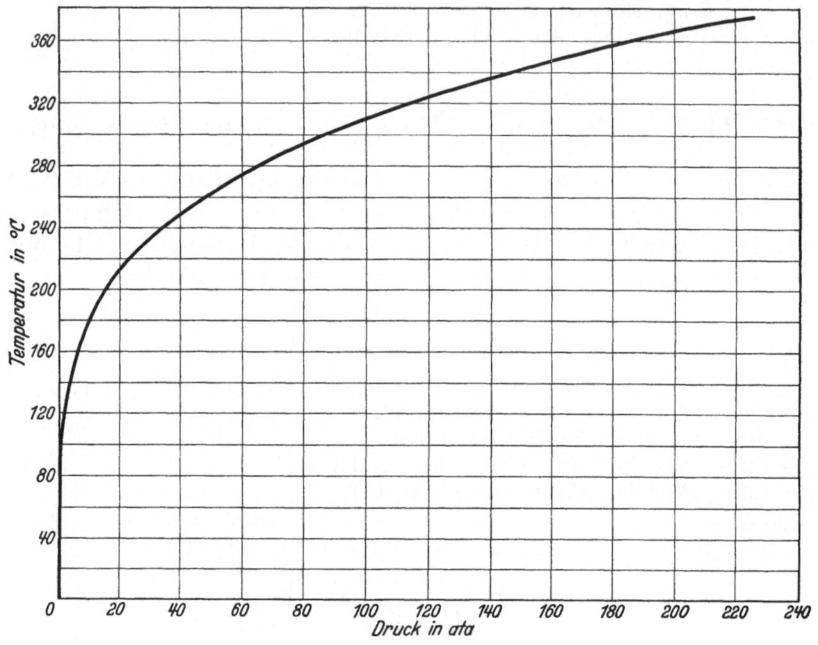

Abb. 12. $p - t$-Diagramm für Wasserdampf.

gehalt von 20 vH. handelt. $x = 1$ bedeutet trocken gesättigten Dampf; $x = 0$ Wasser. Führt man trocken gesättigtem Dampfe weitere Wärme zu, so wird der Dampf überhitzt. Die zugeführte Wärme ist die Überhitzungswärme, deren Größe formelmäßig berechnet, aber einfacher aus dem $i - s$-Diagramm ermittelt werden kann[1].

Der Gesamtwärmeinhalt des trocken gesättigten Dampfes setzt sich aus den einzelnen Wärmemengen: Flüssigkeits- und Verdampfungswärme, zusammen. Hierbei ist zu beachten, daß die Tabellenwerte auf Dampferzeugung aus Wasser von 0° C bezogen sind.

Durch die Arbeiten von Mollier und anderer Forscher sind die Zustandsgrößen des Wasserdampfes bis herauf zum kritischen Dampfdruck eindeutig bestimmt worden. Zahlenwerte über Wasserdampf finden sich in jedem Ingenieurhandbuch, weshalb auf eine Wiedergabe an dieser Stelle verzichtet werden kann. Die wichtigsten Ergebnisse sind durch die Abb. 12 und 13 zum Ausdruck gebracht.

---

[1] A. a. O.

In Abb. 12 ist die Abhängigkeit der Dampftemperatur vom Dampfdruck wiedergegeben. Die Kurve gilt für das Gebiet $x = 0$ bis $x = 1$. Mit steigendem Druck steigt die Wasser- bzw. Dampftemperatur. Man könnte also beispielsweise den Dampfdruck eines Dampfkessels durch Messung der Dampftemperatur (innerhalb des Kessels ist die Wassertemperatur gleich der Dampftemperatur) und Vergleich mit einer Dampftafel bestimmen. Ein anderes Beispiel: eine Wasserheizungsanlage kann mit Wassertemperaturen über 100° C nur dann betrieben werden, wenn das Wasser unter Druck steht.

Diese wichtige Beziehung der Abhängigkeit von Dampfdruck und Dampftemperatur wird ergänzt durch Abb. 13, die den Wärmeinhalt des Dampfes in Abhängigkeit vom Dampfdruck widergibt. Bei Überschreitung einer Druckgrenze von rund 25 ata nimmt der Gesamtwärmeinhalt des trocken gesättigten Dampfes ab; für die Erzeugung des Dampfes ist entsprechend weniger Brennstoff aufzuwenden. Mit höherem Druck nimmt die Flüssigkeitswärme zu und die Verdampfungswärme ab. Beim „kritischen Dampfdruck" (225 ata, 374° C) geht das auf 374° C erhitzte Wasser unmittelbar in trocken gesättigten Dampf über. Die Verdampfungswärme ist gleich Null.

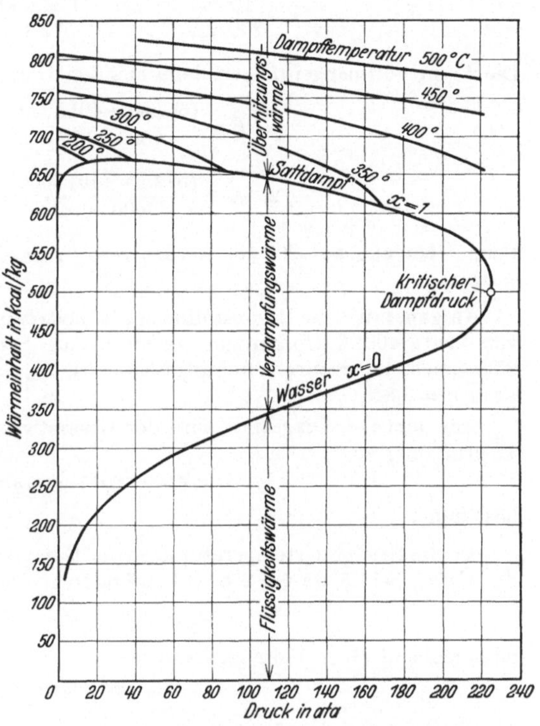

Abb. 13. Wärmeinhalt des Wasserdampfes.

Von großer Bedeutung für das Verständnis dampftechnischer Vorgänge ist das $i - s$-Diagramm von Mollier[1]; aus dem sämtliche Zustandsgrößen in einfacher Weise abgelesen werden können, wie die nachfolgenden Beispiele zeigen.

Aufgabe: Welche Brennstoffmengen sind aufzuwenden um 5000 kg trocken gesättigten Dampf von

---

[1] Mollier: Neue Tabellen und Diagramme für Wasserdampf, 7. Aufl. Berlin: Julius Springer 1932.

1. 10 ata,
2. 200 ata

aus Speisewasser von 40° C, bei einem Brennstoffheizwerte $H_u = 7000$ kcal/kg und einem Kesselwirkungsgrade $\eta = 0,82$ zu erzeugen?

Aus der i—s-Tafel von Mollier folgt für den trocken gesättigten Zustand ein Gesamtwärmeinhalt von

$$10 \text{ ata} \ldots \ldots \quad 664,4 \text{ kcal/kg}$$
$$200 \text{ ata} \ldots \ldots \quad 572,1 \quad ,,$$

Die Brennstoffmengen folgen dann aus den Gleichungen

$$1. \quad B = \frac{(664,4 - 40)\,5000}{7000 \cdot 0,82} = 543 \text{ kg}$$

$$2. \quad B = \frac{(572,1 - 40)\,5000}{7000 \cdot 0,82} = 462 \text{ kg}$$

Beim Übergang auf 200 ata werden also in unserem Beispiel 81 kg Brennstoff gespart.

Aufgabe: Welche Brennstoffmenge ist notwendig, um stündlich 7000 kg Dampf von 45 ata 400° C Überhitzung zu erzeugen? Speisewassertemperatur 80° unter Sättigungstemperatur. Brennstoffheizwert $H_u = 6000$ kcal/kg, Kesselwirkungsgrad $\eta = 0,84$.

Aus dem i—s-Diagramm wird der Gesamtwärmeinhalt bei 45 ata und 400° C Überhitzung zu

$$i = 766,5 \text{ kcal/kg}$$

bestimmt.

Da die Sättigungstemperatur nach der Dampftabelle, bzw. auch mit Benutzung der Tafel, bei 45 ata $t = 256°$ C beträgt, folgt die Speisewassertemperatur zu

$$t_w = 256 - 80 = 176° \text{ C}$$

entsprechend einer Flüssigkeitswärme

$$i' = 178 \text{ kcal/kg}$$

Die Brennstoffmenge folgt jetzt aus

$$B = \frac{(766,5 - 178)\,7000}{6000 \cdot 0,84} = 817 \text{ kg/h}$$

Maßgebend für die Beurteilung einer Dampfanlage ist auch das in der Maschine umgesetzte Wärmegefälle, wie an Hand des $i - s$-Diagrammes die nachfolgenden Beispiele zeigen.

Es sei die äußerste Grenze der Dampfnässe am Austrittsstutzen einer Dampfturbine mit $x = 0,92$ angenommen. Ferner werde bei der einstufigen Expansion des Dampfes in der Maschine 85 vH. des theoretischen adiabatischen Gefälles in Nutzarbeit umgesetzt. Der Dampfdruck beim Eintritt in die Turbine sei einmal 20 ata und das andere Mal 120 ata. Der Austrittsdruck in beiden Fällen 1 ata. Abb. 14a u. b gibt die Lösung mit Hilfe des $i - s$-Diagrammes wieder. Man erkennt, daß bei einem Dampfdruck von 20 ata mit 270° C Überhitzung und bei einem Dampfdruck von 120 ata mit 495° C Überhitzung gearbeitet werden müßte um den Bedingungen der Aufgabe zu genügen. Das verarbeitete Wärmegefälle beträgt bei

$$20\ \text{ata} \dots \dots 111{,}3\ \text{kcal/kg}$$
$$200\ \text{ata} \dots \dots 203{,}1\quad „$$

Der Gefällegewinn durch Drucksteigerung beträgt demnach 80 vH. gegenüber einem Mehraufwand von rund 12,8 vH. bei der Erzeugung des Dampfes (bezogen auf Dampferzeugung aus Wasser von 0° C).

Mit thermodynamischem Wirkungsgrad (Clausius-Rankine-Wirkungsgrad) η_{thd} bezeichnet man das Verhältnis des in der Maschine umgesetzten Wärmegefälles zu dem bei adiabatischer Expansion möglichen theoretischen Wärmegefälle. Ist z. B. das theoretische adiabatische Wärmegefälle $i = 131$ kcal/kg und $\eta_{thd} = 0{,}85$, so ist das nutzbare Wärmegefälle

$$i_n = i \cdot \eta_{thd} = 131 \cdot 0{,}85$$
$$= 111{,}3\ \text{kcal/kg}$$

Der Dampfverbrauch würde sich damit in unserem Beispiel wie folgt berechnen (Abb. 14 a):

verlustlose Maschine

$$\frac{860}{131} = 6{,}56\ \text{kg/kWh}$$

bzw.

$$\frac{632{,}3}{131} = 4{,}82\ \text{kg/PSh}$$

wirkliche Maschine

$$\frac{860}{111{,}3} = 7{,}7\ \text{kg/kWh}$$

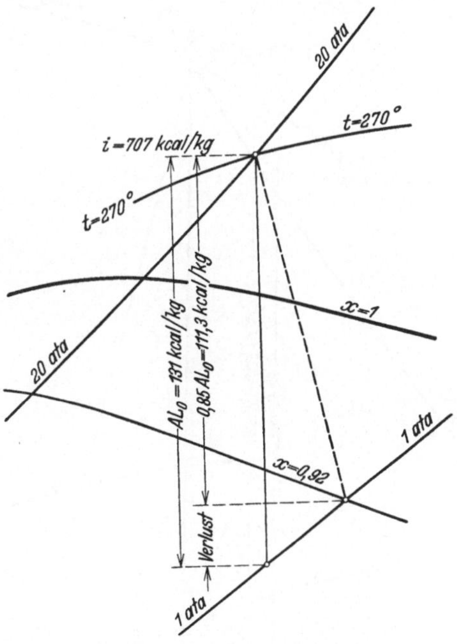

Abb. 14 a. Wärmegefälle.

bzw.

$$\frac{632{,}3}{111{,}3} = 5{,}67\ \text{kg/PSh}$$

Bei Dampfanlagen ist der Wärmeverbrauch unter Berücksichtigung der Speisewassertemperatur zu berechnen. Der Wärmeverbrauch läßt sich schließlich auch noch auf die aufgewandte Brennstoffwärme beziehen. Diese letzte Berechnung gestattet einen Vergleich mit anderen Maschinengattungen.

Bei Dampfturbinen ist es üblich, Dampf und Wärmeverbrauch für 1 kWh elektrischer Leistung anzugeben. Bei Kolbendampfmaschinen wird der Dampf- und Wärmeverbrauch dagegen meist auf die indizierte Leistung bezogen.

Der Wärmeverbrauch berechnet sich allgemein aus

$$W = \frac{D\,(i_1 - i_w)}{N} \text{ kcal/PSh bzw. kcal/kWh} \qquad (73)$$

Hierin ist

D = stündliche Dampfmenge kg/h
i_1 = Gesamtwärmeinhalt des Dampfes vor der Maschine kcal/kg
i_w = Wärmeinhalt des Speisewassers kcal/kg
N = Maschinenleistung PS bzw. kW

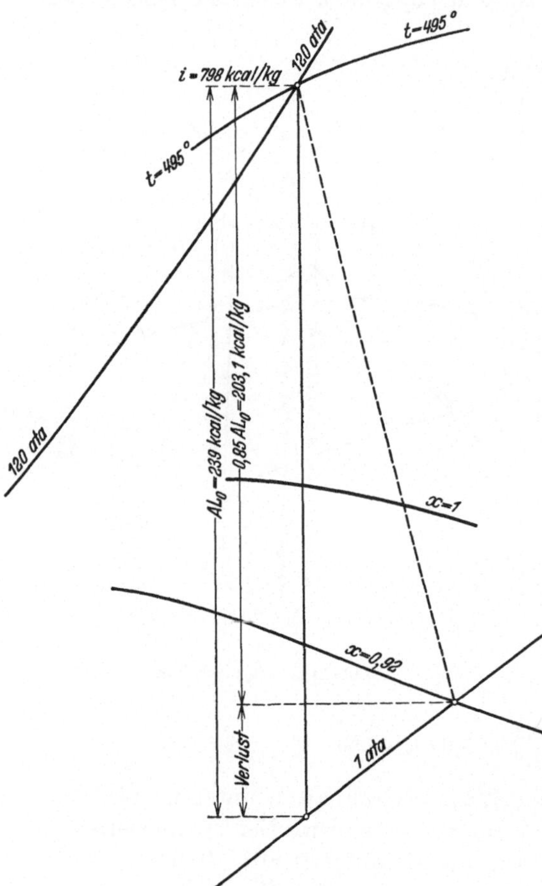

Abb. 14 b. Wärmegefälle.

Der Wärmeverbrauch bezogen auf die Brennstoffwärme berechnet sich aus

$$W = \frac{B \cdot H_u}{N} \text{ kcal/PSh} \atop \text{bzw. kcal/kWh} \Bigg\} (74)$$

Hierin bedeutet

B = Brennstoffmenge kg/h
H_u = unterer Heizwert kcal/kg bzw. kcal/m³
N = Maschinenleistung PS bzw. kW

Thermodynamische Wirkungsgrade über 85 vH. werden aus Gründen der wirtschaftlichen Bauweise bei Dampfkraftanlagen nicht erstrebt. In den Zahlentafeln 13—15 sind Anhaltszahlen über Wirkungsgrade, Dampf- und Wärmeverbrauch der Kraftmaschinen enthalten.

Um einen Vergleichsmaßstab zu haben, gibt man bei Dampfkraftanlagen den Dampfverbrauch in kg Normaldampf an. Man versteht hierunter trocken gesättigten Dampf von 1 ata, der aus Speisewasser von 0° C erzeugt worden ist. Da der Gesamtwärmeinhalt von 1 kg Dampf bei 1 ata 640 kcal beträgt, folgt eine auf Normaldampf bezogene Dampfmenge aus

$$D_N = D\,\frac{i_h - i_w}{640}\,\text{kg} \tag{75}$$

Hierin ist

D = gegebene Dampfmenge kg
$i_h - i_w$ = gesamte Erzeugungswärme des Dampfes kcal/kg

Zahlentafel 13.
Wirkungsgrade von Kraftmaschinen (Mittelwerte).

Maschinenart	η_{ges} vH.	η_{mech} vH.	η_{thd} vH.
gute Auspuffmaschine (Heißdampf) . .	7	85	80
„ Kondensationsmaschine	14	90	65
„ Mehrzylinderkondensationsmaschine	20	92	71
hochwertige „	22	92	74
„ Turbine mit hochwertiger Kesselanlage	25	95	80
neuzeitliche Höchstdruckanlage	30	95	85
Gasmaschine	27	78—84	—
Dieselmaschine	35	80	—
kompressorlose Dieselmaschine	38	83	—
Glühkopfmotor	23	—	—
Quecksilberdampfanlage	53	—	—
Raketenmotor	10	—	—
Dipheniloxydanlage	44	—	—
Kohlenstaubmotor	31	75	—

Zahlentafel 14. Anhaltszahlen über den
Dampfverbrauch von Dampfkraftmaschinen

Maschinenart	Dampfverbrauch
1-Zylinder-Auspuffmaschine . . .	$6,5—9,0\ \text{kg/PS}_i\text{h}$
1-Zylinder-Kondensationsmaschine .	5,2—6,5 „
Gleichstromdampfmaschine	4,4—5,8 „
Verbund-Auspuffmaschine	6,0—7,5 „
Verbund-Kondensationsmaschine .	4,2—5,4 „
neuzeitliche Höchstdruckturbine .	$3,8—5,0\,\text{kg/PS}_e\text{h}$

N.B. Kleinere Maschinen haben den doppelten Verbrauch.

Aufgabe: Wieviel Normaldampf liefert ein Kessel, der stündlich 2000 kg Dampf von 10 ata 350° C aus Wasser von $t_w = 20°$ C erzeugt?

Die Erzeugungswärme ist

$$i_h - i_w = 755 - 20 = 735\ \text{kcal/kg}$$

Damit wird

$$D_N = 2000\,\frac{735}{640} = 2300\ \text{kg/h}$$

Zahlentafel 15. Wärmeverbrauchzahlen von
Kraftmaschinen (Vollast, Mittelwerte)

	Wärmeverbrauch	
	$kcal/PS_i h$	$kcal/PS_e h$
Einzylinder-Auspuffmaschine . . .	4700	5100
Verbund-Kondensationsmaschine .	3850	4185
Einzylinder-Kondensationsmaschine	3550	3860
Gleichstrommaschine	3250	3535
Verbund-Kondensationsmaschine .	2800	3045
Dampfturbine	—	2740
Dampfturbine-Höchstdruck	—	1980
Sauggasanlage	2125	2400
Glühkopfmaschinen	2300	2700
Großgasmaschine	1740	2200
Rohölmaschine	—	2500
Stehender Dieselmotor	1250	1800
Liegender Dieselmotor	1420	2000
Kompressorloser Dieselmotor . . .	1200	1700
Dampfkraftanlage mit Abwärme-verwertung (Gegendruckbetrieb).	610	650
Quecksilberdampfanlage	—	1830
Kohlenstaubmotor	1350	1900

V. Wärme- und Kälteschutz.

Feuerungen, Öfen und Leitungen, die der Beförderung heißer Gase
oder Flüssigkeiten dienen, geben Wärme an die Außenluft ab. Die Größe
der Wärmeverluste ist dabei von der Wandungstemperatur und von der
Temperatur der umgebenden Luft abhängig. Die Wärmeübertragung
selbst erfolgt durch Strahlung und Konvektion; ihre Größe kann nach
den im ersten Abschnitt, Teil II, gegebenen Richtlinien, ermittelt werden.
Hierbei ist die Kenntnis der Wärmeübergangszahlen für den Wärmeübergang Wandung — Luft sehr wichtig. Wamsler[1], Heilmann[2],
Griffiths und Jakemann[3], Koch[4] u. a. haben Untersuchungen über
die Wärmeabgabe geheizter Rohre an ruhende Luft durchgeführt.
Das Ergebnis dieser Arbeiten läßt sich für waagerechte Rohre von 100 mm
Durchmesser zusammenfassen in die Formel

$$\alpha = 8,2 + 0,007\,33\,t\sqrt{t}\ kcal/m^2\,h\ ^0 C \tag{76}$$

---

[1] Die Wärmeabgabe geheizter Körper an Luft. Forsch.-Arb. Ing.-Wes. 1911,
Heft 98/99.

[2] Heat Transmission from Bare and Insulated Pipes. Ind. Engng. Chem.
1924, S. 451.

[3] The Loss of Heat from the External Surface of a Hot Pipe in Air. Engng.
Bd. 123 (1927) S. 1.

[4] Beiheft zu Gesundh.-Ing. I Heft 22. München-Berlin: Verlag Oldenbourg
1927.

Hierin ist

α = Wärmeübergangszahl, Wand—Luft kcal/m²h⁰C
t = Oberflächentemperatur ⁰C

Den Durchmessereinfluß berücksichtige man:

bei Rohrdurchmessern unter 100 mm durch Vergrößern des α-Wertes um 0,25 kcal/m² h⁰ C für je 10 mm Rohrdurchmesserabweichung;

bei Rohren über 100 mm Durchmesser durch Verkleinern des α-Wertes um 0,025 kcal/m² h⁰ C für je 10 mm Rohrdurchmesserabweichung.

Ist die Temperatur der Oberfläche nicht bekannt, so kann auf Grund von Versuchen von Eberle[1] aus der Wärmedurchgangszahl k der Wärmeverlust entsprechend der Gleichung

$$Q = k\,(t_1 - t_2)\ \text{kcal/m}^2\,\text{h}$$

angenähert berechnet werden.

Hierin bedeutet

k = Wärmedurchgangszahl kcal/m²h⁰ C
t_1 = Dampftemperatur ⁰C
t_2 = Lufttemperatur ⁰C

Zahlenwerte für k finden sich in Zahlentafel 16.

Zahlentafel 16. Wärmedurchgangszahlen und Wärmeverluste nackter Dampfleitungen (70—150 mm Durchmesser) bei 20⁰ C Außentemperaturen.

Dampf-temperatur ⁰C	Temperaturdifferenz Dampf-Wandung ⁰C	Wärmedurchgangszahl k kcal/m² h⁰ C	Wärmeverlust kcal/m² h (Rohroberfläche)	Bemerkungen
100	6	11,6	930	Flansche sind mit
125	9	12,5	1310	der ganzen Ober-
150	12	13.4	1740	fläche einzusetzen
175	15	14,4	2230	1 m² Flansch ≈ 1 m²
200	18	15,3	2760	Rohroberfläche.
225	22	16,2	3320	1 Ventil ≈ 1 m Rohr-
250	26	17,1	3930	länge gleichen Durch-
275	31	18,0	4600	messers, wobei die
300	35	18,9	5300	Anschlußflanschen
325	40	19,8	6050	der Rohrleitung
350	46	20,8	6860	nicht mitgerechnet
375	51	21,7	7700	sind
400	57	22,6	8590	

Bei nackten Dampfleitungen und gesättigtem Dampf ist die Rohroberflächentemperatur ungefähr gleich der Dampftemperatur. Bei überhitztem Dampf ist die äußere Wandtemperatur geringer als die Dampftemperatur.

---

[1] Z. VDI 1908 S. 481, 545.

Wärmetechnische Grundlagen.

Zahlentafel 17. Wärmeübergangszahlen und Wärmeverluste von senkrechten Wänden bei 10° C Außentemperatur, freie ruhende Luft (ohne Wind und Regen)[1].

Temperatur der Wandung °C	25	40	60	80	100	130	160	200	240	280	320	350	400	500	600
Wärmeübergangszahl kcal/m²h °C	8,6	9,6	10,9	11,6	12,4	13,8	15,2	17,4	19,3	21,4	24,1	26,1	29,8	38,5	49,3
Wärmeverlust kcal/m²h	129	288	545	811	1119	1655	2280	3300	4440	5780	7470	8870	11620	19860	29150

Die vorstehend aufgeführte Formel und Tafel gelten zwar nur für waagerecht liegende Rohre, doch kann man sie mit zulässiger Annäherung auch auf geneigt oder senkrecht liegende Rohre anwenden. Eine genaue Anleitung zur Berechnung des Wärmeverlustes nackter Rohrleitungen findet sich in Heft 1 der Mitteilungen des Forschungsheimes für Wärmeschutz, München.

Aufgabe: Wie groß ist der stündliche Wärmeverlust einer nackten Dampfleitung von 100 mm Durchmesser, wenn die Dampftemperatur $t_1 = 350^0$ C und die Temperatur der Außenluft $t_2 = 10^0$ C beträgt?

1. Lösung: Nach Zahlentafel 16 ist bei $t_1 = 350^0$ C die Wärmedurchgangszahl

$$k = 20,8 \text{ kcal/m}^2\text{h}^0\text{ C}$$

damit wird

$$Q = 20,8\,(350 - 10) = 7080 \text{ kcal/m}^2\text{h}$$

2. Lösung: Die Temperatur der Rohroberfläche kann nach Zahlentafel 16 ungefähr 46° geringer angenommen werden, als die Dampftemperatur. Damit wird nach Gleichung 76

$$\alpha = 8,2 + 0,007\,33 \cdot 304 \sqrt[3]{304} = 23,15 \text{ kcal/m}^2\text{h}^0\text{ C}$$

und

$$Q = 23,15\,(304 - 10) = 6850 \text{ kcal/m}^2\text{h}$$

Die Abweichung dieses Ergebnisses liegt in der Unsicherheit der Bestimmung der Oberflächentemperatur. Andrerseits zeigt sie auch, daß der Wärmeverlust nur angenähert bestimmt werden kann. Für praktische Bedürfnisse ist die Genauigkeit jedoch ausreichend.

Bei senkrechten oder waagerechten Wänden und ruhender Luft können die Werte der Zahlentafel 17 eingesetzt werden.

Bei Windanfall und Regen steigt der Wärmeverlust, doch ist dieser Einfluß schwerer zu erfassen. Nusselt und Jürges[2] haben folgende Formeln für die Wärmeübergangszahl zwischen Luft und ebenen gerauhten Flächen aufgestellt

$$\alpha = 5,3 + 3,6\,v^0 \quad \text{für} \quad v < 5 \text{ m/s}$$
$$\alpha = 6,7 + v^{0,78} \quad \text{für} \quad v > 5 \text{ m/s}$$

wobei $v =$ Luftgeschwindigkeit in m/s bedeutet.

---

[1] Nach einer Zusammenstellung Mitt. d. Wärmestelle Düsseldorf Nr. 51, S. 15.

[2] Die Kühlung einer ebenen Wand durch einen Luftstrom. Gesundh.-Ing. 1922. Beihefte z. Gesundh.-Ing. Reihe 1 Nr. 19.

Bei glatten Flächen gelten die Formeln[1]

$$\alpha = 5 + 3{,}4\,v \quad \text{für} \quad v < 5 \text{ m/s}$$

bzw.

$$\alpha = 6{,}14 \cdot v^{0{,}78} \quad \text{für} \quad v > 5 \text{ m/s}$$

Für den Wärmeübergang Wand an ruhende Luft gilt nach Nusselt[2]

$$\alpha = 2{,}2\sqrt[4]{t_1 - t_2}$$

Hierin ist

$t_1 =$ Temperatur der Wand ^{0} C
$t_2 =$ Temperatur der Luft ^{0} C

Die Gleichung kann auch umgekehrt angewandt werden, d. h. also für den Wärmeübergang Luft an Wand.

Der Wärmeverlust einer isolierten Rohrleitung berechnet sich unter der fast stets zulässigen Vereinfachung, daß der Wärmeübergangswiderstand zwischen Wärmeträger und Rohr vernachlässigt werden kann zu

$$Q = \frac{\pi\,(t_1 - t_2)}{\dfrac{1}{2\lambda}\ln\dfrac{d_a}{d_i} + \dfrac{1}{\alpha\,d_a}} \text{ kcal/m h} * \tag{77}$$

Hierin ist

$Q =$ stündlicher Wärmeverlust je laufenden m Rohr
$t_1 =$ Rohrtemperatur, bzw. Temperatur des Wärmeträgers ^{0} C
$t_2 =$ Lufttemperatur ^{0} C
$\lambda =$ Wärmeleitfähigkeit des Isoliermaterials in kcal/mh ^{0} C (Zahlentafel 18)
$d_i =$ Außendurchmesser des Rohres $=$ Innendurchmesser der Isolierung m
$d_a =$ Außendurchmesser der Isolierung m
$\alpha =$ Wärmeübergangszahl zwischen isolierter Oberfläche und Luft kcal/m²h ^{0}C.

Die Verringerung der Wärmeverluste durch Isolierung hängt wesentlich von der Stärke und der Wärmeleitfähigkeit der Isolierung ab. Je kleiner λ, desto geringer kann die Auftragsstärke gewählt werden. Zu starke Isolierung wird zu teuer und daher trotz größerer Wärmeersparnis unwirtschaftlich. Die Berechnung der wirtschaftlichen Isolierstärke wird dabei durch Zahlentafel 19 erleichtert.

Beispiel: Gegeben sei eine Dampfleitung von 100 m Länge und 100/108 mm Durchmesser mit zwei Flanschen und zwei Ventilen. Die Dampftemperatur beträgt $t_1 = 400^0$ C, die Lufttemperatur $t_2 = 10^0$ C.

Der Wärmeverlust der nackten Rohrleitung kann mit Benutzung von Zahlentafel 16 mit

$$Q = k\,(t_1 - t_2) = 22{,}6\,(400 - 10) = 8800 \text{ kcal/m²h}$$

eingesetzt werden.

---

[1] Vgl. auch die Zahlenangaben in Hütte I Bd. 25 (1925) S. 457.
[2] Forschungsheft 64.
* Vgl. die Mitteilungen des Forschungsheimes für Wärmeschutz, München.

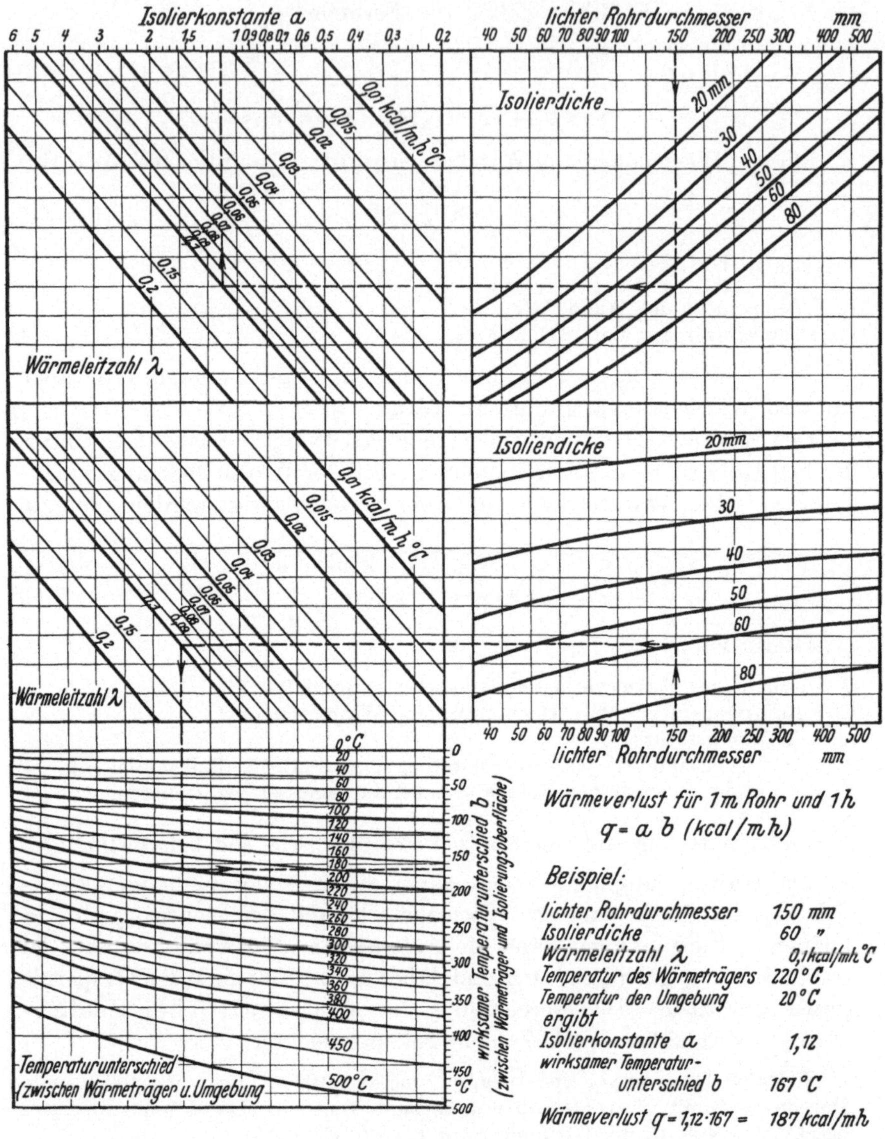

Abb. 15. Wärmeverlust isolierter Rohrleitungen (nach Cammerer, Wärmeverluste isolierter Rohrleitungen, München 1928).

Die Gesamtoberfläche unter Berücksichtigung der Flanschen und Ventile beträgt
$$F = 35,6 \text{ m}^2,$$
mithin der Wärmeverlust rund
$$8800 \cdot 35,6 = 322\,000 \text{ kcal/h.}$$

Bei Isolierung mit einer Wärmeschutzmasse von der Wärmeleitfähigkeit $\lambda = 0,1$ und einer Stärke von 60 mm, entsprechend einem Außendurchmesser von

$108 + 2 \cdot 60 = 228$ mm wird der Wärmeverlust mit Benutzung der Kurventafeln Abb. 15

$$Q = 0{,}85 \cdot 335 = 285 \text{ kcal/mh}$$

bzw.

$$\frac{35{,}6}{0{,}228 \cdot \pi} \cdot 285 = 14\,150 \text{ kcal/h}$$

Die Ersparnis durch Isolierung beträgt daher

$$322\,000 - 14\,150 = 307\,850 \text{ kcal/h}$$

Auf Grund eines gegebenen Wärmepreises und der Kosten der Isolierung läßt sich eine Wirtschaftlichkeitsberechnung aufstellen, wobei zu beachten bleibt, daß die in vorstehendem Beispiel angenommene Isolierstärke stark ist. In Zahlentafel 19 sind Angaben über die wirtschaftlichsten Isolierstärken enthalten.

Zahlentafel 18. Wärmeleitzahlen kcal/mh °C einiger Isolierstoffe für verschiedene Temperaturen t.

Stoff	Spez. Gew. in trock. Zust. kg/m³	λ bei der Temperatur t ° C					
		100	200	300	500	600	1000
Gebr. Kieselgursteine	400	0,083	—	0,109	0,135	—	—
Kieselgur, kalc. . . .	350	0,066	—	0,072	0,078	—	—
Kieselgurmasse . . .	700	0,111	—	0,118	0,124	—	—
Asbest	580	0,167	—	0,180	0,186	—	—
Schlackenwolle . . .	420	0,073	—	0,082	0,090	—	—
Glaswolle (regellos) .	410	0,064	—	0,086	0,108	—	—
„ Fasern parallel	220	0,043	—	0,057	0,070	—	—
Schamotte-Steine . .	—	—	0,51	—	—	0,66	0,82
Silika-Steine	—	—	0,56	—	—	0,88	1,19
Dinas-Steine	—	—	0,74	—	—	0,93	1,13
Magnesit-Steine . . .	—	—	1,15	—	—	1,29	1,43
Alfol (geknittert) . .	—	0,054	0,066	0,08	—	—	—

Zahlentafel 19. Anhaltszahlen für die wirtschaftlichste Isolierstärke von Rohrleitungen.

Wärmeleitungszahl λ kcal/m h °C	Mittl. Temperatur in der Isolierung °C	Dampftemperatur °C	Wirtschaftlichste Isolierstärke bei lichten Rohrdurchmessern in mm				
			bis 50 mm	60—100 mm	125—200mm	225—300mm	325—400mm
0,07	0	0	—	—	—	—	—
0,075	60	100	40	50	60	70	70
0,08	110	200	50	60	70	80	80
0,09	150	300	60	70	80	90	90
0,1	200	400	70	80	90	100	100

Der Wärmeschutz isolierender Luftschichten wird in der Berechnung durch Einführung einer äquivalenten Wärmeleitzahl berücksichtigt. Diese ist von der Dicke der Luftschicht und von der Temperatur der begrenzenden Flächen abhängig. Die Wärmeleitzahlen steigen mit der Temperatur.

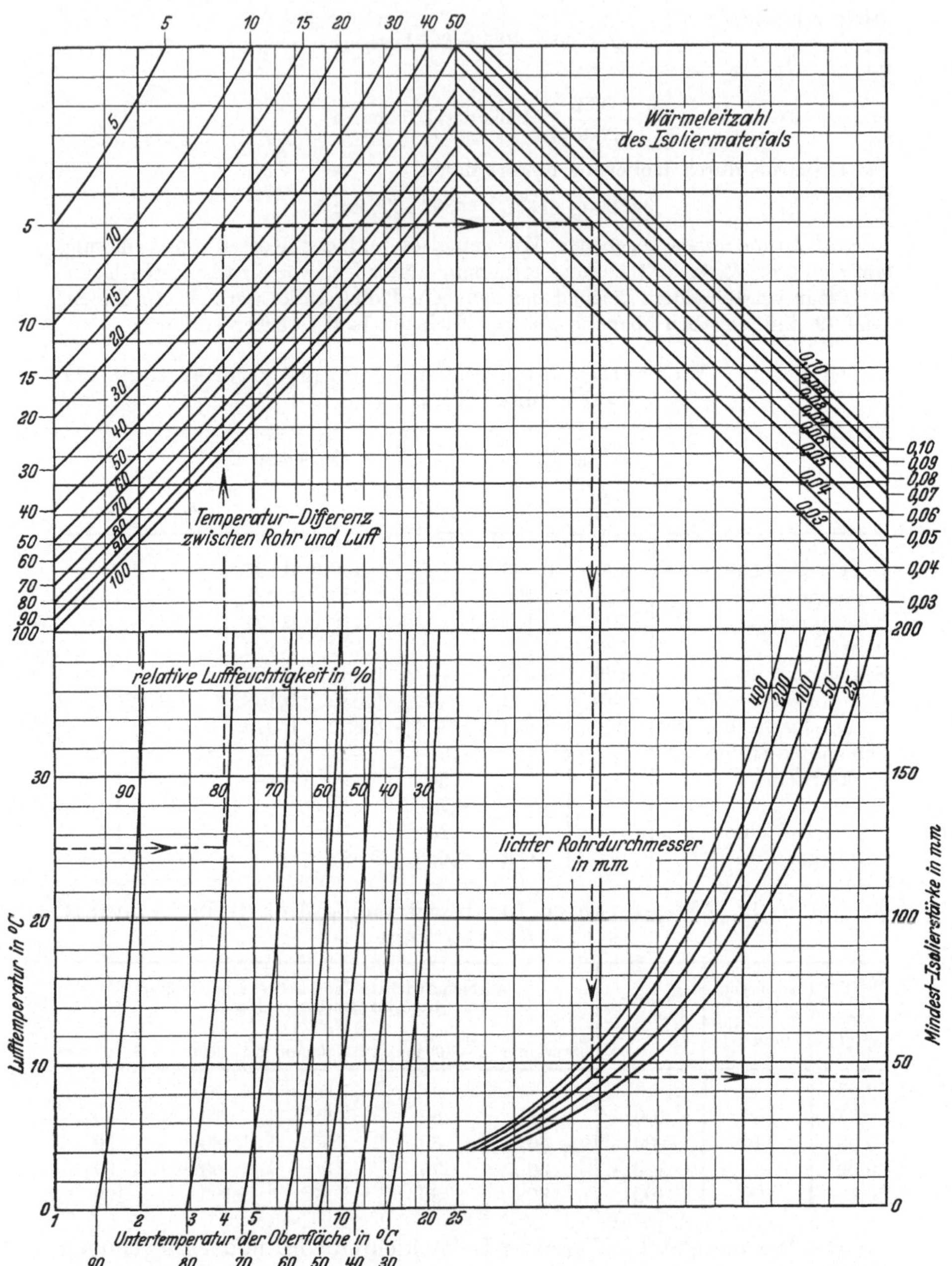

Abb. 16.
Diagramm zur Ermittlung der Mindestisolierstärke zur Vermeidung von Schwitzwasserbildung.

Isolierende Luftschichten legt man zweckmäßig möglichst weit nach außen.

Bei Kälteschutzisolierung ist auf die an der Oberfläche eintretende Schwitzwasserbildung Rücksicht zu nehmen. Schwitzwasser tritt auf, wenn die Oberflächentemperatur gleich oder geringer ist als die Sättigungstemperatur der Luft bei dem vorhandenen Feuchtigkeitsgehalt. Die Isolierung muß daher so stark sein, daß die Oberflächentemperatur größer ist als die Sättigungstemperatur der Luft.

In Abb. 16 ist ein von Cammerer entworfenes Diagramm wiedergegeben, das in einfacher Weise eine Berechnung der bei Kälteisolierung notwendigen Mindestisolierstärken gestattet[1]. Die Anwendung des Schaubildes ist auf Grund des eingezeichneten Beispiels ohne weiteres verständlich. Das Ergebnis stellt die Mindestisolierstärke dar, die praktisch noch um einen geringen Betrag zu vermehren ist. Bei der Berechnung der Wirtschaftlichkeit ist zu beachten, daß die Kosten einer Kälteeinheit ein mehrfaches (bis 50 fach) der Kosten einer Wärmeeinheit betragen.

Zweiter Abschnitt.

Meßgeräte.

I. Mengenmessung von Flüssigkeiten, Gasen und Dämpfen.

Die Mengenmeßgeräte lassen sich in drei, nicht immer scharf zu trennende, Gruppen einteilen:

Volumenmesser, Geschwindigkeitsmesser, Durchflußmesser.

Bei der Volumenmessung wird die Gesamtmenge unmittelbar durch Auffüllen und Zählen eines festgelegten Volumens gemessen. Einige der hier gebräuchlichen Meßvorrichtungen sind sogenannte „offene" Messer, bei denen die Flüssigkeit frei zu- und abläuft. Bei den Geschwindigkeitsmessern geschieht die Messung mittelbar durch ein von der Strömungsgeschwindigkeit bewegtes Meßorgan. Die dritte Gruppe unterscheidet sich grundsätzlich von den beiden ersten schon durch den Umstand, daß die durchfließende Menge jeweils als Augenblickswert angezeigt wird. Die Gesamtdurchflußmenge ist erst durch Planimetrierung eines Diagrammstreifens oder durch besondere Zählvorrichtungen zu erhalten. Bei den Durchflußmessern unterscheidet man zwei Gruppen: Strömungsmesser, gekennzeichnet durch den unmittelbaren Einbau des Messers in die Rohrleitung. Der Differenzdruck bleibt konstant, der Meßquerschnitt ändert sich (lineare Funktion); Mündungsmesser, dadurch gekennzeichnet, daß die zu messende Menge eine in die Rohrleitung eingebaute Mündung durchfließt und Messung des dadurch erzeugten Differenzdruckes mit einem örtlich davon getrennt auf-

---

[1] W. S. W. Mitt. 1925 Nr. 2.

gestellten Gerät erfolgt. Der Meßquerschnitt bleibt konstant und der Differenzdruck ändert sich (quadratische Funktion).

1. Volumenmesser.

Die Volumenmessung ist als das genaueste Meßverfahren anzusprechen, verlangt jedoch sehr sorgfältig gearbeitete Instrumente und ist meist für die Messung großer Mengen weniger geeignet. Im Bereiche kleiner Rohrdurchmesser und geringer Mengen ist die Volumenmessung dagegen der Geschwindigkeitsmessung vorzuziehen.

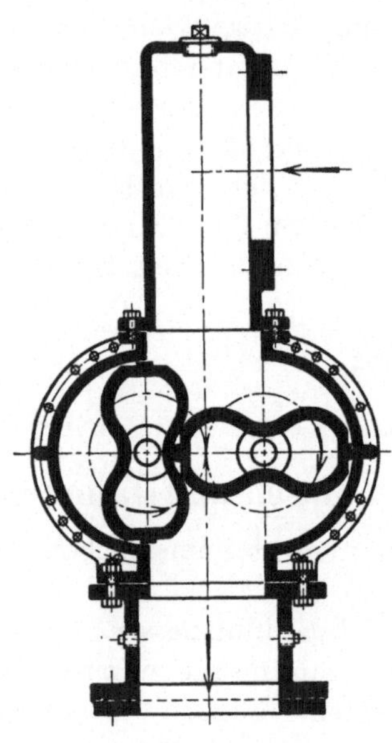

Abb. 17.
Drehkolbengasmesser von Pintsch.

Die einfachste und genaueste Volumenmessung ist durch Füllung eines geeichten Gefäßes und Bestimmung der Füllhöhe gegeben. Auf diesem Grundsatz beruhen die Kolbenmesser. Sie bestehen im wesentlichen aus einem geeichten Zylinderraum, den ein genau passender Kolben in zwei Meßräume teilt. Derartige Messer werden für Stundenleistungen von 0,9—150 m³ gebaut. Sie sind auch für aggressive Flüssigkeiten geeignet, vertragen jedoch keine Überlastung.

In die Gruppe der Volumenmesser gehören auch die bekannten Drehkolbenwassermesser, bei denen der Kolben eine drehende und gleichzeitig schwingende Bewegung ausführt. Ein Vorzug dieses Meßgerätes ist der Fortfall gesteuerter Ventile. Derartige Drehkolbenmesser sind besonders für die Messung kleinster Durchflußmengen, die unterhalb der Bewegungsgrenze der Flügelradmesser liegen, geeignet.

Eine von dem erwähnten Drehkolbenwassermesser abweichende Form hat der als Großgasmesser durchgebildete Drehkolbengasmesser von Pintsch (Abb. 17). Die Messer werden für Stundenleistungen bis 23 000 m³ ausgeführt.

Bei dem Taumelscheibenmesser wird eine auf einem Kugelgelenk ruhende hohle schrägstehende Metallscheibe durch den Flüssigkeitsstrom in Bewegung gesetzt. Nach jeder Scheibenumdrehung fließt eine dem Nutzinhalt des Meßraumes entsprechende Menge ab. Die Scheibenumdrehungen werden auf ein Zählwerk übertragen. Einbau des Messers erfolgt in der Druckleitung. Zulässiger Betriebsdruck bis 50 atü 150° C, bzw. 64 atü und 100° C. Höchstleistung 40 m³/h. Genauigkeit 1—2 vH.

Für genaue Messungen (maximale Fehlergrenze ± 1 vH.) von Alkohol, Benzin und ähnlichen Flüssigkeiten, besonders auch zur Erfassung

des in dampfbeheizten Kochapparaten, Heizrohren usw. sich nieder-
schlagenden Kondensates sind Trommelmesser geeignet, die bei nied-
rigem Eigenwiderstand sogar schon tropfenförmige Durchflußmengen
anzeigen (Abb. 18). Nachteilig ist bei diesen Messern eine stoßweise Abgabe der Flüssigkeit, da die Nachbarkammer bereits entleert ist, ehe aus
der Meßkammer neue Flüssigkeit nachströmt. Bei Niederdruckheizungen
werden derartige Messer unmittelbar in die Kondensleitung eingebaut.

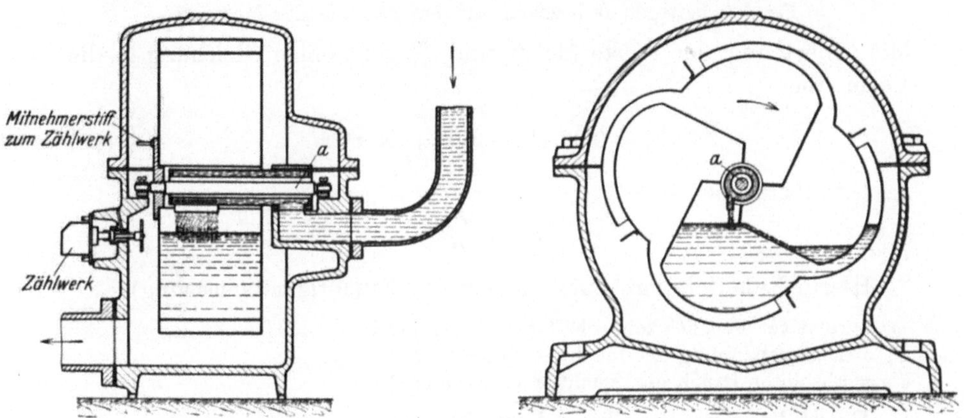

Abb. 18. Trommelflüssigkeitsmesser.

Bei Hochdruckheizungen werden sie hinter den Kondenstopf geschaltet,
wobei ein Entlüftungsrohr in der Leitung zwischen Kondenstopf und
Messer bei etwaigen Undichtheiten des Kondenstopfes einen Druckaus-
gleich hervorruft und eine Beschädigung des Messers verhütet. Leistung
bis 4 m³/h.

Die bekannten Stationsgasmesser arbeiten nach dem gleichen
Prinzip. Als Fehlergrenze gilt $\pm$ 2 vH., doch sind bis 4 vH. Fehler möglich[1]. Eine der Hauptfehlerquellen ist die Abnahme des Füllwasser-
standes durch Verdunstung und Gassättigung. So können bei einem
stündlichen Gasdurchgang von 10000 m³ leicht über 50 l Wasser ver-
dunsten. Deshalb läuft bei großen Messern dauernd eine geringe Wassermenge zu und ab. Aufzeichnung der Wasserspiegelschwankungen durch
einen besonderen Pegelmesser ist bei großen Stationsmessern zweckmäßig. Fehlmessungen sind auch durch schiefstehende Messer und wechselnden Druckunterschied zwischen Meßkammer und Außenraum möglich. Zur Umrechnung auf Nm³ (feucht) ist Bestimmung von Druck und
Temperatur nach Austritt des Gases aus dem Messer notwendig. Der
Feuchtigkeitsgehalt braucht bei voller Sättigung des Gases nicht berück-

---

[1] Rheinländer: Die Mengenmessung von Kokereigas. Arch. Eisenhüttenwes.
Bd. 3 (1929) S. 268.
Über Trockengasmesser s. Z. VDI Bd. 76 (1932) S. 699.

sichtigt zu werden. Die Umrechnung der gemessenen feuchten Gasmenge V_f in Nm³ (trocken) erfolgt nach der Gleichung

$$V_0 = (1 - z)\, V_f \frac{T_0 \cdot P_f}{T_f \cdot P_0}\ \text{Nm}^3\,\text{tr}$$

Hierin bedeuten

$P_0,\ T_0$ = Zustandsgrößen bei 0° 760 mm Q.-S.
$P_f,\ T_f$ =   ,,   gemessen
z = Feuchtigkeitsgehalt bezogen auf den Zustand der Messung

Mit Einsetzung der Werte für P_0 und T_0 geht obige Gleichung in die Form über

$$V_0 = 0{,}36\,(1 - z)\, V_f \frac{P_f}{T_f}\ \text{Nm}^3\,\text{tr} \tag{78}$$

z ist zu berechnen aus

$$z = \varphi \frac{P_s}{P}$$

Hierin bedeutet (vgl. auch Abschnitt: Feuchtigkeitsmessung)

φ = relativer Feuchtigkeitsgehalt (Sättigungsgrad)
P_s = Dampfspannung des feuchten Gases mm Q.-S.
P = absoluter Druck des feuchten Gases mm Q.-S.

Ebenfalls ohne Ventile und zur Messung von Flüssigkeiten aller Art, wie warmes und kaltes Wasser, Spiritus, Petroleum, Öl usw. geeignet, ist der im Prinzip dem Trommelmesser ähnelnde **Kippflüssigkeitsmesser**. Der Messer besteht aus einem rechteckigen Behälter, in dem auf einer Achse die in zwei Meßkammern geteilte Kippschale untergebracht ist. Nach Füllung der einen Kammer tritt eine geringe Menge der Flüssigkeit in die Überlaufrinne, das Kippmoment wird plötzlich vergrößert und der Behälter kippt. Hierdurch gelangt die andere Meßkammer unter den Einlauf usf. Die einzelnen Kippungen werden wieder auf ein Zählwerk übertragen. Hinsichtlich der Genauigkeit erreichen die Kippmesser die Trommelmesser nicht ganz; sie haben aber dafür den Vorteil, daß die Füllung in offener Kammer vor sich geht und gut beobachtet werden kann. Leistung bis 500 l/h.

2. Geschwindigkeitsmesser.

Wird die mittlere Strömungsgeschwindigkeit v m/s gemessen, so folgt bei einem gegebenen Querschnitt F m² die je Sekunde durchfließende Menge aus

$$V = F \cdot v\ \text{m}^3/\text{s} \tag{79}$$

Unmittelbare Messung der Geschwindigkeit ermöglicht die **Schirmmessung im Gerinne**, Voraussetzung hierfür ist eine gerade Meßstrecke von wenigstens 10 m Länge bei völlig gleichmäßigem Rinnenquerschnitt. Die Geschwindigkeit wird mittels eines von der Flüssigkeit bewegten

Schirmes bestimmt. Der Schirm muß dabei den Flüssigkeitsquerschnitt vollkommen ausfüllen, darf jedoch nicht durch Reibung an den Wandungen behindert sein. Bei guter Ausführung ist eine Genauigkeit von $\pm$ 1 vH. erreichbar. Wird die Meßstrecke von s m in t Sekunden durchfahren, so ist die Geschwindigkeit

$$v = \frac{s}{t}\ \text{m/s}$$

Durch Einbau eines Flügelrades in den Flüssigkeitsstrom läßt sich mittelbar die Geschwindigkeit und damit auch die Menge bestimmen. Das Flügelrad wird von der strömenden Flüssigkeit dauernd gedreht. Auf diesem Prinzip beruhen die weit verbreiteten Woltmann- und Flügelradzähler. Bei dem Woltmannzähler sind die Schaufeln schraubenförmig angeordnet. Die Drehachse liegt waagerecht. Beim Flügelradzähler ist das Meßorgan ein senkrecht gelagertes Flügelrad. Die durchströmende Menge kann bei den geeichten Geräten an einem Zahlenrollenwerk abgelesen werden. Elektrische Fernübertragung ist möglich. Der Druckverlust beträgt bei Woltmannzählern, die für Wassergeschwindigkeiten bis 4 m/s bemessen sind, 10—40 cm W.-S. bei Flügelradmessern im Maximum 2,5 m W.-S.-Woltmannmesser sind daher Flügelradmessern z. B. bei Kondensatmessungen vorzuziehen. Je nachdem, ob bei Flügelradmessern das Zahlenrollenwerk vom Flüssigkeitsstrom erfaßt wird oder nicht, unterscheidet man Naß- und Trockenläufer. Erstere Bauart ist billiger, jedoch für eisenhaltige und stark absetzendes Wasser nicht geeignet. Meßgenauigkeit der Woltmann- und Flügelradmesser $\pm$ 2 vH.

Flügelradmessung in verfeinerter Form finden wir auch bei den Anemometern, das sind Geräte zur Messung der Luft- und Gasgeschwindigkeit. Die einfachen Flügelrad-Anemometer sind für Geschwindigkeitsbereiche von 0,3—20 m/s geeignet. Als sogenannte Schalenkreuzanemometer sind sie bis 45 m/s Geschwindigkeit brauchbar. Bei Entlüftungs- und Trocknungsanlagen sind für Geschwindigkeiten bis ungefähr 10 m/s Pendel-Anemometer zweckmäßig, bei denen eine ungefähr 10 cm² große pendelnd aufgehängte Aluminium-Blechscheibe durch den Luftstrom bewegt wird. Die Geschwindigkeit wird durch Zeigerstellung an einer Skala sichtbar gemacht. Derartige Anemometer ermöglichen auch eine Fernübertragung.

3. Durchflußmesser.

a) Strömungsmesser.

Der Durchflußmenge proportionale Zeigerausschläge ergibt der Hohlkegelmesser (Schwimmermesser), der schematisch in Abb. 19 wiedergegeben ist. Er ist zur Messung von Heißwasser, Speisewasser, Schmutzwasser, Öl, Lauge, Säure und alkalischen Flüssigkeiten geeignet. Je nach der durch die Leitung strömenden Menge hebt oder senkt sich die in einem Hohlkegel geführte Meßscheibe. Die Hubbewegung wird auf einen Zeiger oder eine Schreibvorrichtung übertragen. Steht die zu messende Flüssigkeit unter einem statischen Druck, so wird der Zeiger durch eine magnetische Kupplung mitgenommen. Ausführung für Drücke bis 35 atü. Meßgenauigkeit ± 2 vH.

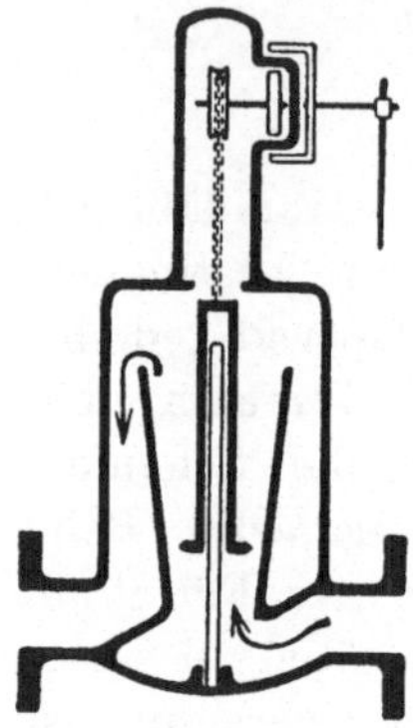

Durch entsprechende Formgebung des Meßkonus läßt sich Proportionalität der auf die Schreibtrommel übertragenen Bewegungen und der durchströmenden Menge erreichen. Ein besonderer Vorteil des Schwimmermessers ist, daß er schon bei geringen Mengen verhältnismäßig große Anschläge ergibt; für Stoßentnahme ist er jedoch nicht geeignet. Der Druckverlust ist gering.

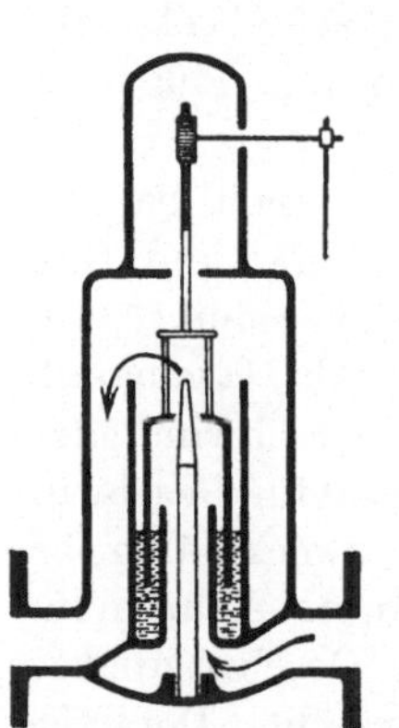

Abb. 19. Hohlkegelmesser.

Im Gegensatz zu Mündungsmessern, die mit stets gleichbleibendem Meßquerschnitt arbeiten und einfachen Strömungsmessern, bei denen der Differenzdruck konstant, aber der Durchflußquerschnitt veränderlich ist, ist beim Festkegelmesser, sowohl der Meßquerschnitt als auch der Differenzdruck von der Durchflußmenge abhängig. Bei dem in Abb. 20 dargestellten Messer taucht eine freihängende Schwimmerglocke in Quecksilber und öffnet beim Ansteigen einen mehr oder weniger großen kreisförmigen Meßquerschnitt, in dessen Mittelpunkt sich ein Festkegel befindet. Diese Geräte finden für Flüssigkeits- und Gasmengenmessung Anwendung. Meßgenauigkeit $\pm 1,5$ vH.

Häufig ist die unmittelbare Geschwindigkeitsmessung bei Flüssigkeiten nicht durchführbar. Sie läßt sich dann mittelbar aus der jeweiligen Druckgefällehöhe h ableiten, entsprechend der Beziehung

$$v = \sqrt{2\,g \cdot h} \ \text{m/s}$$

wobei $g = 9{,}81$ m/s² ist.

So ist bei der Messung mit Überfallwehr ein rechteckiges oder dreieckiges (Thomsonscher Dreiecksüberfall) Stauwehr in das Gerinne eingebaut. Derartige Wehrmessungen sind bei größeren Mengen frei ablaufender Flüssigkeiten, z. B. Kühlwasser von Kühltürmen, zweckmäßig. Die Aufzeichnung des Flüssigkeitsstandes erfolgt mittels Pegel.

Die Abmessungen der Gerinne richten sich nach den Durchflußmengen. Brauchbare Angaben finden sich in Zahlentafel 20.

Abb. 20. Festkegelmesser.

Zahlentafel 20. Wassermengen in m³/s für 1 m Wehrbreite,
abhängig von der Wehrhöhe und der Überfallhöhe h
nach Rehbock (Rechteckwehr).

Überfallhöhe h in m	0,2	0,3	0,5	0,75	1,00
Wehrhöhe s = 0,3 m	0,1752	—	—	—	—
0,5 ,,	0,1694	0,3181	—	—	—
0,75 ,,	0,1664	0,3101	0,689	—	—
1,0 ,,	0,1650	0,3061	0,6745	1,276	—
1,25 ,,	0,1641	0,3038	0,666	1,253	1,976

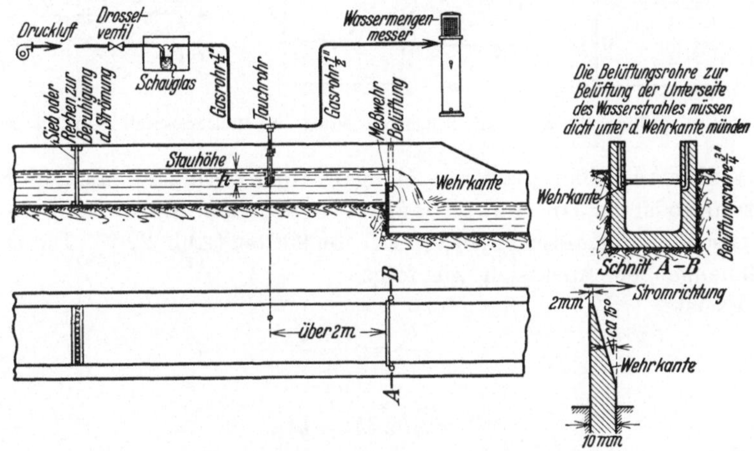

Abb. 21. Messung mit Überfallwehr nach Frese.

In Abb. 21 ist schematisch die Wehrmessung dargestellt. Ist die
Überfallbreite gleich der Kanalbreite, so folgt die je Sekunde über-
fließende Menge für das Rechteckwehr aus

$$V = \tfrac{2}{3}\mu \cdot b \cdot h \sqrt{2\,g \cdot h} \;\; \text{m}^3/\text{s} \tag{80}$$

Kanalbreite b und Überfallhöhe h sind in m einzusetzen. Wichtig ist,
daß h an einer Stelle gemessen wird, an der keinerlei Spiegelkrümmung
oder Einschnürung auftritt. Der Beiwert μ ist nach den „Regeln
für Leistungsversuche an Kreiselpumpen" bei Überfällen ohne Seiten-
einschnürung und bei $h < 25$ mm

$$\mu = 0,615 \left(1 + \frac{1}{h + 1,6}\right) \cdot \left[1 + 0,5 \left(\frac{h}{h + s}\right)^2\right]$$

h und s (Wasserhöhe bis zur Wehroberkante) sind hier in mm einzusetzen.

Ist die Überfallbreite b kleiner als die Kanalbreite (Überfallmessung)
mit Seitenkontraktion (Abb. 22a), so folgt für das Rechteckwehr

$$V = \mu_1 \cdot b \cdot h \sqrt{2\,g \cdot h} \;\; \text{m}^3/\text{s} \tag{81}$$

Der Beiwert μ_1 schwankt hier je nach Ausführung des Wehres und
der Strömungsgeschwindigkeit stark. Für mittlere Verhältnisse kann

$\mu_1 = 0{,}4\!\!-\!\!0{,}5$ gesetzt werden. Wehrmessungen mit Seitenkontraktion vermeide man nach Möglichkeit.

Wichtig für eine einwandfreie Messung ist eine genau waagerechte Wehrkante; auch müssen die Kanalwandungen besonders in der Nähe des Meßwehres vollkommen glatt und regelmäßig sein. Die störende Beeinflussung des hinter dem Wehr entstehenden Vakuums läßt sich durch Einbau einer Entlüftung beheben.

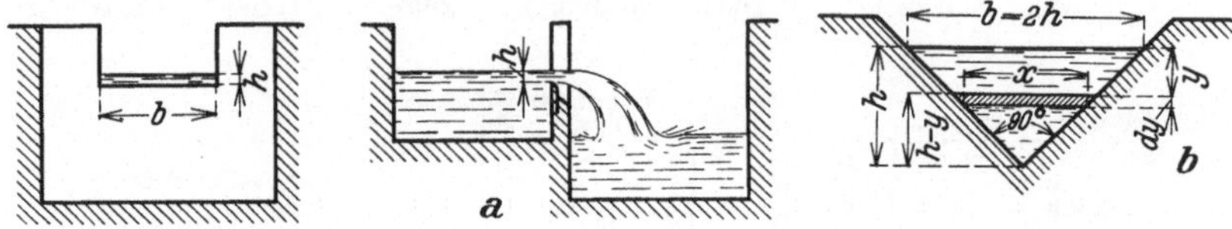

Abb. 22. a) Überfallmessung mit Seitenkontraktion. b) Dreiecküberfall nach Thomson.

Will man außer größeren Mengen auch geringere Mengen genau messen, so ist der Dreiecksüberfall vorzuziehen. Bei diesem schließen die geschärften Kanten einen Winkel von 90° ein (Abb. 22 b). Die Durchflußmenge berechnet sich wie folgt:

Es ist

$$\frac{h}{2 \cdot h} = \frac{h - y}{x}$$

und

$$x = 2\,(h - y)$$

Ferner ist

$$dV_0 = df \cdot v = x\,dy\,\sqrt{2\,g\,y}$$ und nach Einsetzen des Wertes für x

$$dV_0 = 2\,\sqrt{2 \cdot g}\,(h - y)\,\sqrt{y}\,\,dy\ \mathrm{m^3/s}$$

Die Integration liefert die gesamte theoretische Durchflußmenge

$$V_0 = \frac{8}{15}\sqrt{2 \cdot g}\,\,h^2\sqrt{h}\ \mathrm{m^3/s}$$

Hierbei ist wieder h die Überfallbreite in m und $g = 9{,}81\ \mathrm{m/s^2}$.

Zur Berücksichtigung der durch die Kontraktion des Flüssigkeitsstromes verursachten Querschnittsänderung ist diese theoretische Menge mit dem Beiwert μ zu multiplizieren, wobei im Mittel $\mu = 0{,}59$ gesetzt werden kann.

Damit wird die tatsächliche Durchflußmenge für den Dreiecksüberfall

$$V = \mu\,\frac{8}{15}\sqrt{2 \cdot g}\,\,h^2 \cdot \sqrt{h} = k\,h^2\sqrt{h}$$

$$V = \sim 1{,}4\,h^2\,\sqrt{h}\ \mathrm{m^3/s} \tag{82}$$

Die ständige Messung der Spiegelhöhe h ist demnach ein Maß für die durchfließende Menge. Durch Übertragung der Spiegelschwankungen auf eine Schreibtrommel erhält man planimetrierbare Diagramme, die den Verlauf der Mengenschwankungen innerhalb eines Zeitabschnittes festhalten. Diese Übertragung kann durch Schwimmerpegel, Auftriebspegel und Druckluftpegel, sowie elektrisch erfolgen. Die einfachen Schwimmerpegel sind für kleine Spiegelschwankungen zweckmäßig. Bei kleinen und großen Auftriebsschwankungen sind Auftriebspegel besser. Sie beruhen auf der Messung des Gewichtes eines teilweise eingetauchten zylindrischen Verdrängers. Da jeder eingetauchte Körper einen Auftrieb, entsprechend dem Gewicht der von ihm verdrängten Flüssigkeitssäule erleidet, wirkt dieser Auftrieb auf das auf der Waage hängende Gewicht im Sinne einer Gewichtsverminderung. Die Schwankungen des Flüssigkeitsspiegels werden hierdurch in einem bestimmten Maßstabe auf die Schreibtrommel übertragen.

Messungen mit Auftriebspegeln finden bei Gerinnen weniger Anwendung, wohl aber bei Brunnen, Bohrlöchern usw.

Bei aggressiven Flüssigkeiten und bei Übertragung der Anzeige bis auf etwa 100 m, können neben elektrischen Fernübertragungseinrichtungen, sowohl bei kleinen als auch bei großen Spiegelschwankungen Druckluftpegel angewandt werden. Sie ergeben ohne weiteres eine der Menge proportionale Aufzeichnung. Die Wirkungsweise geht aus

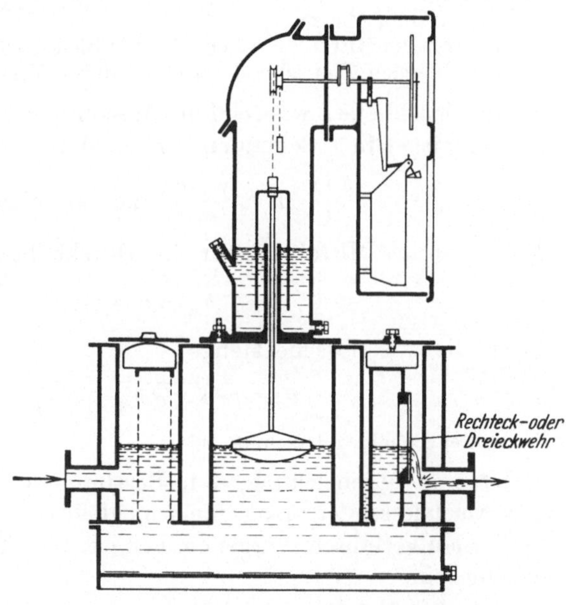

Abb. 23. Pegelmesser Bauart Junkers.

Abb. 21 hervor. Ändert sich die Stauhöhe h beim Steigen oder Fallen des Flüssigkeitsspiegels, so folgt der Druck im ganzen Rohrsystem augenblicklich im gleichen Sinne, und der angeschlossene Apparat zeigt fortlaufend die Bewegung des Wasserspiegels an.

Auf dem Prinzip der Wehrmessung beruhen u. a. der Meinecke-Wassermesser, sowie der Junkersche Pegelmesser (Abb. 23). Dieser eignet sich besonders für stark schmutzende und leicht absetzende Flüssigkeiten, wie Rohbenzol und Naphta. Bei dem abgebildeten Messer ist der freihängende Pegelschwimmer durch Gegengewichte ausbalanziert und zur Dämpfung mit einer in Öl schwimmenden Tauchglocke verbunden.

b) Mündungsmesser.

1. Ausflußmesser. Für Mengenmessungen verschiedenartigster Flüssigkeiten, insbesondere verunreinigter oder chemisch stark angreifender Flüssigkeiten kann mit Vorteil auch von der Ausflußmessung, bei der die Flüssigkeit durch eine Düse oder Blende hindurchläuft, Gebrauch gemacht werden. Voraussetzung ist, daß die Flüssigkeit hinter der Meßstelle frei ablaufen kann.

Die Ausflußmenge folgt aus der Gleichung

$$V = \mu \cdot f \sqrt{2\,g \cdot h} \ \ \mathrm{m^3/s}$$

Hierin ist

f = Düsen-(Blenden-)Öffnung m²
g = 9,81 m/s²
h = Flüssigkeitshöhe m
μ = Beiwert (im Mittel für Düsen 0,96, für Blenden 0,61, bei Wasser und Salzsole und Blenden über 20 mm Durchm.) durch Versuche zu bestimmen

Ist die Druckhöhe h während der Messung nicht konstant und $\frac{\text{sinkt}}{\text{steigt}}$ der Wasserspiegel in t Sekunden um m Meter, so sind

$$\frac{F \cdot m}{t} \ \ \mathrm{m^3/s} \ \frac{\text{weniger}}{\text{mehr}} \ \text{zu- als abgeflossen.}$$

Setzt man als Mittelwert für die Druckhöhe den Wert

$$h_m = h \pm \frac{m}{2},$$

so ist die zugeflossene Menge

$$V = \mu f \sqrt{2\,g\,h_m} \pm \frac{F \cdot m}{t} \ \ \mathrm{m^3/s}$$

F = lichter Behälterquerschnitt m²

Ist eine Düseneichung, d. i. Bestimmung von μ, durch Auffangen einer abzumessenden Menge nicht möglich, so kann die Eichung mit Hilfe des Auslaufverfahrens vorgenommen werden. Der Zufluß muß dabei abgestellt sein.

Aus der Gleichung

$$dV = F\,dh = \mu f \sqrt{2\,g\,h}\,dt$$

folgt

$$F\,h^{-\frac{1}{2}}\,dh = \mu f \sqrt{2\,g}\,dt$$

$$F \int_{h_2}^{h_1} h^{-\frac{1}{2}}\,dh = \mu f \sqrt{2\,g} \int_{t_2}^{t_1} dt$$

$$2\,F\left(\sqrt{h_1} - \sqrt{h_2}\right) = \mu f \sqrt{2\,g}\,(t_1 - t_2)$$

und daraus

$$\mu = \frac{2\,F\left(\sqrt{h_1} - \sqrt{h_2}\right)}{f \sqrt{2\,g}\,(t_1 - t_2)} = \frac{2\,F\left(\sqrt{h_1} - \sqrt{h_2}\right)}{f \sqrt{2\,g}\,\varDelta t}$$

Zur Ermittlung zusammengehöriger Werte von h und t wird zweckmäßig ein Chronograph, z. B. der Diagnostiker von Peiseler, benutzt.

Ein auf der Grundlage der Ausflußmessung beruhender Flüssigkeitsmesser ist der in Abb. 24 dargestellte Eckardt Ausflußmesser. Der Staudruck wird hierbei auf eine Plattenfedermembran und durch ein Hebelwerk auf den Zeiger übertragen.

Dient als Meßgefäß ein Windkessel (Abb. 25), so zeigt ein am Luftraum angeschlossenes Manometer

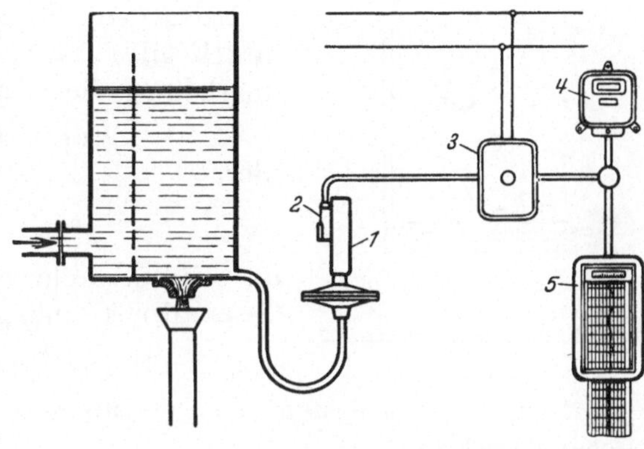

Abb. 24. Ausflußmesser Bauart ICE (schematisch)
1 Mengenanzeiger. *2* ICE-Fernsender. *3* Netzanschlußgerät.
4. Zähler. *5.* Schreibinstrument (elektrisch).

nur den Druck oberhalb der Flüssigkeitssäule an. Der wirkliche, in die Ausflußformel einzusetzende Druck, folgt daher aus

$$h = h_1 + \frac{10\,p}{\gamma} \text{ m Flüssigkeitssäule,}$$

wobei

$\gamma = \text{kg/l}$ das spezifische Gewicht der zu messenden Flüssigkeit ist. Bei Wasser ist $\gamma = \sim 1\,\text{kg/l}$ und damit

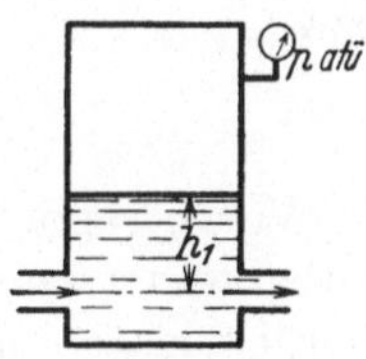

Abb. 25. Windkessel.

$$h = h_1 + 10\,p \text{ m W.-S.}$$

2. Staugeräte. Bei den „Staudruck"-Meßgeräten dient der Differenzdruck h zur Berechnung der Geschwindigkeit, entsprechend der Gleichung

$$v = \sqrt{\frac{2\,g\,h}{\gamma}} \text{ m/s}$$

Da bei sämtlichen Staugeräten die Durchflußmenge mit der Quadratwurzel des Differenzdruckes wächst, nimmt auch der Druckverlust, der durch den Einbau des Meßgerätes in die Leitung entsteht, mit dem Quadrate der Durchflußmenge zu. Durch besondere Formgebung des Meßgerätes ist es möglich, diesen Druckverlust gering zu halten.

Als Staugeräte kommen folgende Meßeinrichtungen in Betracht: Staurohr (Pitotrohr), Blende, Düse, Venturidüse und Staurost.

Staurohr. Das Staurohr (Abb. 26) wird bei niedrigen Drücken, großen Rohrquerschnitten und für vorübergehende Messung benutzt. Für Dampfmessungen ist es nicht geeignet. In der Abbildung nimmt die der

Strömung entgegengerichtete Stauöffnung den Gesamtdruck h_{ges} ab, während der statische Druck von dem ringförmig umlaufenden Schlitz abgenommen wird.

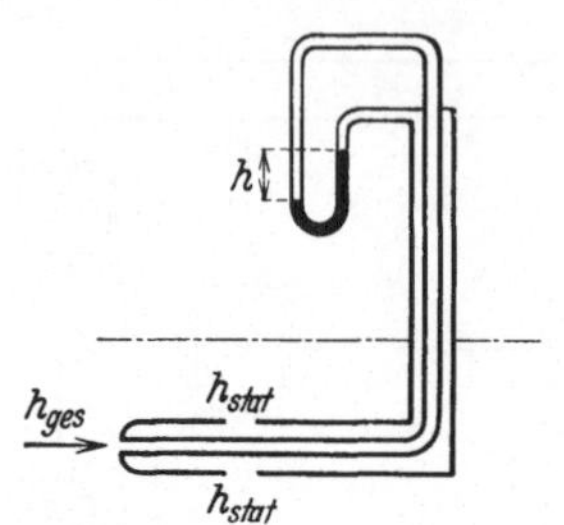

Abb. 26. Staurohr (schematisch).

Nach dem Strömungsgesetz von Bernoulli gilt für verlustlose Strömung in der Rohrleitung die Gleichung

$$h_{\text{ges}} = h_{\text{stat}} + h_{\text{dyn}}$$

oder

$$h_{\text{ges}} = \frac{p}{\gamma} + \frac{v^2\,\gamma}{2\,g}$$

Da beim Staurohr an der $+$Entnahme der Gesamtdruck und an der $-$Entnahme der statische Druck $\frac{p}{\gamma}$ gemessen wird, folgt der Geschwindigkeitsdruck aus der Differenz von Gesamt- und statischem Druck zu

$$\frac{p}{\gamma} + \frac{v^2\,\gamma}{2\,g} - \frac{p}{\gamma} = h_{\text{Manometer}} \ \text{mm W.-S.}$$

und daraus

$$\frac{v^2\,\gamma}{2\,g} = h \ \text{mm W.-S.}$$

bzw.

$$v = \sqrt{\frac{2\,g\,h}{\gamma}} \ \text{m/s}$$

Voraussetzung für die Gültigkeit der am U-Rohr gemessenen Druckdifferenz ist eine einwandfreie Abnahme des statischen Druckes. Zur Berücksichtigung der Reibungs- und sonstigen Verluste wird ein Instrumentenbeiwert α eingeführt. Die Gleichung für die durchströmende Menge lautet dann

$$V = \alpha\,F\,\sqrt{\frac{2\,g\,h}{\gamma}}\ \text{m}^3/\text{s} \tag{83}$$

Hierin ist

F = freie Querschnittsöffnung m²

g = 9,81 m/s²

h = Druckdifferenz mm W.-S.

γ = spezifisches Gewicht der zu messenden Flüssigkeit bzw. des Gases im Betriebszustand kg/m³

α = Beiwert (für Staurohr = ~ 1)

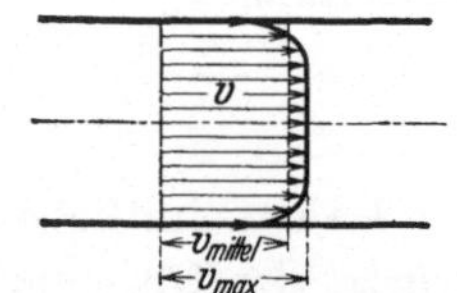

Abb. 27. Geschwindigkeitsverteilung im Rohrquerschnitt.

Die Strömungsgeschwindigkeit ist in den einzelnen Punkten des Rohrquerschnittes nicht konstant (Abb. 27). Zur genauen Bestimmung der mittleren Geschwindigkeit muß deshalb ein Geschwindigkeitsdiagramm aufgenommen und nach Planimetrierung der Flächen der Mittelwert v_m gebildet werden. Diese etwas umständliche Rechnung läßt sich vermeiden, wenn das Staurohr achsial eingebaut wird. Für diesen Fall ermittelt **Ackeret** die mittlere Geschwindigkeit aus der durch achsialen Einbau gegebenen maximalen Geschwindigkeit zu

$$v_m = 0{,}84\, v_{\max}$$

Voraussetzung ist allerdings ein regelmäßiger Verlauf der Geschwindigkeitskurve entsprechend Abb. 27.

Die Durchflußmenge in m³ (feucht) folgt dann bei **achsialem** Einbau aus der Gleichung

$$V = 1{,}05\, D^2 \sqrt{\frac{h_{\max}}{\gamma}}\ \text{m}^3\ \text{f/h} \tag{84}$$

Hierbei ist der Rohrleitungsdurchmesser D in cm einzusetzen. Bei Gasen ermittelt sich das spezifische Gewicht $\gamma_{\text{Betriebszustand}}$ aus der Gleichung

$$\gamma = \frac{\gamma_0 + f}{0{,}804 + f}\ \frac{p}{T}\, 0{,}29\ \text{kg/m}^3 \tag{85}$$

und

$$\gamma' = \frac{(\gamma_0 + f)\, 0{,}804}{0{,}804 + f}\ \text{kg/Nm}^3\ \text{f} \tag{86}[1]$$

Hierin ist

γ_0 = spezifisches Gewicht kg/Nm³ t
f = Feuchtigkeitsgehalt kg/Nm³ t
p = absoluter Druck in der Leitung mm Q.-S.
T = absolute Gastemperatur °K
0,804 = Gewicht von 1 m³ Wasserdampf bei 0° 760 mm Q.-S. kg/Nm³

Zur Umrechnung vom Betriebszustand V auf trockenen Normalzustand (Nm³/t) dient die Gleichung

$$V_{\text{tr}} = V\, \frac{0{,}29}{0{,}804 + f} \cdot \frac{p}{T}\ \text{Nm}^3\ \text{t/h} \tag{87}$$

Voraussetzung für eine genaue Messung ist eine genügende „ungestörte" Rohrlänge, so daß die Parallelität der Stromfäden gewähr-

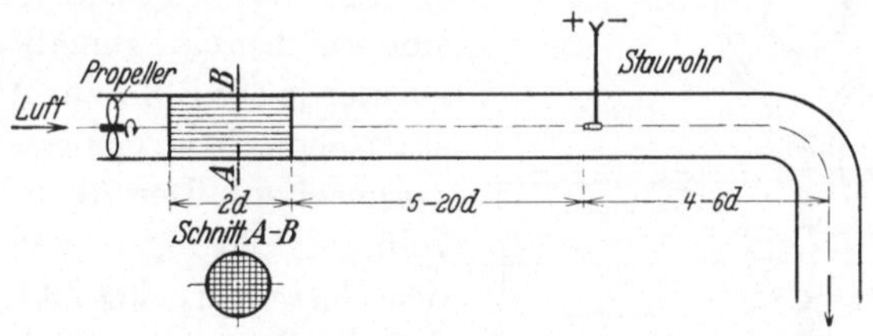

Abb. 28. Strömungsgleichrichter hinter Propeller eingebaut.

leistet ist. Bei ungünstigen Einbauverhältnissen bringt Vorschalten eines Strömungsgleichrichters manchmal Verbesserung (Abb. 28).

---

[1] Vgl. auch Arch. Eisenhüttenwes. Bd. 5 (1931/32) S. 231—49.

Aufgabe: Welche Luftmenge geht stündlich durch eine Rohrleitung von $D = 500$ mm lichtem Durchmesser, wenn mit Prandtlschem Staurohr bei achsialem Einbau gemessen ist $h = 30$ mm W.-S., Barometerstand 745 mm Q.-S., statischer Druck in der Luftleitung 500 mm W.-S. $= 36{,}78$ mm Q.-S., Feuchtigkeitsgehalt der Luft $f = 20$ g/Nm³ tr., Lufttemperatur $t = 25°$ C.

Lösung: Es ist das spezifische Gewicht der Luft im Betriebszustand bei $\gamma_0 = 1{,}293$ kg/Nm³

$$\gamma = \frac{\gamma_0 + f}{0{,}804 + f} \cdot \frac{p}{T} \cdot 0{,}29$$

$$= \frac{1{,}293 + 0{,}020}{0{,}804 + 0{,}020} \cdot \frac{745 + 36{,}78}{273 + 25} \cdot 0{,}29$$

$$= 1{,}215 \text{ kg/m}^3$$

damit wird

$$V = 1{,}05\, D^2 \sqrt{\frac{h}{\gamma}} = 1{,}05 \cdot 50^2 \sqrt{\frac{30}{1{,}215}}$$

$$V = 13050 \text{ m}^3/\text{h}$$

Bei Flüssigkeitsmengenmessungen ist die Umrechnung auf Gewichtsmengen zweckmäßig. Es bestimmt sich dann bei achsialem Einbau des Staugerätes das je h durchfließende Gewicht zu

$$G = 3733{,}2\, D^2 \sqrt{\frac{H}{\gamma}} \text{ kg/h}$$

Hierin ist

$D =$ lichter Leitungsdurchmesser cm
$H =$ Differenzdruck mm Q.-S.
$\gamma =$ spezifisches Gewicht der Flüssigkeit im Betriebszustand kg/m³

Bei Dauermessungen empfiehlt sich ein Einbau gemäß Abb. 29. Es ist hier je ein Rohr zur Abnahme des statischen bzw. des Gesamtdruckes vorgesehen. Der Abstand der einzelnen Bohrungen zur Entnahme des Gesamtdruckes ist so bemessen, daß die Bohrungen in der geometrischen Mitte gleichwertiger Kreisringflächen liegen, während der statische Druck durch ein vorn geschlossenes hakenförmiges Rohr mit seitlichen Schlitzen abgenommen wird. Durch die kreuzweise Anordnung von zwei Rohren zur Ge-

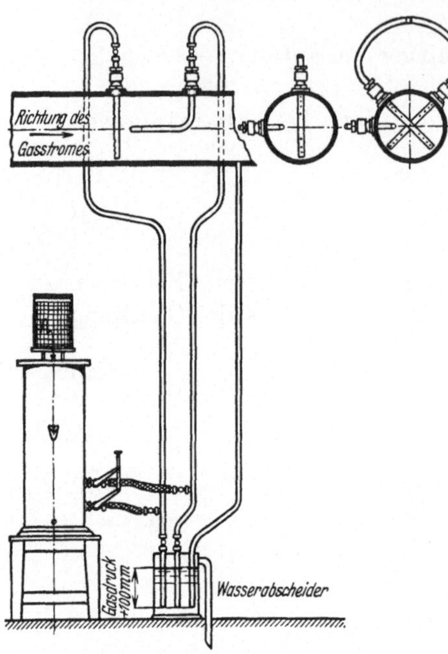

Abb. 29. Staurohreinbau für Dauermessung.

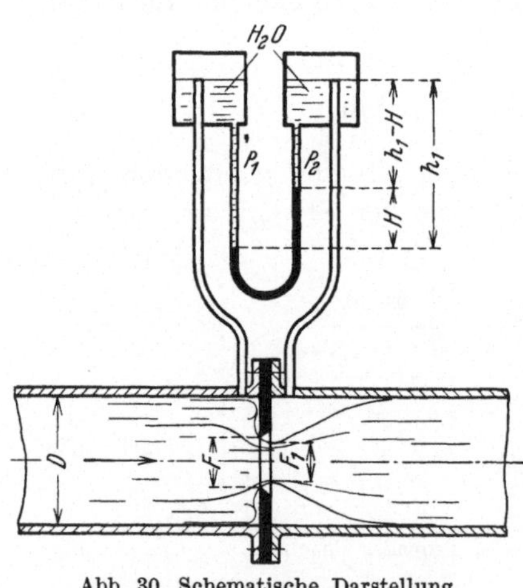

Abb. 30. Schematische Darstellung einer Dampfmessung mit Blende.

samtdruckentnahme wird eine selbsttätige Netzmessung ermöglicht. Liegen die Bohrungen genau in der Mitte der einander inhaltsgleichen Kreisringflächen, so läßt sich aus der gemessenen Druckdifferenz h sofort die mittlere Geschwindigkeit berechnen.

Blende. Die Blende ist das einfachste Meßgerät, deren Formen durch die ,,Regeln für die Durchflußmessungen mit genormten Düsen und Blenden''[1] auf Grund der Arbeiten von Witte festgelegt sind (DIN

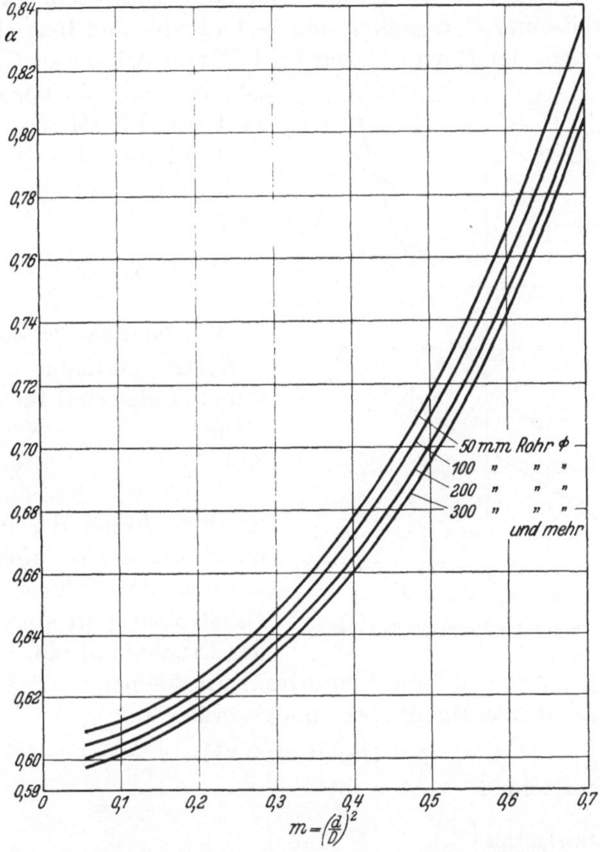

$$m = \left(\frac{d}{D}\right)^2$$

Abb. 31. Durchflußzahlen α für die ISA Blende 1932 (betriebsrauhe Rohre).

1952). Diese deutschen Regeln sind auf der Tagung der International Federation of National Standardizing Associations (ISA) als international gültig anerkannt worden. Die nach diesen Regeln ausgeführten Blenden und Düsen führen die Bezeichnung Düsen bzw. Blenden ISA 1932.

In der Abb. 30 ist der Strömungsverlauf bei einer Blendenmessung mit eingezeichnet. Kurz hinter der Blende tritt eine scharfe Kontraktion

---

[1] VDI-Verlag 2. Aufl. Berlin 1932.

der Stromlinien ein, der Querschnitt ist hier geringer als der Öffnungsquerschnitt der Blende. Da in die Mengengleichung aber der Öffnungsquerschnitt der Blende eingesetzt wird, muß dieser Zusammenhang durch
eine Kontraktionszahl μ zum Ausdruck gebracht werden. Diese Kontraktionszahl μ wird gewöhnlich mit den Reibungsbeiwerten zu einer
Durchflußzahl α zusammengefaßt, die abhängig vom Rohrdurchmesser und dem Verhältnis der Blendenöffnung zum Rohrquerschnitt
ist. Die Durchflußzahlen α können der Abb. 31 entnommen werden[1].
Sie gelten mit einer Genauigkeit von $\pm\,1$ vH. für den Bereich oberhalb
des Grenzwertes der Reynoldschen Zahl. Unterhalb dieses Grenzwertes

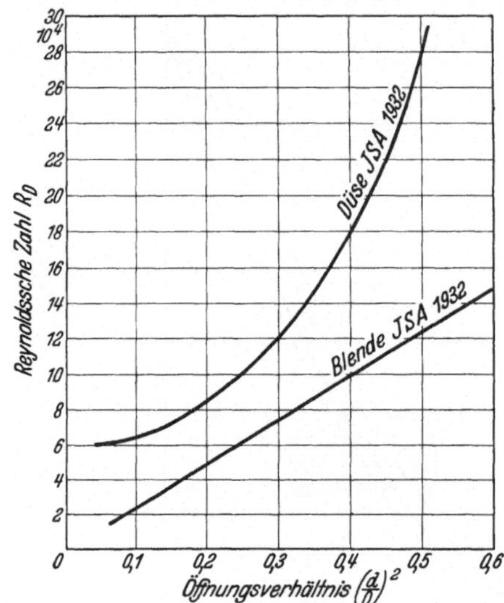

Abb. 32. Grenzwerte der Reynoldsschen Zahlen.

ist ein Fehler in der Durchflußzahl von 1,5 vH. zu erwarten[2].

Die Reynoldssche Zahl berechnet sich aus der Gleichung
(26) zu

$$R_D = \frac{v\,D\,\gamma}{\eta\,g} \qquad (88)$$

Die Grenzwerte der für die
α-Werte gültigen Reynoldsschen Zahlen sind für die Normblende und die Normdüse in
Abb. 32 wiedergegeben.

Durch die Einschnürung des
Strahles hinter der Blendenöffnung und die nachfolgende Expansion des Flüssigkeits- bzw.
Gasstromes tritt ein verbleibender Druckabfall ein, der bei der
Blende am größten und beim Venturirohr am kleinsten ist. Der Druckverlust kann überschläglich berechnet werden aus

$$p = (1 - m)\,100 \text{ vH.}$$

Hierin bezeichnet

$$m = \text{Öffnungsverhältnis} \left(\frac{d}{D}\right)^2$$

Die Gleichung gilt sowohl für Blenden- als auch für Düsenmessungen.

Die Tatsache, daß bei Gasmessungen die Reynoldssche Zahl geringer
ist als bei Dampf- und Wassermessungen und bei kleineren Reynoldsschen Zahlen der Beiwert der Blende geringeren Veränderungen unterworfen ist, als der Beiwert der Düse, läßt die Blende als das geeignete

---

[1] Aus DIN 1952. Regeln.
[2] Vgl. auch Euler: Blenden für Strömungsmessung. Arch. Eisenhüttenwes.
Bd. 6 (1932) S. 95.

Gerät für die Gasmengenmessung erscheinen. Dafür ist allerdings die Blende Rauheiten der Rohrwand gegenüber weit empfindlicher als die Düse. Bei Gasleitungen spielt dieser Gesichtspunkt jedoch keine große Rolle, da es sich meist um große Leitungen handelt, bei denen der Einfluß der Wandrauhigkeit geringer wird.

Da der expandierende Strahl bei der Blende seitlich ohne Führung ist, kann eine Ausbreitung des Strahles unmittelbar hinter der Blende senkrecht zur Stromrichtung stattfinden. Diese Beeinflussung des Ergebnisses wird durch die Expansionsberichtigung ε erfaßt. Die Werte für ε können den Schaubildern Abb. 33 u. 34 entnommen werden[1].

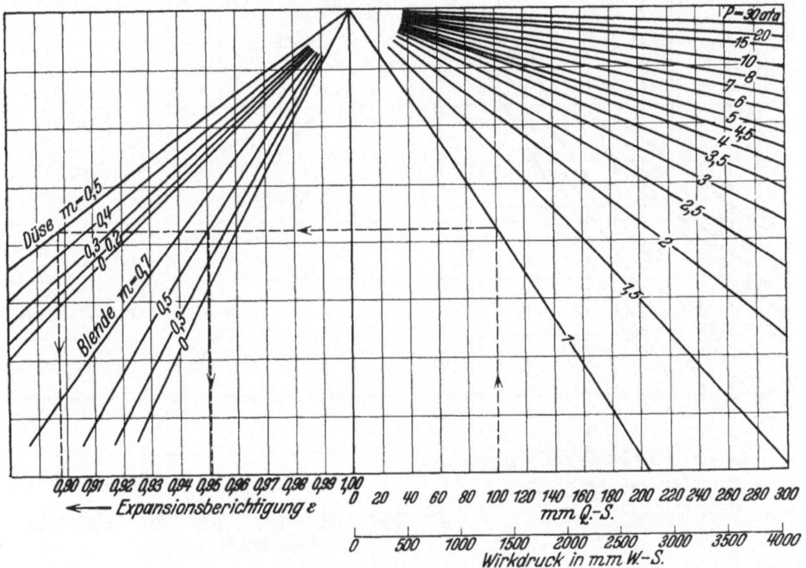

Abb. 33. Expansionsberichtigung ε für Düsen und Blenden bei zweiatomigen Gasen mit $\varkappa = 1,4$ abhängig vom Wirkdruck.

Unter Berücksichtigung dieser Einflüsse hat die allgemeine Gleichung für die Berechnung der durchfließenden Menge bei Blenden- und Düsenmessungen nunmehr die Form

$$V = 3600\,\alpha\,\varepsilon\,F\,\sqrt{\frac{2g\,h}{\gamma}}\ \mathrm{m^3/h} \tag{89}[2]$$

Hierin bedeutet

F = freier Blendenquerschnitt m²
h = gemessene Druckdifferenz mm Q.-S.
γ = spezifisches Gewicht des zu messenden Stoffes im Betriebszustand kg/m³
α, ε = Beiwerte, den Abb. 31, 33, 34 u. 38 zu entnehmen

---

[1] Entnommen DIN 1952: Regeln für die Durchflußmessung.

[2] Zur schnelleren Berechnung hat die Fa. Bopp & Reuther, Mannheim, einen Sonderrechenschieber entwickelt. Vgl. auch: „Die Wärme" 1932 Nr. 35.

Bezeichnet man mit d den Blendendurchmesser in cm, so läßt sich die obige allgemeine Gleichung in folgende Gebrauchsformeln umwandeln, wobei die Werte für γ entsprechend Gleichung 85 und 86 eingesetzt sind.

Gas- und Luftmessung

$$V = 2{,}33\,\alpha\,\varepsilon\,d^2\,\sqrt{\frac{(0{,}804 + f)\,T\,h}{(\gamma_0 + f)\,p}}\ \text{m}^3\,\text{f/h}$$

$$V_0 = V\,\frac{0{,}29}{0{,}804 + f}\cdot\frac{p}{T}\,\text{Nm}^3\,\text{tr/h}$$

(90)

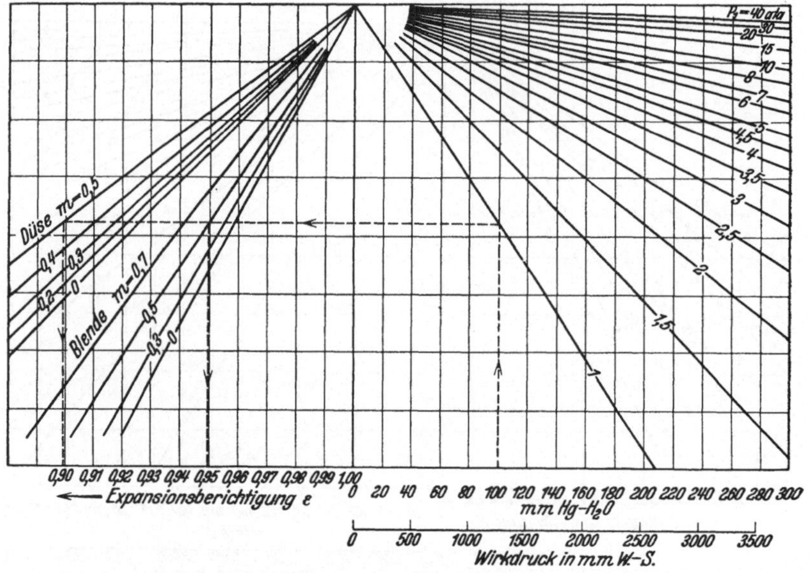

Abb. 34. Expansionsberichtigung ε für Düsen und Blenden bei Heißdampf mit $\varkappa = 1{,}3$ abhängig vom Wirkdruck.

bzw. bei Einsetzung des Wertes für V

$$V_0 = 0{,}673\,\alpha\,\varepsilon\,d^2\,\sqrt{\frac{h\cdot p}{(\gamma_0 + f)\,(0{,}804 + f)\,T}}\,\text{Nm}^3\,\text{tr/h} \qquad (91)$$

In Nm³ f folgt

$$V_{0f} = V_0\,\frac{0{,}804 + f}{0{,}804}\,\text{Nm}^3\,\text{f/h}$$

Dampf- und Wassermessung (bei Wasser ist $\varepsilon = 1$)

$$G = 1{,}252\,\alpha\,\varepsilon\,d^2\,\sqrt{h\cdot\gamma} \qquad (92)$$

Hierin ist

$h =$ Differenzdruck mm W.-S.

$\gamma =$ spezifisches Gewicht des Dampfes bzw. Wassers auf Betriebszustand bezogen.

Wird zur Füllung des „U"-Rohres Quecksilber benutzt, so ist zu beachten, daß sich bei Flüssigkeits- und Dampfmessungen über der Quecksilbersäule eine Flüssigkeitssäule ansammelt, die bei der Berechnung nicht vernachlässigt werden darf. Es ist nach Abb. 30

$$p_1 + h_1 \gamma_{Fl} = p_2 + (h_1 - H)\gamma_{Fl} + H \cdot \gamma_{Q.\text{-}s.} \text{ mm W.-S.}$$
$$p_1 - p_2 = h = H(\gamma_{Q.\text{-}s.} - \gamma_{Fl})$$

Hierbei ist $\gamma_{Q.\text{-}s.}$ bzw. γ_{Fl} auf Betriebszustand bezogen einzusetzen.

Beispiel: Dampfmessung mit Quecksilber U Rohr. Über der Quecksilbersäule befindet sich Kondenswasser. Es ist gemessen $H = 30$ mm, Temperatur des Quecksilbers und Kondenswassers $t = 20^0$ C. Hierfür ist

$$\gamma_{Q.\text{-}s.} = 13,546 \text{ kg/l } (20^0)$$
$$\gamma_{Wasser} = 0,998 \text{ kg/l } (20^0)$$

Damit wird

$$h = 30 (13,546 - 0,998) = 30 \cdot 12,548$$
$$h = 376,44 \text{ mm W.-S.}$$

Aufgabe: Welche Koksgasmenge fließt stündlich durch eine Rohrleitung von $D = 50$ cm Durchmesser, wenn folgendes gegeben ist:

Blendenöffnung . d = 30 cm
Barometerstand . b = 750 mm Q.-S.
Gasüberdruck . . $p_{\ddot{u}}$ = 100 mm Q.-S.
Differenzdruck . h = 30 mm W.-S.
Gastemperatur . . t = 40^0 C
Gasfeuchtigkeit . f = 40 g/Nm³ tr
Gaszusammensetzung in Vol.-%

H_2 51
CH_4 28
CO 6
CO_2 1
O_2 0
N_2 14

Lösung: Man berechnet

$$\left(\frac{d}{D}\right)^2 = \left(\frac{30}{50}\right)^2 = 0,36, \text{ dafür ist nach Abb. 31}$$
$$\alpha = 0,648$$
$$\varepsilon = \sim 1, \text{ da } h \text{ unter } 100 \text{ mm W.-S.}$$

Nach S. 36 wird

$$\gamma_0 = \frac{51 \cdot 0,0898 + 28 \cdot 0,717 + 6 \cdot 1,25 + 1 \cdot 1,977 + 1,4 \cdot 1,251}{100}$$

$$\gamma_0 = 0,518 \text{ kg/Nm}^3\text{tr}$$

Gasdruck $p = 750 + 100 = 850$ mm Q.-S.
absolute Temperatur $T = 313^0$ K

Mit Benutzung der (Gl. 91) wird

$$V_0 = 0,673 \, \alpha \, \varepsilon \, d^2 \sqrt{\frac{h \cdot p}{(\gamma_0 + f)(0,804 + f) \, T}}$$

$$V_0 = 0{,}673 \cdot 0{,}648 \cdot 1 \cdot 30^2 \sqrt{\frac{30 \cdot 850}{(0{,}518 + 0{,}04)\,(0{,}804 + 0{,}04)\,313}} = 1630 \;\text{Nm}^3\,\text{tr/h}$$

$$V_{0f} = V_0\,\frac{0{,}804 + f}{0{,}804} = 1630\,\frac{0{,}804 + 0{,}04}{0{,}804} = 1712 \;\text{Nm}^3\,\text{f/h}$$

$$V = V_0\,\frac{(0{,}804 + f)}{0{,}29}\,\frac{T}{p} = 1630\,\frac{0{,}804 + 0{,}04}{0{,}29} \cdot \frac{313}{850} = 1750 \;\text{m}^3\,\text{f/h} \quad (\text{nach Gl. 90})$$

Bei einer auf Grund der Gaszusammensetzung für Koksgas berechneten Zähigkeit von (vgl. S. 23)

$$\eta = 1{,}2 \cdot 10^{-6} \;\text{kg s/m}^2 \;(\text{Mittelwert})$$

wird die Reynoldssche Zahl nach Gl. 26

$$R_D = \frac{v\,D\,\gamma}{\eta\,g} = \frac{V}{3600\,\dfrac{D^2\,\pi}{4}} \cdot \frac{D\,\gamma}{\eta\,g} = \frac{V\,\gamma}{900\,D\,\pi\,\eta \cdot g}$$

$$R_D = \frac{1630 \cdot 0{,}518}{900 \cdot 0{,}5 \cdot \pi \cdot 0{,}000\,001\,2 \cdot 9{,}81} = 50\,600$$

Der Grenzwert liegt nach Abb. 32 für $\left(\dfrac{d}{D}\right)^2 = 0{,}36$ bei

$$R_D \simeq 92\,000$$

die Messung daher im Gebiet nicht konstanter Beiwerte (Genauigkeit nur rund 1,5%). Berücksichtigung dieses Einflusses und Korrektur des α-Wertes vgl. „Regeln".

Aufgabe: Welche Dampfmenge geht stündlich durch eine Rohrleitung von 20 cm Durchmesser, wenn folgendes gegeben ist:

$$\begin{aligned}
&\text{Blendenöffnung} \;.\;.\;.\; d = 10\,\text{cm}\\
&\text{Dampfdruck} \;.\;.\;.\; p_a = 10\,\text{ata}\\
&\text{Differenzdruck} \;.\;.\;.\; H = 200\,\text{mm Q.-S.}\\
&\text{Dampftemperatur} \;.\;.\; t_{\ddot{u}} = 300^\circ\,\text{C}
\end{aligned}$$

Lösung: Man berechnet

$$\left(\frac{d}{D}\right)^2 = \left(\frac{10}{20}\right)^2 = 0{,}25^*$$

dafür ist $\alpha = 0{,}631$ (Abb. 31)

γ aus Molliertafeln berechnet zu 3,789 kg/m³

Expansionsberichtigung nach Abb. 34 für

$$p_a = 10\,\text{ata}, \quad \left(\frac{d}{D}\right)^2 = m = 0{,}25 \quad \text{und} \quad H = 200\,\text{mm Q.-S.:}\; \varepsilon = 0{,}992,$$

damit wird nach Gl. 92

$$G = 1{,}252\,\alpha\,\varepsilon\,d^2\,\sqrt{h \cdot \gamma}$$

Bei der Umrechnung von H in mm W.-S. ist nach S. 83 zu verfahren. So wird z. B. bei einer Temperatur des Quecksilbers und des darüber befindlichen Kondenswassers von 20° C

$$\gamma_{\text{Q.-S.}} = 13{,}546 \;\text{kg/l} \;(20^\circ\,\text{C})$$

$$\gamma_{\text{Wasser}} = 0{,}998 \;\text{kg/l} \;(20^\circ)$$

$$h = H\,(\gamma_{\text{Q.-S.}} - \gamma_{\text{W}}) = 200\,(13{,}546 - 0{,}998) = 2509{,}6 \;\text{mm W.-S.}$$

---

* Berücksichtigung der Vergrößerung der Blendenöffnung durch die Erwärmung des Materials, vgl. Regeln a. a. O.

und

$$G = 1{,}252 \cdot 0{,}631 \cdot 0{,}992 \cdot 10 \sqrt{2509{,}6 \cdot 3{,}789} = 7660 \text{ kg/h}$$

Die Zähigkeit des Wasserdampfes (vgl. S. 23) ist in vorliegendem Falle

$$\eta = 2{,}18 \cdot 10^{-6} \text{ kg s/m}^2$$

Damit wird nach Gl. 26

$$R_D = \frac{v\,D\,\gamma}{\eta \cdot g} = \frac{G}{900\,D\,\pi\,\eta\,g} = \frac{7660}{900 \cdot 0{,}1 \cdot \pi \cdot 2{,}18 \cdot 10^{-6} \cdot 9{,}81}$$

$$R_D = 1\,270\,000$$

Grenzwert nach Abb. 32 für $\left(\dfrac{d}{D}\right)^2 = 0{,}25$

$$R_D \sim 60\,000$$

Die Messung findet also im Gebiet konstanter Beiwerte statt. Der α-Wert ist richtig.

Aufgabe: Welche Wassermenge fließt stündlich durch eine Rohrleitung von $D = 20$ cm Durchmesser, wenn gegeben ist:

$$\begin{aligned}
&\text{Blendenöffnung} \ldots \ldots \ldots \ d = 10 \text{ cm} \\
&\text{Differenzdruck} \ldots \ldots \ldots H = 20 \text{ mm Q.-S.} \\
&\text{Wassertemperatur} \ldots \ldots t = 20^\circ \text{ C} \\
&\text{Temperatur des Quecksilbers } \ t = 20^\circ \text{ C.}
\end{aligned}$$

Lösung: Es ist

$$\left(\frac{d}{D}\right)^2 = \left(\frac{10}{20}\right)^2 = 0{,}25,$$

dafür ist nach Abb. 31

$$\alpha = 0{,}631$$

Das spezifische Gewicht ist für Wasser von 20° C $\gamma = 998$ kg/m³. Es folgt

$$h = H\,(\gamma_{\text{Q.-S.}} - \gamma_{\text{W}}) = 20 \cdot (13{,}546 - 0{,}998) = 250{,}96 \text{ mm W.-S.}$$

Es wird dann nach Gl. 92

$$\begin{aligned}
G &= 1{,}252\,\alpha\,\varepsilon\,d^2\,\sqrt{h \cdot \gamma} \\
&= 1{,}252 \cdot 0{,}631 \cdot 1 \cdot 10^2 \sqrt{250{,}96 \cdot 998} \\
&= 39\,500 \text{ kg/h}
\end{aligned}$$

Die Zähigkeit ist (vgl. S. 23)

$$\eta = 0{,}0001 \text{ kg s/m}^2$$

Damit wird

$$R_D = \frac{G}{900\,D\,\pi\,\eta\,g} = \frac{39\,500}{900 \cdot 0{,}2 \cdot \pi \cdot 0{,}0001 \cdot 9{,}81} = 70\,800$$

Grenzwert nach Abb. 32 für $\left(\dfrac{d}{D}\right)^2 = 0{,}25$

$$R_D \sim 60\,000$$

Die Messung findet also im Gebiet konstanter Beiwerte statt. Der α-Wert ist richtig.

Eine wesentliche Voraussetzung zur genauen Mengenmessung mittels Blende ist eine genügend lange störungsfreie Leitung vor und hinter der Blende, sowie Druckentnahme unmittelbar vor und hinter der Blende.

Diese Bedingung wird am besten durch eine **Ringkammerentnahme** erfüllt (Abb. 35). Nach den „Regeln" soll grundsätzlich der Druck vor dem Drosselgerät mittels Ringkammer entnommen werden. Nur bei Rohrdurchmessern über 400 mm ist auch Einzelanbohrung zugelassen. Mit wachsender Strömungsgeschwindigkeit werden die Störungseinflüsse geringer, ebenfalls bei kleinen Durchmesserverhältnissen. Bei einer ungestörten Strecke von 30 D vor der Blende und 5 D hinter der Blende sind Fehlerquellen durch die Leitung nahezu ausgeschaltet. Sind Schieber oder Ventile vor der Blende vorhanden, so genügt der Abstand von 30 D nicht immer. In diesem Falle geht man zweckmäßig bis auf 90 D bei Einzelanbohrung herauf. Bei Ringkammerentnahme genügt dagegen der Abstand von 30 D. Bei größeren Durchmesserverhältnissen und voller Schieberöffnung können diese Mindestabstände noch etwas verringert werden. Nähere Hinweise sind in den

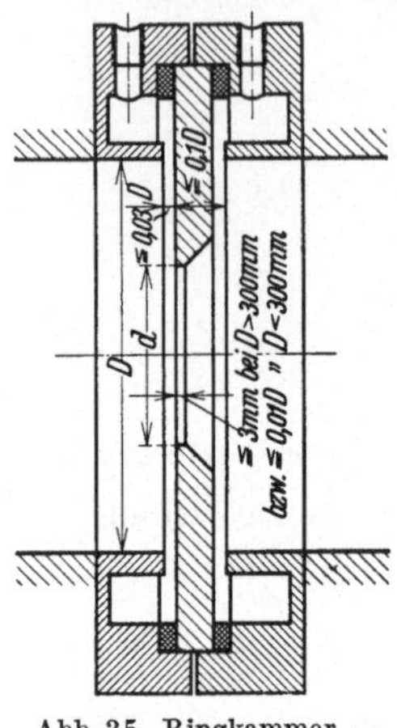

Abb. 35. Ringkammer — Blendenmessung.

„Regeln" enthalten. Der Schlitz der Ringkammer soll gleich oder kleiner als 0,03 D sein, jedoch nicht über 5 mm und nicht unter 1 mm. Als Durchmesser für die Einzelanbohrung wähle man bei Wasser und trockenen Gasen mindestens 4 mm, bei Dampf und feuchten Gasen mindestens 8 mm, in beiden Fällen jedoch nicht über 15 mm.

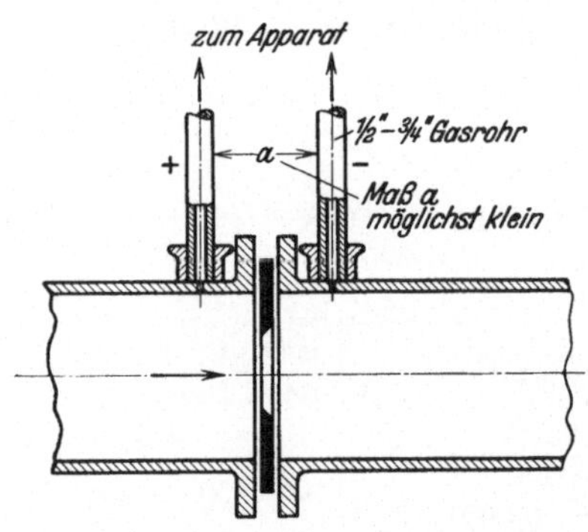

Abb. 36. Einbau einer Blechscheibenblende.

Für sehr große Rohre wird die Normblende mit Ringkammerentnahme in der Herstellung teuer und schwierig. Es läßt sich jedoch bei Einzelabnahme des Differenzdruckes das Maß „a" (Abb. 36) so klein halten, daß die theoretischen Voraussetzungen für eine Normblende nahezu erfüllt sind. Eine befriedigende Genauigkeit ist dann auch mit dieser Anordnung zu erreichen, vor allem wenn die Druckabnahme noch an vier über Kreuz versetzten Punkten des Rohrumfanges erfolgt. Die vier vorderen und die vier rückwärtigen Entnahmestutzen werden dabei unter sich durch je ein ringförmiges Gasrohr verbunden.

Bei genauen Messungen heißer Strömungsmittel darf die eintretende Vergrößerung der Blendenöffnung nicht mehr vernachlässigt werden. Die Nichtberücksichtigung dieses Umstandes kann eine Minderanzeige von 0,5 vH. zur Folge haben. Auch ungenaue Bearbeitungen der Blende rufen Störungen hervor, die zu erheblichen Trugschlüssen führen können. Nähere Angaben finden sich in den „Regeln". Mit Benutzung dieser „Regeln" ist es heute möglich genormte Blenden und Düsen auch zur Durchführung von Abnahmeversuchen zu verwenden.

Düse. Einer der wesentlichsten Vorteile der Düsen ist der Fortfall der Kontraktion und der hierdurch bedingte bessere Ausfluß. Durch die parabolische Form der Düse werden die Stromfäden gut geführt und legen sich eng an die Düsenform an. Die Ausführungsform einer Normdüse mit Ringkammerentnahme ist in Abb. 37 wiedergegeben, die dazu gehörigen Durchflußzahlen α in Abb. 38[1]. Zur Berechnung der Durchflußmenge gelten dieselben Gleichungen, wie für die Messung mittels Blende. Zu beachten ist, daß bei Messungen unterhalb des Grenzwertes der Reynoldsschen Zahl der α-Wert 1,5 vH. Fehler haben kann. Nach den vom ISA-Komitee festgelegten Normen sollen Düsenmessungen nur bei solchen Reynoldsschen Zahlen durchgeführt werden, bei denen die α-Werte konstant sind. Der Grenzwert der Reynoldsschen Zahl, oberhalb dessen α bei Düsen konstant ist, kann der Abb. 32 entnommen werden. Die Verwendung von Düsen mit einem unter 20 mm liegenden Durchmesser ist unzulässig[2].

Bezüglich Einbau der Düse gelten sinngemäß die für Blendenmessung maßgebenden Gesichtspunkte. Auch hier ist die Ringkammer für die Druckabnahme am günstigsten. Der Druckabfall ist gegenüber Blenden geringer, die Anfertigung der Düse und ihr Einbau schwieriger. Düsen finden für Gas-, Luft-, Dampf- und Wassermessungen Verwendung.

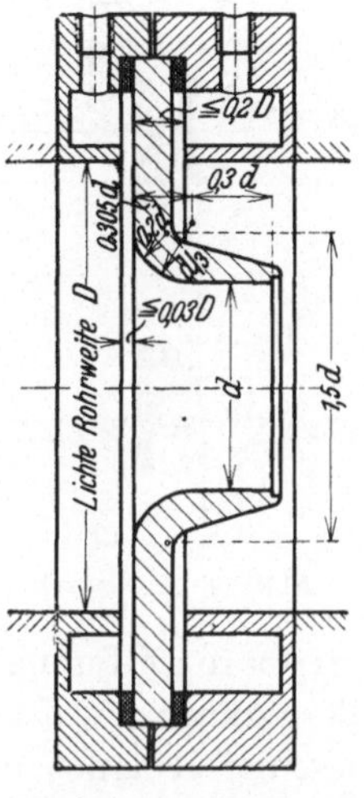

Abb. 37. Normdüse mit Ringkammerentnahme.

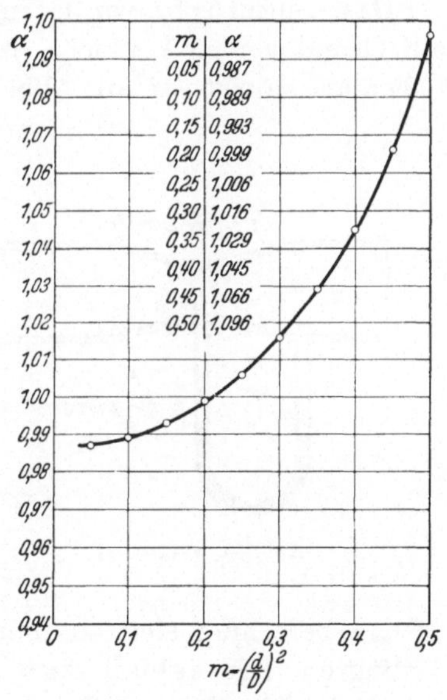

m	α
0,05	0,987
0,10	0,989
0,15	0,993
0,20	0,999
0,25	1,006
0,30	1,016
0,35	1,029
0,40	1,045
0,45	1,066
0,50	1,096

Abb. 38.
Durchflußzahlen α der ISA Düse 1932.

Leichter in Herstellung und Einbau ist der in Abb. 39 dargestellte Meßflansch. Der Druckverlust ist etwas geringer als bei der Blende,

---

[1] DIN 1952.   [2] Arch. Wärmewirtsch. Bd. 13 (1932) S. 223.

doch ist die Anwendung des Meßflansches von der vorherigen Eichung, bzw. von der Bestimmung der Durchflußziffer α, abhängig.

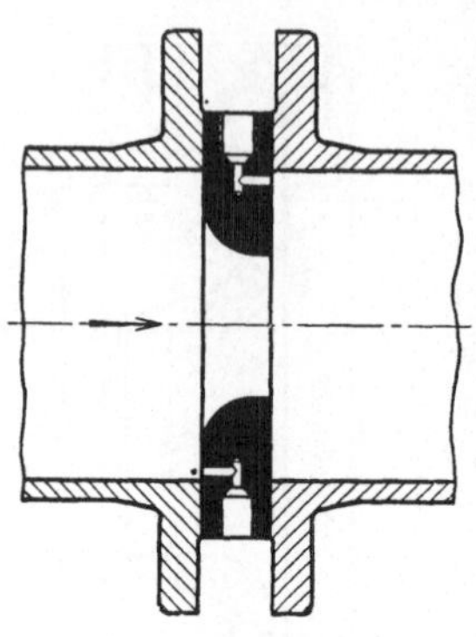
Abb. 39. Meßflansch.

Venturirohr. Das Venturirohr verhält sich meßtechnisch ähnlich wie die Düse. Vorteilhaft ist, daß durch das konische Auslaufrohr hinter der Einschnürung der größte Teil des Druckabfalles wiedergewonnen wird. Infolgedessen ist der Druckabfall beim Venturirohr geringer als bei Düsen und Blenden. Vor dem Venturirohr ist eine gerade Rohrstrecke von rund 1 m empfehlenswert, doch nicht unbedingt notwendig. Das Venturirohr ist daher das gegebene Meßgerät bei ungünstigen Einbauverhältnissen und nur geringen zulässigen Druckverlusten. Bei gleichen Druckverlusten ist der erzielbare Differenzdruck 3—4mal größer, als bei Düsen oder Blenden. Diese günstigen Eigenschaften lassen es besonders für die Flüssigkeitsmessung geeignet erscheinen, doch kann es auch für Gas-, Luft- und Dampfmessungen Verwendung finden. Nachteilig sind die höheren Anlagekosten und der schwierigere Einbau.

Das Venturirohr wurde im Jahre 1866 von Clemens Herschel auf Grund seiner Versuche in Holyoke, Massachusetts, geschaffen. Schematisch ist es in Abb. 40 wiedergegeben. Die durchfließende

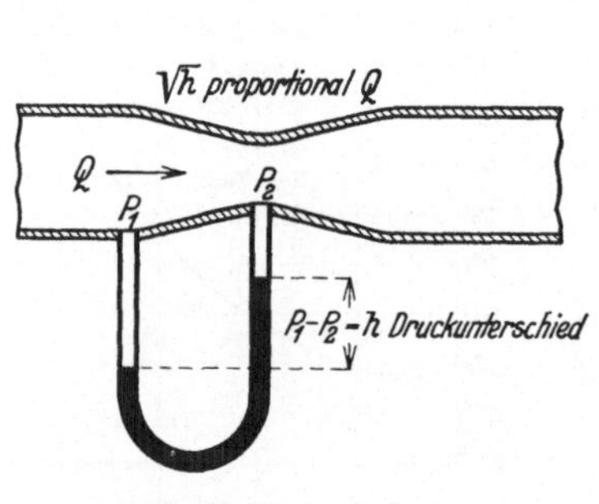

Abb. 40. Venturirohr.

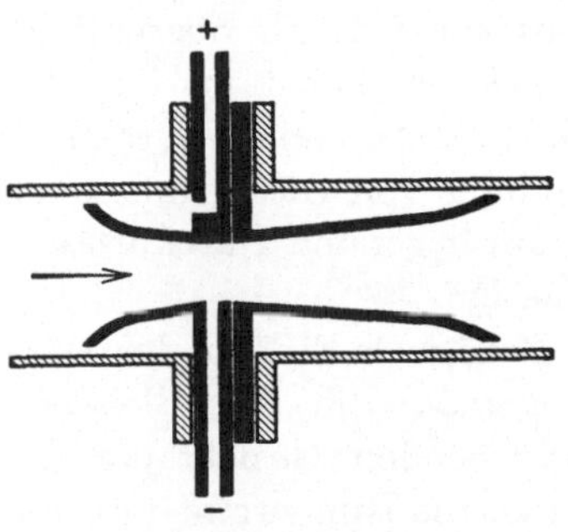

Abb. 41. Einsteckdüse.

Menge berechnet sich aus dem durch die Geschwindigkeitserhöhung bedingten Druckabfall zwischen Einlauf und engstem Rohrquerschnitt[1]. Die Durchflußzahlen werden für jedes einzelne Venturirohr von der Herstellerfirma angegeben.

---

[1] Vgl. auch Germer: Die Grundlagen der Dampfmessung nach dem Differenzdruckprinzip. München: Verlag Oldenbourg 1927.

Eine Abart des Venturirohres ist die Einsteckdüse (Abb. 41), die die meßtechnischen Vorteile der Düse mit dem leichten Einbau der Blende vereinigt.

Geringe Baulänge bei dem Venturirohr ähnelnden Eigenschaften besitzt der Staurost nach Prof. Schmidt (Abb. 42). Bei diesem ist der kreisförmige Rohrquerschnitt durch eine Anzahl stabförmiger Verdrängungskörper unterteilt, deren Querschnitt unter Anpassung an die Stromlinienform so gestaltet ist, daß zunächst eine Verengung und im Anschluß daran eine allmähliche Erweiterung des Querschnitts entsteht. Der Staurost kann für Flüssigkeitsmessungen Verwendung finden. Seine Vorzüge sind: gute Einbaumöglichkeit, hoher Meßdruck und geringer Druckverlust.

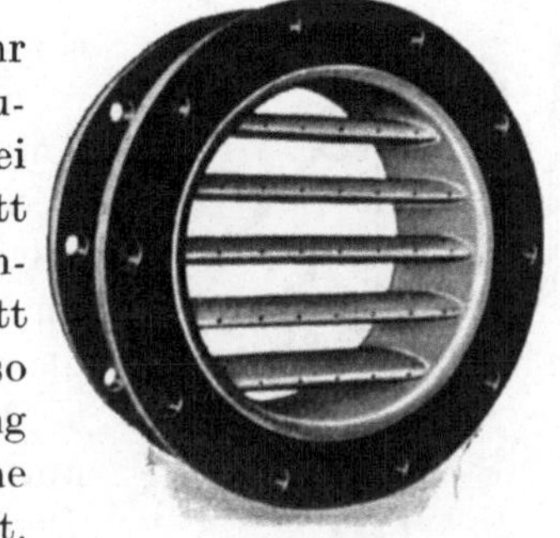

Abb. 42. Staurost nach Prof. Schmidt.

4. Sonderverfahren.

Bei Großgasmaschinen wird durch die stark pulsierende Strömung eine Gasmengenmessung durch Blende oder Düse sehr erschwert. Genauere Ergebnisse liefert die Messung mit Gasbehälter, die jedoch in vielen Fällen schwer durchführbar ist. Ein Ausweg ist gegeben durch Ermittlung der Menge nach dem „Ausgabeverfahren“. Hierbei werden sämtliche Ausgaben der Maschine und eines etwa angeschlossenen Abhitzekessels gemessen. Die Summe der Ausgaben muß gleich der Summe der Einnahmen sein. Bei bekanntem Gasheizwert läßt sich dann hieraus die gesuchte Gasmenge berechnen. Über praktische Erfolge nach diesem Verfahren ist im Archiv für Eisenhüttenwesen Bd. 6 (1932/33), S. 13—16 berichtet. Eine andere Möglichkeit bei stark pulsierender Strömung zu messen ist ferner noch durch das Impfverfahren gegeben[1].

5. Die Anzeigegeräte.

Das einfachste Anzeigegerät ist das U-Rohr, dessen Anzeigeflüssigkeit je nach Verwendungszweck aus H_2O, Hg, Alkohol, Acetylentetrabromid (spezifisches Gewicht 3,0), oder Petroleum besteht. Bei hohen Drücken (Dampf- und Preßluftmessung) ist ein widerstandsfähiger Einbau (Wasserstandsglasfassung) notwendig. Das mit dem Verlust des Quecksilbers verbundene „Durchschlagen“ der Quecksilbersäule kann durch Einbau eines „Quecksilberfanges“ verhütet werden (vgl. Abb. 30).

Bei der Übertragung der Differenzdrücke auf Anzeige- oder Registrierinstrumente ist es wichtig, daß der Ausschlag des Schreibstiftes bzw. des Zeigers, der Quadratwurzel aus dem Differenzdruck proportional ist.

---

[1] Mitt. Wärmestelle Düsseldorf 140 S. 448.

Die Registrierstreifen können dann lineare Einteilung erhalten und die Anzeigen auf ein Zählwerk übertragen werden. Um bei Quecksilber-Strömungsmanometer mengenproportionale Ausschläge zu erhalten, gibt es zwei Möglichkeiten

eine Kurvenscheibe wandelt die quadratischen Angaben des Quecksilberstandes in lineare um

ein Schenkel des U-Rohres erhält eine parabolische Form, die die Spiegelschwankungen im anderen Zylinderschenkel proportional der Menge macht.

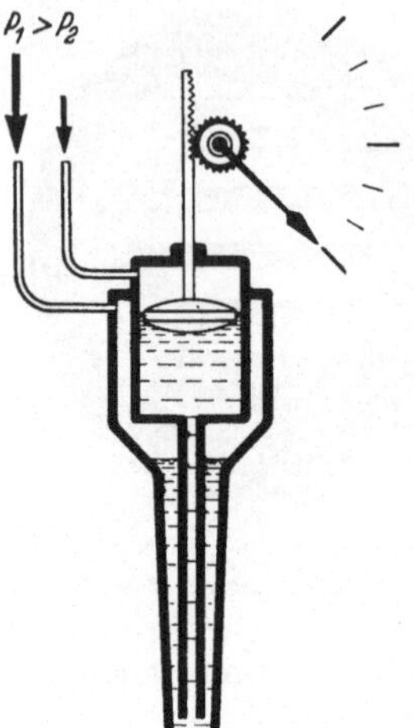

Abb. 43. Strömungsmesser.

Die erste Ausführung ist bei englischen und amerikanischen Geräten in Gebrauch. In Deutschland wird die zweite Ausführungsform bevorzugt, deren Wirkungsweise aus Abb. 43 hervorgeht. Das dort dargestellte Gerät besteht aus zwei ineinander angeordneten mit Quecksilber gefüllten Gefäßen. Das innere zylinderische Gefäß steht durch ein unten offenes Tauchrohr mit dem äußeren nach Art der kommunizierenden Röhren in Verbindung. Das äußere Gefäß erweitert sich parabolisch nach oben. Auf dem Quecksilberspiegel des inneren Gefäßes ruht ein Schwimmer, der sich den Bewegungen der Quecksilbersäule anpaßt und dazu dient, die Spiegelschwankungen nach außen sichtbar zu machen.

Im Bereich der Nullstellung zeigen derartige Geräte nicht mehr mengenproportional an, da sich die notwendige parabolische Erweiterung aus praktischen Gründen nicht durchführen läßt[1]. Außerdem verteilt sich die geringe verdrängte Quecksilbermenge nicht gleichmäßig über eine größere Fläche, so daß Fehlerquellen in dem Nullbereich nicht zu vermeiden sind. Die Geräte werden infolgedessen nur für eine Proportionalität gebaut, wie sie

Abb. 44a. Askania Quecksilberwaage.

---

[1] Vgl. Beitrag zur Theorie des Differentialmanometers. Siemens-Z. 1926 Heft 6.

praktischen Bedürfnissen entspricht. Die Meßgenauigkeit beträgt
± 2 vH.

Die mechanische Übertragung der Spiegel- oder Schwimmerschwankungen kann auf verschiedene Weise erfolgen:

Bei der Zahnradübertragung trägt der Schwimmer eine Zahnstange aus Bronze, die am oberen Ende geführt wird und in ein Zahnrad eingreift (Abb. 43). Von hier erfolgt die Übertragung auf einen Zeiger- oder Linienschreiber.

Die Askania-Werke verwenden an Stelle der Zahnradübertragung eine Quecksilberwaage. In Abb. 44 ist die mit + bezeichnete Meßleitung an den feststehenden parabolischen Schenkel(4)angeschlossen, während die — Leitung über eine biegsame Kapillarleitung (6) mit dem federnd gelagerten zylindrischen Gefäß (5) in Verbindung steht. Entsprechend der Druckdifferenz bewegt sich nun das Gefäß (5) und überträgt die Bewegungen auf das Meßwerk. Die größte Durchfederung beträgt 5 mm.

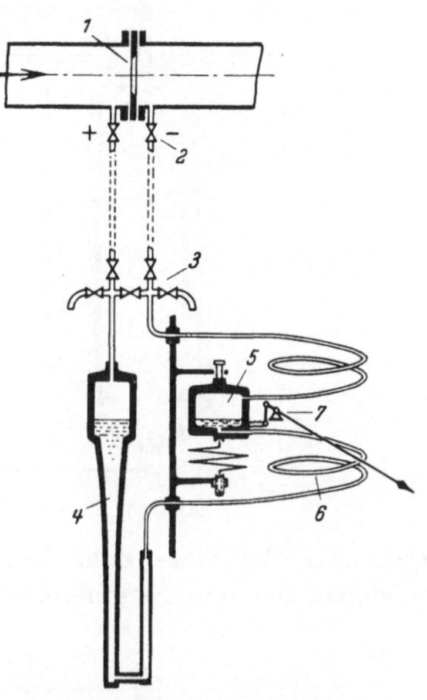

Abb. 44b. Askania Quecksilberwaage.
1 Meßdruckgeber. 2 Absperrhähne.
3 Fünffachventil. 4 Standgefäß.
5 Bewegliches Gefäß. 6 Verbindungskapillare. 7 Meßwerk.

Bei dem Hallwachs Dampfmesser besteht das Differenzmanometer aus einem mit Quecksilber gefüllten U-Rohr, dessen einer Schenkel erweitert ist, während der andere Schenkel durch ein Glasrohr gebildet wird. In dieses sind in quadratisch wachsenden Abständen Kontakte eingeschmolzen (Abb. 45) die unter sich durch Widerstandsstufen verbunden sind. Der Differenzdruck verursacht ein Absinken des Quecksilberspiegels in dem erweiterten Schenkel und ein Steigen in der engeren Glasröhre. Durch die steigende Quecksilbersäule werden über die Kontakte die Stufen des Stufenwiderstandes teilweise kurz geschlossen, wodurch sich der Widerstand des Meßstromkreises umgekehrt proportional der Dampfmenge verändert. Bei konstanter Spannung fließt daher im Meßstromkreis ein der Durchflußmenge proportionaler Strom. Betrieb mit Wechselstrom ist nach Zwischenschaltung eines Gleichrichters möglich. Ein großer Vorteil des Messers ist die ständige Sichtbarkeit der Quecksilbersäule. Hierdurch ist es möglich, jederzeit den Differenzdruck abzulesen und durch Nachrechnung der Durchflußmenge die Anzeige des Dampfzeigers bzw. Zählers zu prüfen.

Hochdruckströmungsmanometer mit Quecksilberfüllung sind für die Mengenmessung von Gas, Flüssigkeit und Dampf bei höheren Drücken

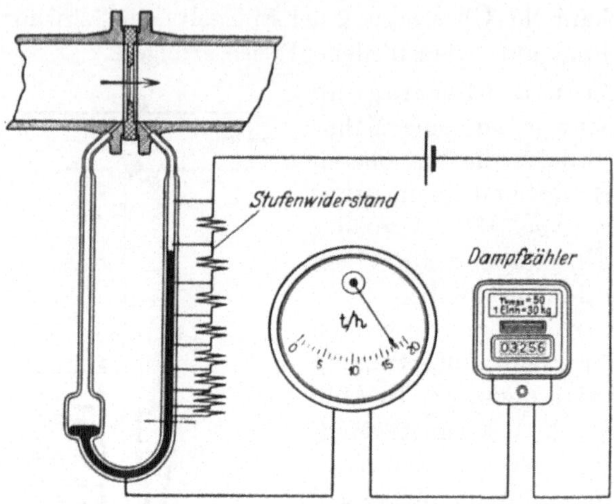

Abb. 45. Schema des Hallwachs Dampfmessers.

geeignet. Bei Gas- oder Luftmengenmessung in geringeren Druckbereichen genügen die einfacheren Tauchglocken-Apparate, bei denen eine Tauchglocke den jeweiligen Stand des Differenzdruckes kenntlich macht.

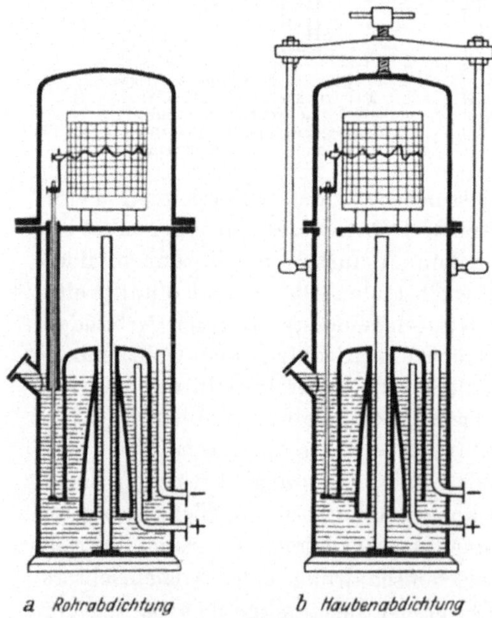

Abb 46. Schwimmermesser.

Die Hauptvorteile der Tauchglockenapparate sind einfache Bauart, große Verstellkraft und Vermeidung von Zahnradübertragungen. Als Meßflüssigkeit dient Wasser, Öl, Glyzerin und Quecksilber. Bei Ölfüllung ist durch Temperaturschwankungen und durch die damit verbundene Veränderlichkeit des spezifischen Gewichtes ein Fehler bis zu 3 vH. möglich. Die Genauigkeit der Tauchglockenapparate beträgt 1 vH.

Tauchglockenapparate sind Trommelschreiber. Sie sind dort angebracht, wo eine tägliche Bedienung des Meßinstrumentes möglich und erwünscht ist.

Von den beiden Bauformen der Tauchglockenapparate, Rohrabdichtung und Haubenabdichtung, wird die Rohrabdichtung wegen der besseren Abdichtung vorzugsweise bei Gasmessungen und die billigere Haubenabdichtung bei Luftmessungen angewandt. Eine Ausführungsform eines Apparates mit Rohrabdichtung ist in Abb. 46a wiedergegeben. Die Schreibstange ist durch ein Rohr hindurchgeführt, das unter dem Flüssigkeitsspiegel einmündet. Bei den Apparaten mit Haubenabdichtung (Abb. 46b) ist die das Uhrwerk und die Schreibtrommel umgebende Haube durch einen Gummiring luftdicht mit dem eigentlichen Gehäuse verbunden. Es erübrigt sich eine Abdichtung der die Schwimmerbewegung vermittelnden Schreibstange, doch muß das empfindliche Uhrwerk in diesem Falle eingekapselt werden, um es der zerstörenden Wirkung etwaiger schwefelhaltiger Gase zu entziehen. Auch aus diesem Grunde ist Haubenabdichtung bei Gasmessungen nach Möglichkeit zu vermeiden. Eine Ausnahme besteht nur bei Messung von Gasen unter höheren Drücken (bis 2 atü), bei der die durch die Höhe des Apparatkörpers beschränkte hydraulische Dichtung auch bei Verwendung von Quecksilber als Rohrabsperrflüssigkeit nicht mehr genügt und Haubenabdichtung mit gasdicht eingekapseltem Uhrwerk verwendet wird. Bei statischen Drücken bis 3 atü finden wir geschlossene Ausführungen, bei denen die Übertragung des Schwimmerhubes auf die Schreibtrommel mittels magnetischer Kupplung erfolgt.

Die Tauchglocke erhält einen Tragkörper, der die Glocke in der Schwimmlage erhält. Ist der Tauchkörper parabolisch geformt, so wird der Tatsache Rechnung getragen, daß z. B. bei einer Steigerung der Geschwindigkeit auf das Doppelte, der Druckunterschied auf das Vierfache steigt; er ändert sich also mit dem Quadrate der Geschwindigkeit. Bei einem derartigen „Wurzelschreiber" können dann wieder Diagrammstreifen mit gleichmäßiger Einteilung benutzt werden. Bei der billigeren Ausführung ohne parabolischen Tauchkörper vergrößern sich die Abstände für die einzelnen Geschwindigkeitsstufen mit dem Quadrate der Geschwindigkeit. Diese ungleichmäßige Teilung ist für bestimmte Verwendungszwecke unbedenklich, z. B. bei wenig schwankender Belastung und bei Verzicht auf Berechnung der Gesamtmengen aus den Aufzeichnungen des Schreibblattes.

Zur Messung von mittleren und hohen Differenzdrücken sind auch Membranmesser geeignet. Sie sind infolge der geringeren bewegten Massen besonders für stark pulsierende Strömung zweckmäßig. Bei dem ICE-Differenzdruckmesser mit Stahlmeßfeder (Abb. 47) wird die Durchbiegung einer Stahlmembrane durch eine Wellrohrfeder auf ein Anzeige- oder Schreibinstrument übertragen. Derartige Geräte kommen für Differenzdrücke über 500—10000 mm W.-S. in Betracht. Die Vorteile der Membrangeräte sind Fortfall von Stopfbüchsen, Quecksilberfüllung und sonstigen empfindlichen Teilen.

Zur Messung von Druckluft- und Gasmengen haben die Askania-Werke einen Membranmesser, Bauart **Strömungsteiler** herausgebracht. Die besondere Eigenschaft des Messers ist eine einwandfreie Messung unabhängig von Schwankungen des Druckes oder des spezifischen Gewichtes. Selbst bei stark stoßweiser Strömung (Kompressoren) ist eine genaue Messung infolge der geringen bewegten Massen des Strömungsteilers möglich. Die Wirkungsweise der Strömungsteilermessung beruht darauf, daß der Differenzdruck nicht mehr unmittelbar zur Mengenberechnung dient, sondern ein aus der Hauptleitung abgezweigter proportionaler Mengenteil gemessen wird. Durch Multiplikation mit einer Apparatekonstanten ergibt sich die Hauptmenge bezogen auf Raumtemperatur und Barometerstand. Meßgenauigkeit 2 vH. Das Prinzip der Messung ist in Abb. 48 wiedergegeben.

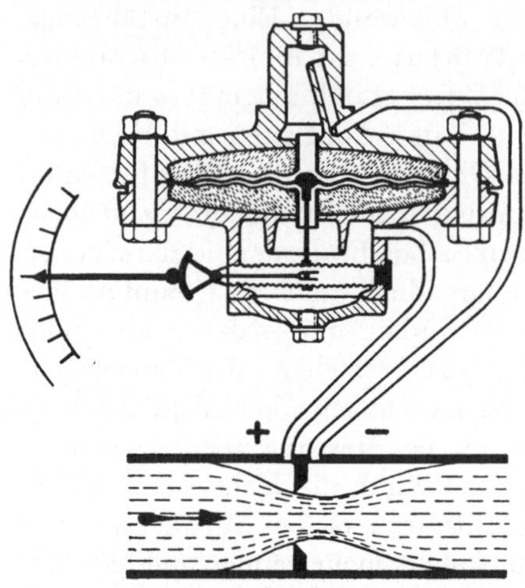

Abb. 47. Membranmengenmesser Bauart ICE.

Mit der Membrane ist ein kleines Auslaßventil (Nadelventil) verbunden. Dieses öffnet oder schließt sich je nach Durchbiegung der Membrane. Die Durchbiegung geschieht unter dem Einfluß des Differenzdruckes, den die Blende g bewirkt. In den Meßanschlüssen befinden sich zwei kleine gleichgroße Blenden l und m. Während die Blende l für die Messung wichtig ist, hat die Blende m den Zweck, bei plötzlich auftretenden Stößen die Druckwelle etwas abzufangen und Beschädigungen der Membrane zu verhüten.

Der zunächst größere Druck in o biegt die Membran durch und öffnet das Nadelventil q so weit, bis durch Ausströmen einer bestimmten Gas- oder Luftmenge und den damit verbundenen Druckabfall am geeichten Staurande in den beiden Kammern o und n gleicher Druck p_2 herrscht. Damit wird erreicht, daß im Sinne der Strömungsrichtung vor dem Staurand g und l der Druck p_1 herrscht, nach Staurand g und l der Druck p_2. Beide Stauränder stehen unter genau denselben Strömungsverhältnissen, da der Differenzdruck, die statischen Drücke und daher auch das spezifische Gewicht bei beiden gleich groß sind; es gelten also dieselben Konstanten, so daß über den Staurand l ein bestimmter Teilbetrag der durch die

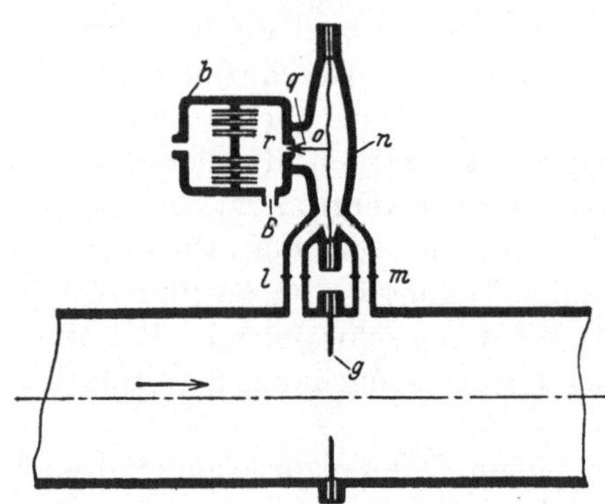

Abb. 48. Askania Strömungsteiler (schematisch).

Hauptleitung strömenden Gesamtmenge fließt, der durch das Verhältnis der beiden Strömungswiderstände bestimmt wird. Das Staurändchen l und der Staurand g werden so bemessen und geeicht, daß die durch l fließende Menge je nach Zweckmäßigkeit z. B. $^1/_{500}$, $^1/_{1000}$, $^1/_{10000}$, $^1/_{100\,000}$ der Hauptmenge ist. Gemessen wird nun die durch den Staurand l und dann durch das Nadelventil q strömende Teilstrommenge in entspanntem Zustande.

Ähnlich in der Arbeitsweise ist der Askania-Dampfmesser, Bauart Strömungsteiler, bei dem Dampfmessung auf Kondensatteilmessung zurückgeführt wird. Es erübrigt sich hierdurch eine Berichtigung von Druck und Temperatur selbst bei stark pulsierender Strömung. Meßgenauigkeit 2 vH. Ein Nachteil sämtlicher Membrangeräte ist die kleine Meßarbeitsleistung, die ein großes Übersetzungsverhältnis notwendig macht.

In neuerer Zeit hat der Ringwaagenmesser zur Anzeige von Drücken oder Druckdifferenzen eine vielseitige Anwendung gefunden.

Der Messer (Abb. 49) besteht aus einem ringförmigen zur Hälfte mit einer Flüssigkeit gefülltem Hohlkörper, der auf einer Schneide reibungslos gelagert ist. Durch eine Scheidewand am Scheitel ist der Drehkörper in zwei Hohlräume geteilt, die durch zwei Druckübertragungsspiralen mit den Zuleitungen von der Stauscheibe her in Verbindung stehen. Unter dem Einfluß des Differenzdruckes weicht die Füllflüssigkeit aus und bewirkt eine entsprechende Drehung, also einen Ausschlag. Der Drehwinkel kann dabei wie in Abb. 49 dargestellt,

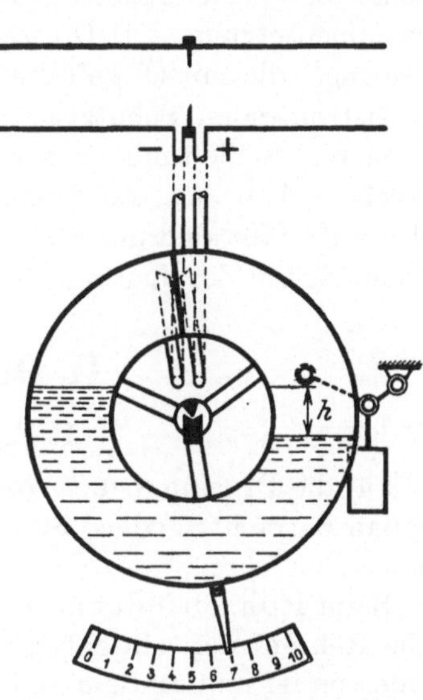

Abb. 49. Ringwaagemengenmesser.

durch ein seitlich angebrachtes Gewicht gesteuert werden. Die Gewichtsaufhängung wird so gewählt, daß die Drehwinkel proportional den Wurzelwerten der Differenzdrücke sind. Dem gleichen Zwecke dient bei anderen Bauarten ein sichelförmiger Tauchkörper, der bei Drehung in ein Quecksilbergefäß taucht und den Drehweg proportional dem Differenzdruck macht. Auch die Schreibstiftbewegung beeinflussende sichelförmige Leitbleche haben Anwendung gefunden.

Die Vorzüge der Ringwaage sind: große Verstellkraft, hohe Empfindlichkeit, einfache Umsetzung der quadratischen Funktion in eine lineare, Veränderung des Meßbereiches durch Austausch eines Gegengewichtes, sowie geradliniges proportionales Diagramm. Als Füllflüssigkeit ist je nach Höhe des statischen Druckes Wasser, Öl, Glyzerin oder Quecksilber geeignet. Ein besonderer Vorzug der Ringwaage ist die weitgehende

Unabhängigkeit der Einhaltung eines bestimmten spezifischen Gewichtes der Füllflüssigkeit. Die Ringwaage ermöglicht schon eine Anzeige bei $1/_{20}$ mm W.-S. Druckdifferenz. Meßgenauigkeit 1 vH.

Soll das Meßgerät den Einwirkungen etwaiger angreifender Gase oder Flüssigkeiten entzogen, oder soll eine Verstopfung der Leitungen unmöglich gemacht werden, so müssen die Zuleitungen besondere Schutzvorrichtungen erhalten. Bei dem Schutzgasverfahren wird in beide zum Apparat führende Leitungen ständig eine geringe Menge Luft oder reines Gas so eingeführt, daß es aus den Öffnungen der Stauvorrichtung austritt (Abb. 21). Die Genauigkeit der Übertragung wird hierdurch nicht beeinträchtigt, da der Druckimpuls selbst nicht aufgehoben wird. Die geringe Schutzgasmenge ist ohne wesentlichen Einfluß auf die Gaszusammensetzung. Die Drosselungen dienen zur Begrenzung der Schutzgasmenge, die mit Öl gefüllten Schaugläser zur Kenntlichmachung des durchströmenden Schutzgases.

In die Meßleitung eingeschaltete Überlaufgefäße dienen ähnlichen Zwecken (Abb. 30). Bei Preßgasmessungen erhalten sie eine Ölfüllung. Überlaufgefäße sind unbedingt notwendig bei Dampfmessungen, um auf beiden Seiten der Leitungen gleichen Kondenswasserspiegel zu halten.

II. Druckmessung[1].

1. Federmanometer.

Für die Druckmessung von Flüssigkeiten, Dämpfen und Gasen kommen in Betracht: Feder-, Schwimmer-, Glocken- und Ringwaage-Druckmesser.

Beim Röhrenfedermanometer ist das Meßorgan eine Bourdonsche Röhrenfeder, ein gebogenes flaches Rohr, das an einem Ende geschlossen ist und an dem anderen Ende mit der Leitung in Verbindung steht. Bei der Messung ist der spezifische Druck (kg/cm²) im Innern des Rohres gleich groß, nicht aber der auf die beiden gebogenen Flächen entfallende Gesamtdruck. Er ist auf der konvexen Seite größer. Infolgedessen wird eine Bewegung der Feder hervorgerufen, die auf einen Zeiger oder Schreibstift einwirkt. Für sehr hohe Drücke wird die Feder aus Stahlrohr, für geringere Drücke aus Kupferrohr hergestellt. Ein Vorteil der Röhrenfedermanometer ist die schon bei geringen Druckschwankungen eintretende starke Durchbiegung der Röhrenfeder, also die Vermeidung starker Übersetzung zum Anzeigeorgan.

Beim Plattenfedermanometer (Membranmesser) wird der Druck auf eine kreisrunde am Umfang gehaltene elastische Scheibe übertragen.

---

[1] Unter Druckmessung ist nicht nur die Messung und Anzeige eines Überdrucks, sondern auch eines Vakuums zu verstehen. Auch die Messung eines Kaminzuges ist eine Druckmessung.

Die Durchbiegungen der Membran sind im Vergleich zur Röhrenfeder wesentlich geringer und machen eine höhere Übersetzung zum Schreibstift oder Zeiger notwendig. Diesem Nachteil steht als Vorteil gegenüber, daß Plattenfedermanometer geringere Eigenmasse besitzen und infolgedessen Erschütterungen (Lokomotiven) gegenüber weniger empfindlich sind.

Federmanometer sind sehr empfindlich gegen Temperatureinflüsse. Aus diesem Grunde wird z. B. bei der Dampfmessung der Zutritt des heißen Dampfes zum Manometer durch eine vor das Manometer gelegte Rohrschleife, in der sich Kondensat bildet, verhindert. Um den teilweisen rauhen Beanspruchungen zu genügen, müssen Federmanometer widerstandsfähig sein. Wichtig ist ein staub- und wasserdichtes Gehäuse und bei Ausbildung als Schalttafelinstrument eine weithin sichtbare Skala. Zur Messung höherer Drücke finden Röhren- und Plattenfedermanometer Anwendung, bei Drücken unter 2 at und bei der Messung aggressiver Gase und Flüssigkeiten sind Membranmesser vorzuziehen.

2. Flüssigkeitsmanometer.

Größere Genauigkeit haben bei geringeren statischen Drücken die Flüssigkeitsdruckmesser, die vorwiegend bei Gas- und Luftdruckmessungen verwandt werden.

Das Prinzip auf dem alle Flüssigkeitsdruckmesser beruhen, besteht darin, daß der eine Schenkel eines mit der Meßflüssigkeit (Wasser, Alkohol, Quecksilber, Petroleum) gefüllten U-Rohres, oder eines von zwei kommunizierenden Gefäßen dem zu messenden Druck ausgesetzt wird und der zweite Schenkel bzw. das zweite kommunizierende Gefäß, mit der Atmosphäre in Verbindung steht. Die Spiegeldifferenz entspricht dem vorhandenen statischen Druck.

Abb. 50 a.

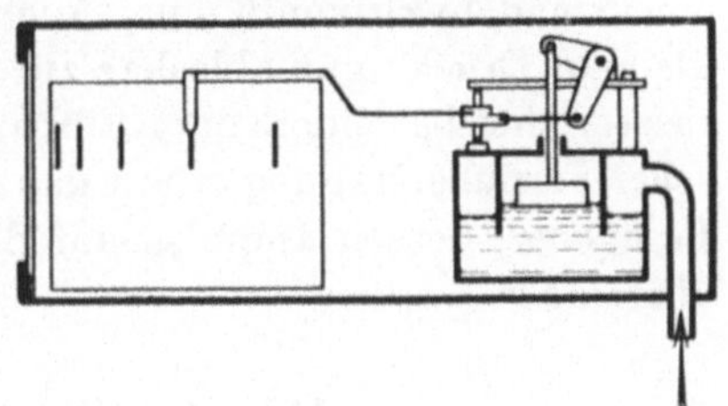

Abb. 50 b.

Abb. 50 a u. b. Druckmesser (Schwimmerprinzip).

Bei den anzeigenden oder registrierenden Druckmessern schwimmt auf der in dem offenen Schenkel des U-Rohres befindlichen Flüssigkeit ein Schwimmer, der durch ein Gestänge mit dem Zeiger oder Schreibstift in Verbindung steht. Bei geringen Drücken oder großen Schreibhöhen ist an Stelle des Schwimmers eine Glocke vorhanden, die durch den statischen Druck des zu messenden Gases zum Auftauchen gebracht wird. Die Bauart derartiger einfacher Druckmesser ist den bei der Mengenmessung benutzten Differenzdruckmessern ähnlich. Die Geräte sind vielfach so eingerichtet, daß gleichzeitig Druck und Menge, oder auch verschiedene Drücke auf die Schreibtrommel aufgezeichnet werden. Ein großer Vorzug der Glocken- und Schwimmermesser ist, daß keinerlei Übersetzungseinrichtungen die Genauigkeit der Anzeige beeinträchtigen; nachteilig ist daß sie nur für verhältnismäßig geringe Drücke brauchbar sind (Abb. 50 u. 51).

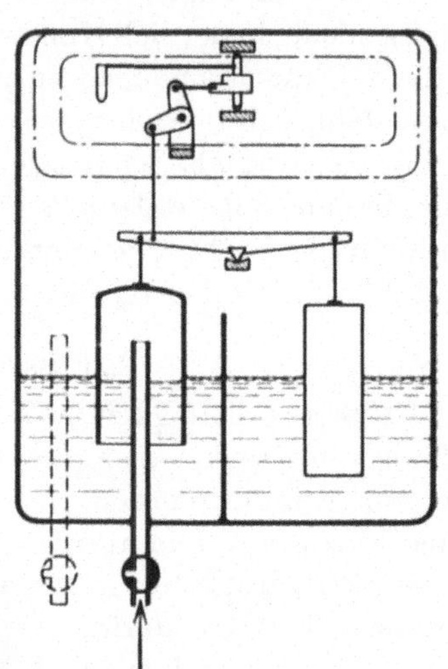

Abb. 51 a.   Abb. 51 b.

Abb. 51 a u. b. Druckmesser (Glockenprinzip).

Zur Messung sehr kleiner Drücke dienen Flüssigkeitsmanometer, bei denen das Meßskalarohr eine Neigung erhält. Bei der meist gebräuchlichen Neigung von 1 : 5 entspricht dann eine Druckdifferenz von 1 mm einem Fadenweg von 5 mm. Auch mittels Ringwaage lassen sich selbst kleinste Drücke gut ablesbar zur Anzeige bringen. Ringwaagendruckmesser sind besonders zum Einbau in Meßwarten geeignet. Bei elektrischer Fernübertragung erhält das Manometer, das Primärgerät, einen Ferngeber, dessen Impulse auf das Ferngerät, das Sekundärgerät, übertragen werden.

III. Behälterstandsmessung.

Zur Messung des Flüssigkeitsstandes in Hochbehältern und Brunnen dienen

Druckmesser, Schwimmer.

Bei der ersten Ausführung sitzt eine Tauchglocke, deren Inneres durch ein rund 3 mm starkes Kupferrohr mit einem Druckmesser verbunden ist, auf dem Grund des Behälters auf. Je nach dem Flüssigkeitsstande wird die Luft in der Glocke mehr oder weniger zusammengepreßt, so daß die Anzeige des Manometers ein Maß für die Höhe der Flüssigkeitssäule über der Tauchglocke ist.

Für die Messung kleiner Behälterstandsschwankungen kann an Stelle der Tauchglocke auch ein einfaches Tauchrohr verwandt werden, durch das ein schwacher Luftstrom eingeblasen wird. Die Wirkungsweise ist dieselbe wie bei der Tauchglocke. Die zu messende Flüssigkeitssäule drückt auf die durch das Tauchrohr strömende Luft und wird so auf das Meßinstrument übertragen. In der Abb. 21 war bereits eine derartige, dort zur Übertragung der Druckdifferenz dienende Anordnung wiedergegeben.

Bei Teleskop- und Scheibengasbehältern geschieht vielfach die

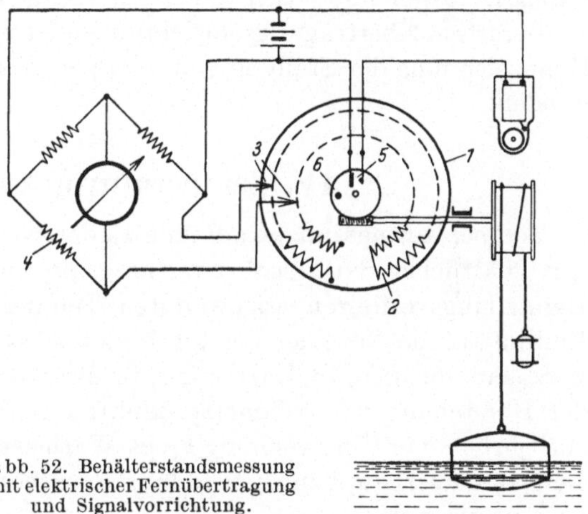

Abb. 52. Behälterstandsmessung mit elektrischer Fernübertragung und Signalvorrichtung.

Anzeige der Standhöhe sprungweise dadurch, daß mit dem Steigen oder Fallen der Glocke, bzw. der Scheibe, in Abständen von einigen cm jeweils ein Kontakt geschlossen wird und durch elektrische Übertragung der Zeiger eines Meßgerätes um den entsprechenden Betrag auf- oder abwärts bewegt wird. Soll die Anzeige des Instrumentes nicht sprungweise sondern fortlaufend erfolgen, so ist eine Anordnung gemäß Abb. 52 besser. Der in der Flüssigkeit befindliche Schwimmer wird bei der Gasbehältermessung durch die vom Gas getragene Abschlußhaube ersetzt. Die Einrichtung besteht aus Geber und Empfänger. Die Geber sind elektrische Widerstände, die durch die Bewegung des Schwimmers verhältnisgleich vergrößert bzw. verkleinert werden. Als Empfänger dienen Anzeige- oder Schreibgeräte, die entweder in m Standhöhe oder in m³ Inhalt geeicht werden.

Bei der in Abb. 52 dargestellten Anordnung hängt der Schwimmer an einem Seil, das mehrere Male um eine Trommel geschlungen ist und am anderen Ende ein Gegengewicht trägt. Die Auf- und Abwärtsbewegung des Schwimmers wird hierdurch in eine Drehbewegung umgewandelt. Auf der feststehenden Isolierscheibe *1* sitzen die elektrischen Widerstände *2*. Das Übersetzungsgetriebe (Schnecke und Schneckenrad) ist mit den Schleifkontakten *3* so verbunden, daß sich bei Drehung des Rades die zwischen den Schleiffedern liegende Drahtlänge und damit der Widerstand, der den vierten Zweig der Wheatstoneschen Brücke *4* bildet, ändert. Diese Änderungen werden als Maß für die Schwimmerbewegungen unmittelbar an dem im Diagonalzweig der Brücke liegenden Galvanometer abgelesen. In der Abbildung ist auch noch ein Ausführungsschema einer Signaleinrichtung für Voll- und Leerstellung wiedergegeben. Die Kontaktfedern *5* werden durch den Mitnehmer *6* auf dem Schneckenrad kurzgeschlossen und lösen dabei ein Klingelzeichen aus.

Derartige Übertragungseinrichtungen lassen sich auch mit Erfolg zur Kennzeichnung der Stellung von Klappen, Ventilen, Schiebern usw. verwenden.

IV. Temperaturmessung[1].

Temperaturmessungen gehören zu den wichtigsten Aufgaben wärmewirtschaftlicher Betriebsüberwachung, besonders dort, wo die in einem Herstellungsverfahren angewandten Temperaturen ausschlaggebenden Einfluß auf die Güte des Fertigfabrikates haben, wie in der Glas-, Ton-, Porzellanindustrie, in Härtereien, in der chemischen Industrie und bei der Herstellung von Schmelzprodukten aller Art. Sie sind ferner unentbehrlich zur Überwachung eines Wärmestromes (Dampf, Rauchgas, Luft), wie überhaupt zur Beurteilung eines jeden Wärme- oder Kälteübertragungsvorganges.

Der große Meßbereich von -250^{0} bis $+2000^{0}$ C erfordert verschiedenartigste Durchbildung der Meßinstrumente. Die Wahl hängt nicht nur von dem jeweiligen Zweck der Messung, sondern auch von der Beschaffenheit des Wärmeträgers und von den Einbaumöglichkeiten ab. Man unterscheidet folgende Bauformen

$$
\begin{array}{ll}
\text{Ausdehnungsthermometer} & (-190^{0} \text{ bis } +750^{0}\,\text{C}) \\
\text{Widerstandsthermometer} & (-200^{0} \text{ bis } +600^{0}\,\text{C}) \\
\text{Thermoelektrische Pyrometer.} & (+200^{0} \text{ bis } +2100^{0}\,\text{C}) \\
\text{Strahlungspyrometer} & (+600^{0} \text{ bis } +4000^{0}\,\text{C}) \\
\text{Schmelzpunktpyrometer} & (+600^{0} \text{ bis } +2000^{0}\,\text{C})
\end{array}
$$

Die Temperatureinheit ist das Grad, wobei nach internationalen Abmachungen der Wert eines Grades wie folgt festgelegt ist:

Wird ein beliebiges aber konstant bleibendes Volumen Wasserstoff von der Temperatur des schmelzenden Eises auf die Temperatur des bei 760 mm Q.-S. siedenden Wassers gebracht, so steigt der Druck entsprechend der Gleichung

$$\frac{P_1}{P_2} = \frac{T_1}{T_2} = \frac{273}{373}$$

---

[1] Vgl. auch Mitt. d. Wärmestelle Düsseldorf Nr. 96 u. 97.

oder mit anderen Worten: der Druck steigt um das 0,3663fache des Anfangsdruckes. Ein Hundertstel des dieser Drucksteigerung entsprechenden Temperaturbereiches heißt ein Grad (1^0). Neben dieser heute meist üblichen Einteilung der beiden Fixpunkte (0^0 und 100^0) nach Celsius (1742), wird manchmal auch noch nach Reaumur oder nach Fahrenheit gerechnet. Die absolute Temperatur wird in Grad Kelvin (^{0}K) angegeben. Sie berechnet sich aus der Celsiustemperatur t zu

$$T = 273 + t$$

Der absolute Nullpunkt liegt somit 273^0 unter dem Eispunkt. Es ist der Punkt, bei dem nach der allgemeinen Zustandsgleichung der Gase $P \cdot v = R \cdot T$, das Produkt aus Volumen und Spannkraft des Gases gleich Null wird.

Jede Temperaturmessung ist eine Aufgabe des Wärmeüberganges. Das Temperaturmeßgerät soll nur Wärme aufnehmen aber keine Wärme abgeben, oder auch mit anderen Worten, es muß in jedem Augenblick die etwa abgeleitete Wärme durch eine gleich große zugeführte Wärmemenge ersetzt werden. Diese Forderung ist häufig schwer zu erfüllen und macht zum Teil verwickelte Verfahren notwendig. Bei optischen Temperaturmessungen können leicht Fehlmessungen durch die vorbeiziehenden Flammen sowie durch Rußbildung entstehen.

1. Ausdehnungsthermometer.

Als Füllflüssigkeit dient gereinigtes Quecksilber; bei Temperaturen unter —30 bis —100^0 C Alkohol oder Toluol, bis —190^0 C technisches Pentan, bei Temperaturen über 300^0 Quecksilber mit einer Kohlensäure oder Stickstoffüllung (20—60 at Druck). Die Glaskapillare ist am Ende als Birne ausgebildet um bei zu hoher Erwärmung ein Zerspringen des Glases durch den aufsteigenden Faden zu verhüten. Bis $+150^0$ C kommt Thüringer Glas, bis $+450^0$ C Jenaer Normalglas und darüber hinaus Jenaer Borosilikatglas zur Anwendung.

Genaue Messungen werden durch nachfolgende Fehlermöglichkeiten beeinflußt:

1. Ist das Thermometer hohem Druck ausgesetzt, so wird die Kugel zusammengedrückt und der Faden steigt zu hoch.

2. Der herausragende Faden hat meist eine andere Temperatur als der in dem zu messenden Medium befindliche Faden. Die Anzeige wird infolgedessen zu gering. Sie kann berichtigt werden durch eine Fadenkorrektur, die sich nach Kohlrausch[1] berechnet zu

$$t' = \frac{n(t - t_0)}{c} \ ^0 \text{C} \tag{93}$$

---

[1] Kohlrausch: Praktische Physik, 14. Aufl. Leipzig: Verlag Teubner. 1930.

Hierin ist

$n =$ Länge des herausragenden Fadens in ^{0}

$t =$ gemessene Temperatur ^{0}C

$t_0=$ mittlere Temperatur des herausragenden Fadens ^{0}C

$c =$ Konstante bei Jenaer Glas 16^{III} $c = 6300$

„   „   „   „   59 $c = 6100$

„   „   „   „   1565 $c = 5800$

„   „   Quarzglas $c = 5600$

Die wahre Temperatur t_w berechnet sich dann aus

$$t_w = t + t' \ ^0\mathrm{C}$$

3. Bei abwechselnder Messung in hohen und tiefen Temperaturen sind Störungen durch Volumenänderung des Glases möglich. Diese „Depression des Nullpunktes" kann nur durch Nacheichung behoben werden.

4. Bei eingebauten Thermometerhülsen muß die Hülse dünnwandig und möglichst eng in der Bohrung sein. Den Zwischenraum füllt man zweckmäßig mit Zylinderöl oder besser mit Quecksilber (bis 350^{0}C) aus.

5. Herausragende Metallhülsen können erhebliche Wärmeableitung hervorrufen. Man vermeide sie nach Möglichkeit.

6. Einbau in „toten" Ecken, nicht isolierten Stellen u. a. ergeben Fehlmessungen. Über Abstrahlungsfehler vgl. S. 110.

Bei den Ausdehnungs-Fernthermometern ist der die Meßflüssigkeit tragende Taucher mit dem Anzeigeinstrument durch eine biegsame ebenfalls gefüllte Kapillarleitung verbunden. Größte Länge 50 m. Bei Leitungen über 15 m Länge und da wo die Leitung starken Temperaturschwankungen ausgesetzt ist, müssen die Ausdehnungsfehler durch Kompensationseinrichtungen ausgeglichen werden. Es liegt hierbei parallel zur eigentlichen Temperaturmeßleitung eine zweite Kapillarrohrleitung (Kompensationsleitung), die jedoch nicht mit der Meßstelle in Verbindung steht. Diese Leitung ist mit einer im Thermometergehäuse untergebrachten Korrektionsfeder verbunden. Beide Federn sind untereinander so angeordnet, daß die infolge von Temperaturunterschieden in der Leitungsstrecke entstehende Bewegung der einen Feder durch die Bewegung der anderen aufgehoben wird.

Kompensationseinrichtungen sind entbehrlich bei Gasthermometern. Bei diesen ist von der Erkenntnis Gebrauch gemacht, daß Druck und Temperatur des gesättigten Dampfes der Füllflüssigkeit in Zusammenhang stehen. Einer bestimmten Temperatur am Tauchkörper entspricht ein bestimmter Druck, der auf das Anzeigeinstrument übertragen, in einfacher Weise Fernübertragung der Temperatur ermöglicht.

Quecksilber-Federthermometer werden auch als Schreibthermometer mit ablaufendem Schreibstreifen hergestellt. Neben den Quecksilber-, Flüssigkeits- und Gasausdehnungsthermometern werden in Sonderfällen für Temperaturen von 600—800^0 C Metall- und Graphitpyrometer angewandt. Bei diesen ist ein Graphit- oder Sondermetallstab in einem hohlen Metallzylinder befestigt. Die ungleiche Ausdehnung bei der Erwärmung wird durch ein Hebelwerk auf die Anzeigevorrichtung übertragen. Derartige Instrumente sind zu genauen Messungen ungeeignet. Sie haben bei Backöfen Anwendung gefunden.

Die Genauigkeit der Ausdehnungsthermometer beträgt $\pm$ 1 vH.

2. Widerstandsthermometer.

Elektrische Widerstandsthermometer sind zur Temperaturmessung im Bereich von —200 bis +600° C brauchbar. Sie eignen sich besonders zur genauen Messung niedriger Temperaturen (unter 100° C), sowie für die Fernübertragung von Temperaturen. Sie werden daher vielfach angewandt zur Überwachung der Temperaturen in Wohn-, Lager-, Bunker-, Trocken-, Gefrier- und Kühlräumen und zur Bestimmung von Wasser- und Dampftemperaturen. In Mälzereien dienen sie zum Messen der Darrentemperaturen auf der Tenne, beim Sieden, Maischen und Kühlen, in den Gärbottichen und Lagern. In Zuckerfabriken werden sie benutzt zum Messen der Temperaturen in den Diffusionsgefäßen und Kalorisatoren, ferner bei der Schwefelsäurefabrikation zur Überwachung der Kontakttemperatur in Bleikammern und Konzentrationsgefäßen.

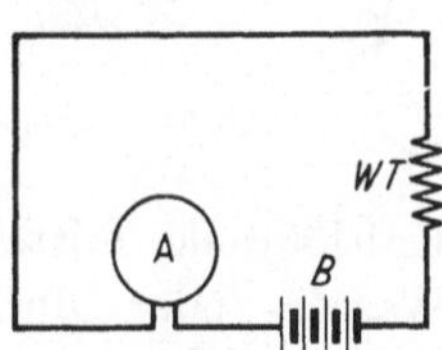

Abb. 53.
Widerstandsthermometer (schematisch).

Die Wirkungsweise des elektrischen Widerstandsthermometers geht aus dem Schemabild Abb. 53 hervor. Die aus physikalisch reinem Platin bestehende Wicklung des Widerstandsthermometers WT wird der zu messenden Temperatur ausgesetzt. Das Meßprinzip beruht nun darauf, daß sich der elektrische Widerstand der Metalle genau mit der Temperatur ändert. Wird also der elektrische Strom (Gleichstrom von 4—35 V Spannung) aus der Batterie B in das Element geschickt, so läßt sich am Anzeigegerät A der durch die Leitung fließende Strom ablesen. Bei niedrigen Temperaturen fließt mehr Strom, bei hohen Temperaturen weniger Strom durch die Leitung. Die Ampereskala des Instrumentes kann demnach durch eine Temperaturskala ersetzt werden.

Die in der Abb. 53 dargestellte Schaltung hat praktisch nur eine geringe Empfindlichkeit, sie läßt sich durch eine Brückenschaltung oder durch eine Kreuzspulschaltung erheblich vergrößern. Die Brückenschaltung erfordert eine konstante Meßstromspannung, während die Kreuzspulschaltung gegen Spannungsschwankungen unempfindlich ist.

3. Thermoelemente.

a) Einfache Thermoelemente.

Thermoelemente bestehen aus zwei Drähten verschiedener Metalle oder Metallegierungen. Die beiden Drähte sind an einem Ende miteinander verschweißt oder verlötet. Erhitzt man die Lötstelle „h“ eines solchen Elementes (Abb. 54), so entsteht eine elektrische Spannung (Thermospannung), die mittels eines Millivoltmeters gemessen werden kann. Da die Thermokraft durch die Temperaturdifferenz zwischen heißer und „kalter“ Lötstelle entsteht, muß die Kaltlötstelle auf der Eichtemperatur des Elementes gehalten werden (meist 20° C). Dies erfordert bei Industrieöfen wegen der starken Wärmeausstrahlung häufig sehr lange und teuere Elementendrähte, wenn nicht Ausgleichleitungen aus besonderen Metallegierungen angewandt werden. Die Ausgleichsdrähte müssen thermoelektrisch den Drähten des betr. Elementes gleich sein. Diese Methode ist bis 250° C Klemmentemperatur brauchbar. Eine andere Lösung ist möglich durch Kühlung der

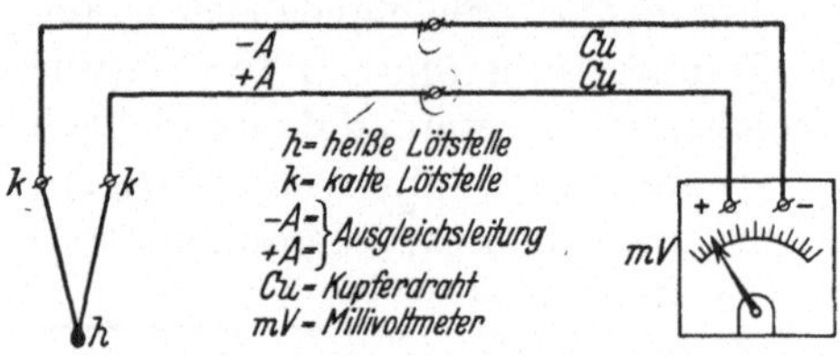

Abb. 54. Thermoelement (schematisch).

Kaltlötstelle mittels Preßluft oder Einlegen der Kaltlötstelle in ein Wasser- oder Ölbad, dessen Temperatur die Eichtemperatur des Elementes nicht übersteigen darf.

Eine rechnerische Berücksichtigung der abweichenden Kaltlötstellentemperatur ist wegen der Unregelmäßigkeit der Berichtigungsfaktoren im allgemeinen nicht zu empfehlen[1]. Für Platinelemente kann als gute Faustregel gelten, daß die Hälfte der von der Eichtemperatur abweichenden Klemmentemperatur der Anzeige hinzuzuzählen bzw. abzuziehen ist, je nachdem die Klemmentemperatur über oder unter der Eichtemperatur liegt. Bei Eisen-Konstanten und Nickel-Chrom-Nickel-Elementen ist der volle Unterschied zu berücksichtigen. Diese rechnerische Berücksichtigung läßt sich in vielen Fällen vermeiden, wenn mittels der am Anzeigegerät befindlichen Nullstellschraube vor der Ablesung der Zeiger auf die an den Klemmen des Thermoelementes herrschende Temperatur eingestellt wird.

Um eine betriebsmäßig meßbare Spannung zu erhalten, muß der Temperaturunterschied zwischen Lötstelle und freiem Ende genügend groß sein. Thermoelemente sind daher erst ab rund 200° C für Messungen brauchbar. Bei geringeren Temperaturen sind elektrische Widerstandsthermometer oder Ausdehnungsthermometer besser.

Das hochwertigste Thermoelement ist das von Le Chatelier entwickelte Platin-Platinrhodium-Element. Der eine Schenkel des Instrumentes besteht aus physikalisch reinem Platin, der andere Schenkel aus physikalisch reinem Platin und 10 vH. physikalisch reinem Rhodium (Pt + Pt 10 vH. Rh). Ein derartiges Instrument ist für Temperaturen

---

[1] Mitt. Wärmestelle Düsseldorf Nr. 96.

von 300—1600⁰ C brauchbar. Die einzelnen Drähte sind gegeneinander durch feuerfeste Magnesitröhrchen isoliert und durch besondere Schutzrohre den chemischen Einflüssen der heißen Gase entzogen. Platin-Ersatzelemente bestehen aus Chromnickellegierungen und sind bis etwa 900⁰ C brauchbar. Sie haben gleiche Thermospannung wie die Platinelemente.

Für den Bereich von 1600—2100⁰ C kommt die Zusammenstellung Iridium mit 10 vH. Rhodium und Iridium mit 10 vH. Ruthenium in Betracht. Auch Wolfram-Wolfram-Molybdän-Elemente halten Temperaturen bis 2100⁰ C stand.

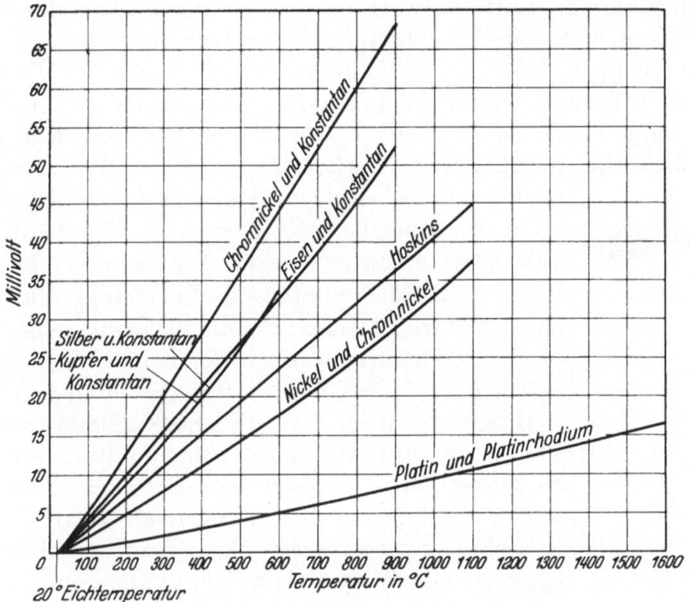

Abb. 55. Thermospannungen von Thermoelementen.

Die wichtigsten „unedlen" Thermoelemente sind:

Eisen-Konstantan. Brauchbar bis 800⁰ C im Dauerbetrieb.

Chromnickel-Konstantan. Brauchbar bis 900⁰ C. Gegenüber anderen unedlen Thermoelementen liefern Chromnickel-Konstantan- Elemente eine verhältnismäßig hohe Thermospannung. Sie machen daher die Verwendung weniger empfindlicher und daher billigerer Anzeigegeräte möglich.

Nickel-Chromnickel. Im Dauerbetrieb brauchbar bis 1000⁰ C. Dasselbe gilt für das

Hoskins-Element, ein Nickel-Chromnickelelement mit international festgelegter Kurve. Es erzeugt eine etwas höhere Thermokraft als das einfache Nickel-Chromnickelelement.

Silber- und Kupfer-Konstantan. Brauchbar bis 500° C. Geeignet für lange Pyrometer (bis 6 m). Das Kupfer-Konstantan-Element wird auch als Rohrelement ausgeführt, d. h. der C_u-Schenkel besteht aus einem Rohr in dem isoliert ein Konstantandraht durchgeführt ist.

Über die Thermospannungen einiger der wichtigsten Elemente gibt Abb. 55 Aufschluß.

Um die Elemente gegen vorzeitige Zerstörung durch das zu messende Medium, z. B. heiße Ofengase, zu schützen, befinden sich die Drähte in Schutzhüllen. In einfachster Form bestehen diese Schutzhüllen aus der Isolation der beiden Elementenschenkel, einem auswechselbaren gasdichten Stahlrohr, einem auswechselbaren äußeren Schutzrohr, dem Anschlußknopf und dem Klemmflansch. Die Isolierung der beiden Elementenschenkel bilden dünne Röhrchen aus ff. Material. Über die so isolierten Elemente wird nochmals zum Schutz gegen schädliche Gase und Dämpfe ein stärkeres Rohr aus Quarz oder aus keramischer Masse geschoben. Da alle ff. Materialien bei Temperaturen über 1000 C elektrisch leitfähig werden, ist eine störende Beeinflussung der Messung möglich, deren zahlenmäßige Größe bisher noch nicht erforscht wurde. Bei hinreichender Drahtstärke dürfte der entstehende Spannungsverlust in geringen Grenzen bleiben. Besteht das innere Schutzrohr aus Quarz, so darf die äußere Schutzhülle nicht aus Stahl bestehen, da Quarz bei hohen Temperaturen durch Eisenoxyd zerstört wird. Bis etwa 800° C kann das äußere Schutzrohr aus Stahl, darüber hinaus bis etwa 1200° C aus Nichrotherm III, und bis 1350° aus Chromnickelstahl hergestellt werden. Über 1350—1600° C kommen nur Rohre aus keramischer Masse zur Anwendung. Auch Silitrohre mit einem Einsatz aus gasdichtem Freibergerrohr sind bis rund 1600° C brauchbar.

Jedes Element besitzt durch die Schutzummantelung eine gewisse Trägheit, die zu einer Verzögerung der Messung führt. In solchen Fällen verzichtet man häufig ganz auf die Ummantelung. Derartige Thermoelemente sind im Dauerbetrieb bis etwa 1000° C (Einzelmessungen bis 1200° C) brauchbar. Man wendet sie an als Eintauchpyrometer zur Bestimmung der Gießtemperatur von Metallschmelzen, sowie zur Temperaturmessung von Salzbädern, Rauchgasen usw. Eine Ausführungsform eines derartigen Instrumentes ist in Abb. 56 wiedergegeben (Bauart G. Siebert G.m.b.H., Hanau). Die Schenkel des Elementes ragen ohne Schutzbekleidung etwa 30 cm aus der Schutzummantelung heraus. Die beiden blanken Enden sind nicht

Abb. 56. Eintauchpyrometer.

verlötet oder verschweißt, sondern nur einige Male verdrillt. Wärmt man die „Lötstelle" vor Beginn der eigentlichen Messung noch etwas an, so stellt sich bei der Messung selbst fast augenblicklich die richtige Temperatur ein. Durch die unmittelbare Einführung der blanken Drähte ist ein Abbrand nicht zu vermeiden. Bei dem dargestellten Gerät ist deshalb das 30 cm lange Element am Ende der Schutzummantelung leicht auswechselbar mit zwei Rändelschrauben angeklemmt. Zu jedem Eintauchpyrometer werden zehn Ersatzelemente geliefert. Das Anzeigegerät befindet sich im Kopf des Eintauchpyrometers. Die Einstelldauer beträgt 10 Sekunden.

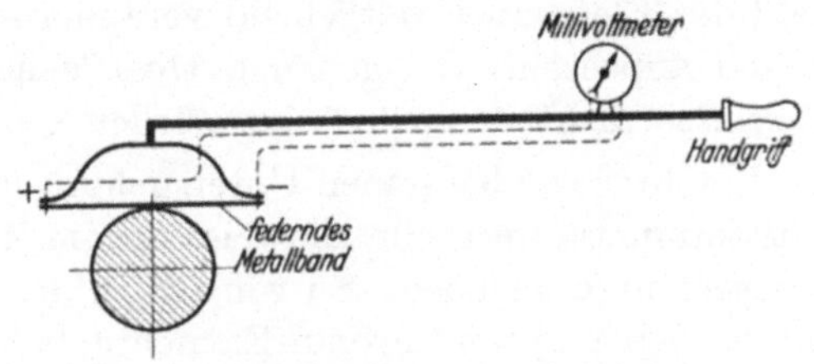

Abb. 57 a. Oberflächenpyrometer für gewölbte Flächen (schematisch).

Man erhält die Eichkurve eines Thermoelementes durch Vergleich des zu eichenden Elementes mit einem Normalinstrument, oder durch Aufnahme einer genügenden Zahl von Festpunkten reiner Metalle.

Die Eigenschaft der Thermoelemente eine Temperaturdifferenz zwischen Warm- und Kaltlötstelle anzuzeigen, kann auch zur Messung von Temperaturdifferenzen z. B. Zimmer- und Außenlufttemperaturen, benutzt werden. Hierbei läßt sich durch Vervielfältigung (Hintereinanderschaltung) mehrerer Elemente die Thermokraft und daher auch der Instrumentenausschlag, vergrößern. Von dem Verfahren der Vervielfältigung wird häufig bei der Messung geringer Oberflächentemperaturen Gebrauch gemacht.

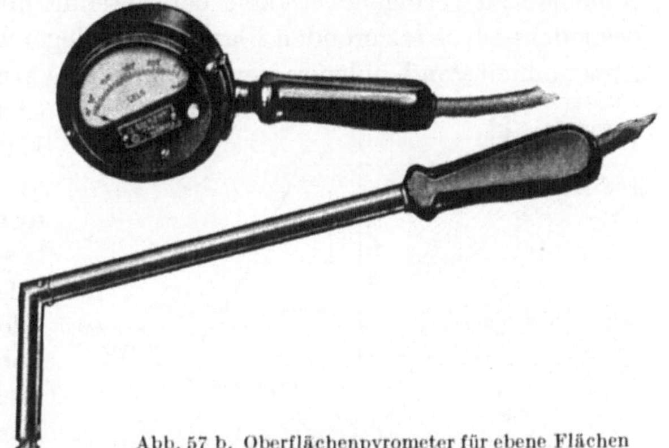

Abb. 57 b. Oberflächenpyrometer für ebene Flächen (Bauart: G. Siebert, G. m. b. H., Hanau).

Ein Oberflächenpyrometer für Temperaturmessung an Rohren, polierten langsam laufenden Wellen u. dgl. ist in Abb. 57 a schematisch dargestellt. Es ist für Temperaturen bis rund 700 C geeignet. Das den Thermostrom erzeugende Metallband ist federnd über einen Bügel gespannt, so daß eine fast punktförmige Auflagerung entsteht und Störungen durch geänderte Wärmeübergangswiderstände nahezu ausgeschaltet sind. Oberflächenpyrometer für ebene Flächen (Abb. 57 b) sind für Temperaturen bis 1200° brauchbar. Bei Oberflächentemperatur-

messungen ist es besonders wichtig, daß die Wärme ungehindert von der
zu messenden Oberfläche auf die Kontaktfläche übergehen kann. An
der Meßstelle wird ein geringer Wärmestau, also eine Temperaturerhöhung, entstehen, der durch eine etwas vermehrte Abstrahlung des
Kontaktplättchens an die umgebende Luft ausgeglichen werden muß.
Durch Anstrich des Kontaktplättchens läßt sich dabei die Strahlungszahl des Elementes weitgehend verändern und den gegebenen Verhältnissen anpassen. Bei genauen Oberflächentemperaturen dürfen diese
Einflüsse nicht vernachlässigt werden [1].

Kofler[2] hat bei seinen Untersuchungen an Siemens-Martin-Regene-
rativkammern wertvolle Hinweise für die Messung von Steinoberflächentemperaturen gegeben. So wurden in den Stein eingebettete nicht ar-
mierte Konstantan-Chronin-Elemente bald brüchig und zeigten Alterungserscheinungen, die sich in einem Nachlassen der Thermokraft bei
Dauereinbau äußerten. Die Alterungserscheinungen werden dabei durch
die Art der Feuergase beeinflußt. Größere Haltbarkeit zeigten Nickel-
Chronin-Elemente und Cekas-Chronin-Elemente. Über 900° C sind allerdings diese Elemente weniger brauchbar. Platinelemente haben im allgemeinen zu geringe Festigkeit bei Messung hoher Steintemperaturen,
besonders bei reduzierenden Flammen in Gegenwart von Quarz oder bei
Anwesenheit von Kohlenwasserstoffen. Als Wärmeschutzstoff sind Steatitröhrchen geeignet. Die
Einbettung des Elementes
in die schwalbenschwanz-
förmige Steinnute wird am
besten mit einem Kitt aus
2 Teilen Hüttenit[3], 1 Teil
Klebsand und 2 Teilen
Portlandzement vorgenom-
men. Wichtig ist auch eine
Verhinderung der Wärme-
ableitung in Zonen mit

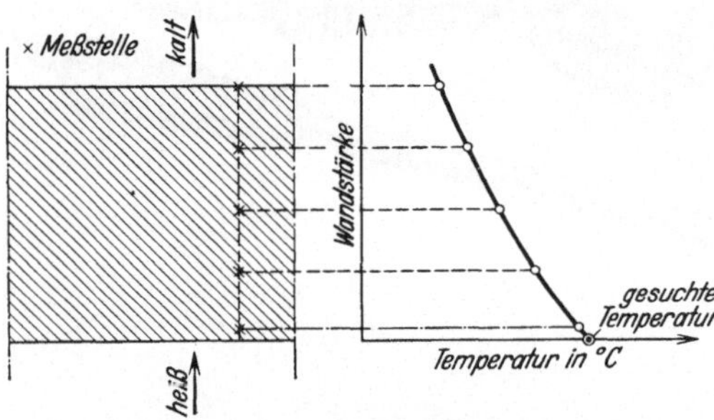

Abb. 58. Bestimmung der Steinoberflächentemperatur
durch Messung in verschiedenen Lagen.

geringerer Temperatur. Deshalb muß von der Lötstelle des Elementes
aus der Draht einige Zentimeter weit durch eine Zone gleicher Temperatur geführt werden.

Zur Messung höherer Steinoberflächentemperaturen läßt sich auch
folgendes Verfahren anwenden. Bettet man mehrere Thermoelemente in
Bohrungen verschiedener Tiefe, so ergibt die Verbindung der in Abhängigkeit von der Lage der Elemente aufgetragenen Temperaturpunkte

[1] Vgl. auch Schack: Der industrielle Wärmübergang. Düsseldorf: Verlag
Stahleisen 1929.
[2] Diss. Aachen 1929 u. Mitt. d. Wärmestelle Düsseldorf Nr. 116.
[3] Hersteller Gebr. Hüttenes, Düsseldorf.

einen Linienzug, der durch Verlängerung bis zur „heißen" Oberfläche die gesuchte Oberflächentemperatur ergibt. In Abb. 58 ist diese Art der Messung wiedergegeben.

Die bereits erwähnte Tatsache, daß durch Wärmeableitung der Drähte eine Messung ungenau werden kann, ist besonders bei der Messung kleiner Wärmequellen zu beachten. Dünne Drähte haben geringe Wärmeableitung, dafür aber größeren elektrischen Widerstand, so daß die Millivoltanzeige zu gering wird. Der von dem Millivoltmeter angezeigte Strom ist

$$I = \frac{U}{R + r}$$

Hierin bedeutet

I = Stromstärke A
U = Spannung V
R, r = Widerstand von Millivoltmeter und äußerem Stromkreis Ω

Die Messung wird um so genauer je größer R gegenüber r ist. Meist ist aber die Drahtstärke des Elementes gering, also r groß. Es empfiehlt sich deshalb, dünne Drähte nur für die Strecke des stärksten Temperaturabfalls zu nehmen. So hat z. B. ein Thermoelement von 1 m Schenkellänge, das von der Lötstelle aus gerechnet auf 2 cm mit 0,1 mm Stärke ausgeführt ist, im übrigen aber aus 0,6 mm starken Drähten besteht, einen Widerstand von 2,5 Ohm, gegenüber einem Widerstand von 46 Ohm bei gleichbleibendem Durchmesser von 0,1 mm. Durch Kompensationsverfahren oder durch Messung des Widerstandes r läßt sich der Fehler vollkommen ausschalten. Die Kompensationsdrähte sind so legiert, daß sie bei Erwärmung der Klemmen bis auf 200^0 C gegen die Elemente hin gleiche Thermokraft haben und den Fehler ausschalten. Die Kompensationsleitungen werden bis zu einer Stelle geführt, an der die Eichtemperatur herrscht, von da ab kann bis zum Strommesser eine gewöhnliche Kupferleitung angeschlossen werden. Zweckmäßig ist bei längeren Kupferleitungen ein Querschnitt von 2,5 mm². Der Widerstand einer solchen z. B. 100 m langen Leitung ist 0,718 Ohm. Bei Verwendung eines Millivoltmeters mit 400 Ohm Eigenwiderstand entsteht also ein Fehler von 0,18 vH., d. h. auf 1000^0 nur $1,8^0$. Ein Draht von 1 mm Stärke besitzt dagegen auf 100 m schon einen Widerstand von 2,26 Ohm, entsprechend rund 0,5 vH. Fehler, d. h. auf 1000^0 rund 6^0.

b) Thermoelemente mit Strahlungsschutz.

Befindet sich das Thermoelement in einem Gas- oder Luftstrom, dessen Temperatur wesentlich von der Temperatur der umgebenden Wandung abweicht, so entsteht ein Meßfehler durch Strahlungsaustausch. Der Meßfehler entsteht auch dann, wenn die Wandung selbst heißer ist als der Gas- oder Luftstrom. Ein Strahlungsaustausch ist bei Flüssigkeiten nicht vorhanden und verschwindend bei Dampftemperaturmessungen. Meßbar ist er z. B. schon bei einer Zimmertemperatur von 20^0 C und einer Wandtemperatur von 10^0. Der Fehler beträgt hier rund 13 vH., das Millivoltmeter zeigt an Stelle der wahren Temperatur von 20^0 C nur $17,3^0$ C an. Bei höheren Temperaturen wird der Fehler entsprechend größer.

Zur Kennzeichnung der Fehlergröße werde angenommen, daß das Thermoelement sich in einer heißen Gaszone befinde, die von Wandungen geringerer Temperatur eingeschlossen sei.

Es bezeichne

t_g, T_g = wahre Gastemperatur ^{0}C bzw. ^{0}K

t_E, T_E = vom Millivoltmeter angezeigte Temperatur = Temperatur des Elementes ^{0}C bzw. ^{0}K

T_w = Wandtemperatur ^{0}K

C = Strahlungszahl Element-Wand kcal/m²h Grad⁴

α = Gesamtwärmeübergangszahl (Leitung + Konvektion + Strahlung) Gas-Element kcal/m²h^0

Für den Gleichgewichtszustand:

Wärmeübergang Gas-Element = Wärmeübergang Element-Wand

gilt die Gleichung

$$\alpha\,(t_g - t_E) = C\left[\left(\frac{T_E}{100}\right)^4 - \left(\frac{T_w}{100}\right)^4\right]$$

Die rechte Seite der Gleichung ist die Stephan-Boltzmannsche Strahlung, wobei die Strahlungszahl C unter Berücksichtigung der Art und Form der Oberfläche, sowie der Absorptionsfähigkeit des Gases zu bestimmen ist. Aus der Auflösung der Gleichung nach

$$t_g - t_E = \frac{C\left[\left(\frac{T_E}{100}\right)^4 - \left(\frac{T_w}{100}\right)^4\right]}{\alpha}$$

folgt, daß $t_g - t_E$ nur gleich Null werden kann, wenn $\alpha = \infty$ wird, was praktisch unmöglich ist. Da die Wandungstemperaturen stets von den wahren Gastemperaturen abweichen, wird bei Messungen mit einfachen Pyrometern infolgedessen ein Fehler entstehen, der um so größer ist, je mehr t_E von t_w abweicht.

Die Verbesserung der einfachen Pyrometer zur Messung wahrer Gastemperaturen führten nun dazu, die Wärmeübergangzahl Gas-Element durch Erhöhung der Gasgeschwindigkeit zu steigern und die Abstrahlung des Elementes durch eine Strahlungsschutzummantelung zu verringern.

Ein schon mit großer Genauigkeit anzeigendes Pyrometer ist das Durchflußpyrometer, Bauart Wenzl-Schack[1]. Es besteht aus zwei konzentrischen Rohren durch deren Inneres das Gas strömt (Abb. 59).

---

[1] Mitt. Wärmestelle Düsseldorf Nr. 97.

Die Heizfläche der Rohre ist durch axial angeordnete Rippen vergrößert. Noch bessere Wirkung haben eingebaute Steatitröhrchen. Der Wärmeübergang wird vergrößert und die Abstrahlung des Elementes verkleinert. Das Gas wird durch eine Strahlpumpe abgesaugt. Die eingebaute Blende dient zur Messung der durchgesaugten Menge.

Aber selbst bei sehr großer Gasgeschwindigkeit haftet derartigen Durchflußpyrometern noch ein, wenn auch geringer Meßfehler an, da eine unendlich große Wärmeübergangszahl Gas-Element nicht möglich

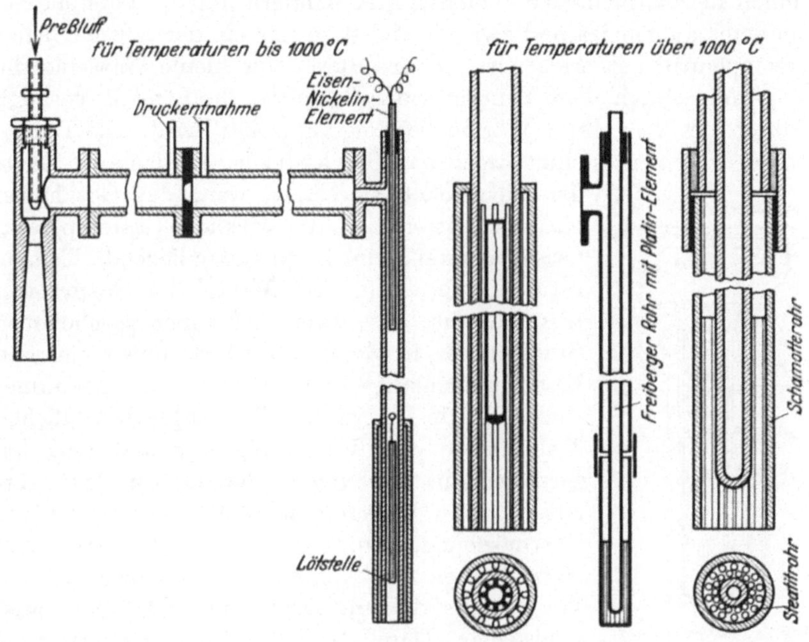

Abb. 59. Absaugepyrometer.

ist. Einwandfreie Messungen sind nur bei völliger Ausschaltung der Abstrahlung Thermoelement-Wand bzw. bei höheren Temperaturen Wand-Thermoelement zu erhalten. Dies ist möglich durch eine zusätzliche Beheizung des Pyrometers.

Bei dem Durchflußpyrometer mit Zusatzbeheizung, Bauart Wenzl[1], ist der Schutzmantel mit einer Nickelin-Spirale umgeben, durch die ein Heizstrom geschickt wird. Die heißen Gase werden dabei ähnlich wie beim einfachen Durchflußpyrometer durch eine Strahlpumpe abgesaugt, gleichzeitig wird jedoch der Schutzmantel so aufgeheizt, daß die innere Wandtemperatur genau gleich der Gastemperatur, die Abstrahlung also gleich Null, ist. Das ist der Fall, wenn das mit der inneren Oberfläche des Schutzmantels verbundene Thermoelement die gleiche Temperatur an-

---

[1] Mitt. Wärmestelle Düsseldorf Nr. 92.

zeigt wie das zur Messung der Gastemperatur vorgesehene Thermoelement und beim Durchsaugen des Gases keine Störung dieses Temperaturgleichgewichtes eintritt. Nachteilig ist bei diesem Instrument die kostspielige Heizung und die Schwierigkeit der Messung höherer Gastemperaturen. Auch kann das Element nur benutzt werden, wenn die Gastemperatur höher ist als die Wandtemperatur.

Diese Nachteile vermeidet das Gaspyrometer, Bauart Schmidt, zu dessen Betrieb eine kleine Stromquelle ausreicht (Abb. 60). Es wird nämlich hierbei nicht der Schutzmantel, sondern nur die Lötstelle des Elementes aufgeheizt und zwar zunächst soweit als der mutmaßlichen Gastemperatur entspricht. Dann wird durch eine kleine Wasserstrahlpumpe oder durch einen Ventilator das Gas gegen die Lötstelle gesaugt, wodurch der konvektive Wärmeübergang vergrößert wird. Die Temperatur des Elementes sinkt, wenn das Gas kälter ist als das aufgeheizte Thermoelement, sie steigt, wenn das Gas heißer ist. Es läßt sich so die wirkliche Gastemperatur zwischen zwei nahe beieinander liegende Temperaturen eingrenzen. Der Mantel des Gaspyrometers besteht aus zwei ineinander geschobenen Stahlröhren, in deren Zwischenräumen für den Kühlwasserzulauf vier Kupferröhrchen angeordnet sind. Die im Innern des Elementes befindlichen Teile sind so vor Überhitzung geschützt und den zerstörenden Wirkungen der heißen Gase entzogen. Zur Messung wird nur das eigentliche Thermoelement auf Gastemperatur erhitzt. Das Heizröhrchen hat 1,3 mm Durchmesser, 0,1 mm Wandstärke, 25 mm Länge und ist leicht auswechselbar. Durch die Zufuhr von Kühlwasser ist es auch bei überwiegender Einstrahlung möglich, dem Element die zuviel zugeführte Einstrahlungswärme zu entziehen. Die Nickelkappe a (Abb. 60) leitet hierbei die eingestrahlte Wärme an das Kühlwasser ab. Das Eingrenzen der Gastemperatur erfolgt wiederum durch die leicht regelbare elektrische Heizung. Das Instrument ist daher auch dann brauchbar, wenn die Gastemperatur geringer ist als die den Gasstrom einschließende Wandung.

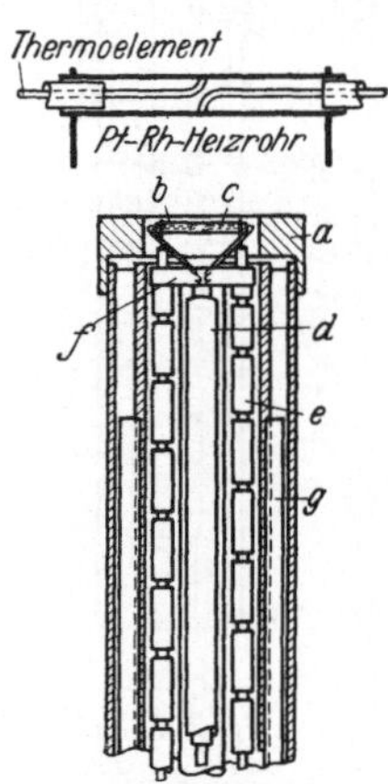

Abb. 60. Gaspyrometer Bauart Schmidt.

a = Nickelkappe.
$b = Pt - Rh$ Heizrohr.
c = Thermoelement.
d = Saugrohr.
e = Heizstromleitung.
f = Führingsring.
g = Kühlwasser.

Die Grenze der thermoelektrischen Temperaturmessung liegt bei ungefähr 2100° C. Darüber hinaus können nur optische und Strahlungspyrometer Verwendung finden.

c) Extrapolationsverfahren.

Ein anderer Weg zur Ermittlung der wahren Gastemperatur ist das Extrapolationsverfahren von Waggener[1]. Es beruht auf der Erkenntnis, daß der konvektive Wärmeübergang auch von der Drahtstärke abhängig ist und mit geringer werdendem Drahtdurchmesser wächst. Dünnere Drähte zeigen infolgedessen eine höhere Temperatur an als dickere. Es wäre nun möglich, an einer Meßstelle mehrere Thermoelemente verschiedener Stärke einzubauen und die erhaltenen Temperaturen in Abhängigkeit von der Drahtstärke zeichnerisch aufzutragen. Die Verlängerung der durch die einzelnen Temperaturpunkte gezogenen Kurve bis zum Drahtdurchmesser Null (Wärmeübergang $= \infty$) würde dann die wahre Gastemperatur ergeben. Die Schwierigkeit der Anwendung besteht in der Verwendung sehr dünner Drähte (bis 0,05 mm Durchmesser), die bei hohen Temperaturen nicht widerstandsfähig genug sind.

4. Strahlungspyrometer.

Heiße Körper senden dauernd strahlende Energie aus, die mit der Erwärmung zunimmt und durch Umwandlung in Licht und Wärme wahrgenommen werden kann. Wärme und Lichtstrahlen sind dabei abhängig von der Temperatur. Bekannt ist die Schätzung der Temperatur auf Grund der Glühfarbe (Zahlentafel 21). Die Lichtstrahlung dient hierbei als Maßstab, doch ist diese Art der Temperaturbestimmung ungenau, weil die sichtbare Strahlung in hohem Maße von der Beschaffenheit des strahlenden Körpers abhängt und weil die Unterscheidung der Helligkeit mit dem bloßen Auge recht schwierig ist. Erst die auf Grund physikalischer Gesetzmäßigkeiten entwickelten sogenannten Teilstrahlungspyrometer er-

Zahlentafel 21.
Glühtemperaturen.

	° C
beginnende Rotglut .	525
Dunkelrotglut	700
Kirschrotglut	850
Hellrotglut	950
Gelbglut	1100
beginnende Weißglut .	1300
volle Weißglut . . .	1500

geben die Möglichkeit hohe Temperaturen auf optischem Wege zu bestimmen. Außer diesen Teilstrahlungspyrometern, bei denen, wie der Name schon sagt, nur ein Teil der Strahlung zur Temperaturbestimmung dient, gibt es Gesamtstrahlungspyrometer, bei denen sowohl Licht- als auch Wärmestrahlen der Temperaturbestimmung nutzbar gemacht werden.

Wie bereits früher dargelegt, entfällt auf die Lichtstrahlung ein verhältnismäßig kleiner Teil der Gesamtstrahlung, von der jedoch durch ein

---

[1] Ber. dtsch. phys. Ges. 1895 S. 78/73 und Wied. Ann. Phys. Bd. 58 (1896) S. 579.

auf das Pyrometerokular aufgesetztes Rotglas nur die Strahlung mit der Wellenlänge $\lambda = 0,65\,\mu$ für den Beobachter sichtbar gemacht wird. Alle anderen Strahlen werden absorbiert. Diese geringe Lichtintensität genügt jedoch zur Temperaturbestimmung, da das menschliche Auge für Helligkeitsunterschiede sehr empfindlich ist. Es wird nämlich bei den Teilstrahlungspyrometern die Strahlungsintensität der durch das Rotfilter hindurchgelassenen Strahlung mit einem Normalstrahler verglichen. Es kann dabei entweder der Normalstrahler konstant bleiben und die zu

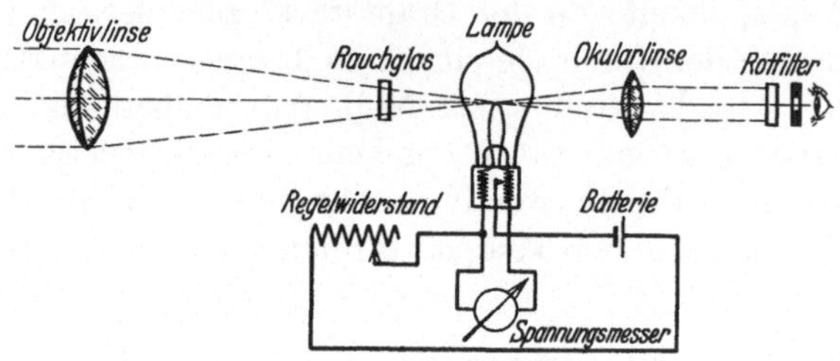

Abb. 61. Holborn-Kurlbaum Glühfadenpyrometer (schematisch).

messende Strahlung geschwächt werden, bis die Helligkeit mit dem Vergleichsstrahler übereinstimmt, oder umgekehrt die Helligkeit des Normalstrahlers verändert werden, bis sie mit der Helligkeit des zu messenden Körpers übereinstimmt. Dieses letzte Verfahren ist bei den Holborn-Kurlbaum Glühfadenpyrometer gewählt worden (Abb. 61). Im Innern des „Fernrohres“ befindet sich eine kleine Glühbirne, die unter Zwischenschaltung eines regelbaren Widerstandes an eine Gleichstromquelle von 2 Volt Spannung angeschlossen ist. Nachdem der zu messende Körper anvisiert ist, wird zunächst durch Verschieben der Linsen eine Scharfeinstellung vorgenommen und durch Änderung des Drehwiderstandes der durch die Glühbirne fließende Strom und damit auch deren Helligkeit beeinflußt. Bei richtiger Einstellung darf sich die obere Rundung des Glühfadens von der Färbung des zu messenden Körpers weder hell noch dunkel abheben, und muß für das Auge vollkommen verschwinden. An der geeichten Skala kann dann die auf den optisch schwarzen Körper bezogene Temperatur abgelesen werden.

Der Wolframfaden der kleinen Glühbirne ist im Dauergebrauch nur bis rund 1400° C haltbar. Zur Messung noch höherer Temperaturen wird durch Einschalten eines Rauchglases in den Strahlengang zwischen zu messenden Körper und Glühbirne die Strahlung abgeschwächt. Der Glühfaden braucht dann nur bis auf die Intensität der geschwächten Strahlung erhitzt zu werden. Die gebräuchlichen Glühfadenpyrometer besitzen gewöhnlich zwei verschiedene Rauchgläser, mit denen Temperaturmessungen bis 4000° C möglich sind.

Das Siemens Kreuzfadenpyrometer (Abb. 62) ist ebenfalls ein Teilstrahlungspyrometer, jedoch befinden sich in der Lampe zwei gekreuzte Glühfäden aus verschiedenen Metallen, die bei Änderung der Stromstärke verschiedene Helligkeitsänderungen ergeben. Die beiden Glühfäden sind nur bei einer bestimmten Stromstärke gleich hell; sie haben dann eine bestimmte Temperatur, die als Festpunkt dient und mit dem Regelwiderstand vor der Messung einge- stellt wird. Mittels eines Graukeils zwischen Objektiv und Glühbirne wird die Strahlung des zu messenden Körpers so weit abgeschwächt, bis der Körper und der Kreuzfaden gleich hell

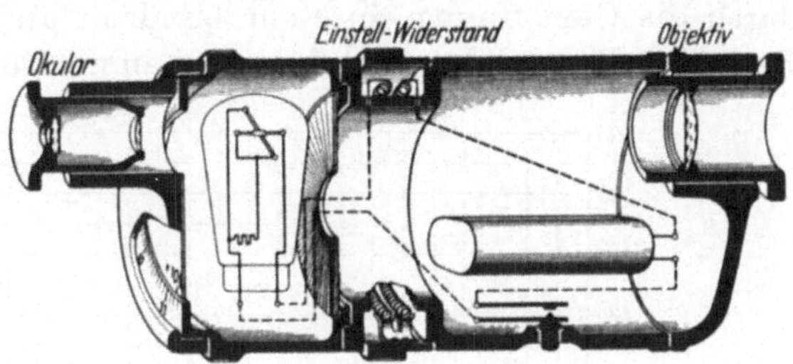

Abb. 62. Kreuzfadenpyrometer.

erscheinen. Der Graukeil ist mit einer Skala in ^{0} C versehen. Der Vorzug dieses Gerätes ist seine große Handlichkeit bei geringem Gewicht (750 g).

Ein Teilstrahlungsmesser ist auch das weniger angewandte Wanner Pyrometer, das ebenfalls auf der Photometrierung der leuchtenden Flächen beruht und zwar wird die eine durch ein rotes Licht beleuchtete Hälfte des Gesichtsfeldes mit dem strahlenden Körper verglichen. Durch Drehen eines im Okular befindlichen Analysators wird die Helligkeit beider Flächen gleichmäßig abgestimmt. Meßbereich 840—2000^0 C.

Die auf Grund der Lichtstrahlung gemessene Temperatur stimmt nur dann mit der auf der Eichskala vermerkten Temperatur überein, wenn der zu messende Körper „schwarz" strahlt. Das ist angenähert immer der Fall, wenn der zu messende Körper sich in einem heißen Ofen befindet und der Ofen keine allzugroßen Öffnungen besitzt. Bei Messungen außerhalb des Ofens, bei ausfließenden geschmolzenen Massen usw., wird die Temperatur zu niedrig gemessen. Für optisch nicht schwarze Körper muß deshalb die Temperaturanzeige berichtigt werden. Hierbei ist die Kenntnis des Ausstrahlungsvermögens wichtig. Einige Zahlenwerte finden sich in Zahlentafel 22. Das Ausstrahlvermögen ist stark abhängig von der Reinheit der Oberfläche; es kann durch ganz geringe Oxydschichten auf blanken Metallen stark verändert werden. Die Angaben der Tafel sind deshalb nur für Normalfälle gültig. Kennt man das Ausstrahlvermögen e, so kann man aus den Berichtigungskurven (Abb. 63) die Anzahl Grad entnehmen, die zu dem Meßergebnis hinzugezählt werden müssen, um den wahren Wert der Temperatur zu erhalten.

Aufgabe: Wie hoch ist die wahre Temperatur von glühendem festen Eisen, wenn an freier Luft mit Glühfadenpyrometer 950^0 C gemessen wurden?

Es ist $e = 0,9$ und hierfür aus Abb. 63 die Berichtigung 8^0 C. Die wahre Temperatur ist somit

$$t = 958^0 \text{ C}$$

Ist das Ausstrahlungsvermögen e nicht bekannt, so kann es experimentell wie folgt bestimmt werden. Feste Körper erhitzt man in einem Ofen und mißt die Temperatur des Körpers durch eine kleine Öffnung des Ofens. Dabei ergibt sich die wahre Temperatur t_1. Dann schiebt man durch die Ofenöffnung ein Rohr bis dicht an den glühenden Körper. Bevor das Rohr glühend wird, mißt man nochmals durch das Rohr hin-

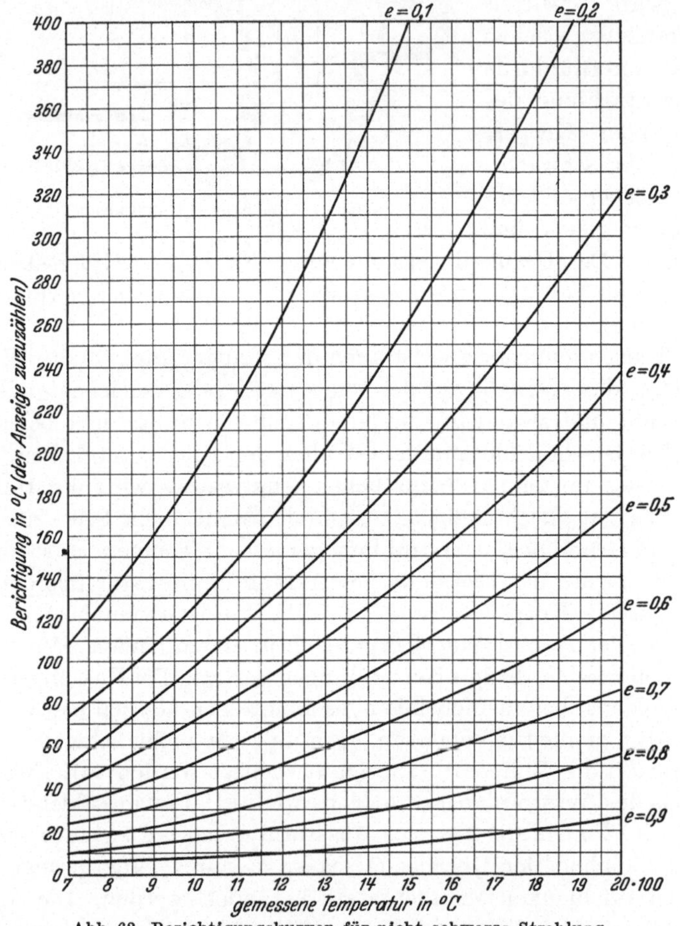

Abb. 63. Berichtigungskurven für nicht schwarze Strahlung.

durch die Temperatur des glühenden Körpers und findet eine niedrigere Temperatur t_2. Das Ausstrahlungsvermögen ergibt sich dann aus der Gleichung

$$\log e = 9555 \left(\frac{1}{t_1 + 273} - \frac{1}{t_2 + 273} \right)$$

Bei Flüssigkeiten taucht man ein unten geschlossenes Rohr tief ein und mißt nach einiger Zeit die Temperatur t_1 am Boden des Rohres.

Dann mißt man die Temperatur t_2 an der Oberfläche und ermittelt den Wert e aus derselben Gleichung.

Zahlentafel 22.

Ausstrahlungsvermögen e technischer Oberflächen bei $\lambda = 0,65\,\mu$.

Silber, fest, blank	0,07	Eisen, flüssig an freier Luft	
Kupfer, fest, blank.	0,11	(unter 1375°)	0,90
Kupfer, flüssig, blank . . .	0,15	Eisenoxyd, fest und flüssig .	0,9
Gold, fest, blank.	0,13	Kupferoxyd	0,7
Gold, flüssig, blank	0,22	Feuerfeste Steine	0,6
Platin, fest, blank	0,33	Kohle	0,85
Nickel, fest und flüssig blank .	0,36	Graphitpulver	0,85
Eisen, fest, blank	0,45	Bleibad (Schlacke) etwa . .	1,0
Eisen, flüssig, blank	0,40	Salzbäder etwa	0,8
Eisen, fest an freier Luft .	0,90		

Die Meßgenauigkeit der Glühfadenpyrometer wird beeinflußt durch die Beschaffenheit des anzurichtenden Gegenstandes. Bei einem größeren Körper mit glatter Oberfläche beträgt die Genauigkeit $\pm 5°$ C. Bei bewegter Oberfläche, z. B. ausfließenden Eisen, wird die Messung schwieriger, so daß die Temperatur nur mit einer Genauigkeit von $\pm 10°$ C bestimmt werden kann. Durch Anwendung von Rauchgläsern vergrößern sich die Meßfehler. Ein Nachteil der Glühfadenpyrometer ist die Unmöglichkeit einer selbsttätigen Temperaturaufschreibung.

Im Gegensatz zu Glühfadenpyrometern, bei denen nur eine Wellenlänge $(0,65\,\mu)$ der Lichtstrahlung zur Temperaturmessung dient, wird bei den Gesamtstrahlungspyrometern die gesamte Licht- und Wärmestrahlung zur Messung benutzt, mit Ausnahme der Wellenlängen über $\lambda = 2\,\mu$, die von den Glaslinsen nicht mehr durchgelassen werden. Diese häufig als Ardometer bezeichneten Meßgeräte vereinigen die vom glühenden Körper ausgehenden Strahlen mittels einer Objektivlinse a (Abb. 64) auf ein geschwärztes Platinplättchen mit angelötetem Thermoelement c. Dieses erwärmt sich und es entsteht an den Enden eine elektromotorische Kraft. Bei Ardometern für höhere Temperaturen (1800 bis 2000° C) ist nur ein Thermoelement mit einem runden Plättchen von 2 mm Durchmesser vorhanden. Für tiefere Temperaturen sind zur Erhöhung der Thermospannung zwei Thermoelemente in Reihe geschaltet. Damit die Wärmestrahlen nur auf das Platinplättchen fallen und auch ein schneller Temperaturausgleich stattfinden kann, ist die Glocke mit einem Metallmantel umgeben, der eine blendenförmige Öffnung zum Durchtritt der Strahlen und eine zweite auf der gegenüberliegenden Seite zum Durchvisieren hat. Zur Erhöhung der Empfindlichkeit ist die Glasglocke luftleer gemacht und für Temperaturmessungen über 1200° C mit Edelgas gefüllt. Die Entfernung zwischen Ardometer und Strahler ist von geringem Einfluß auf die Messung. Die Strahlungsintensität nimmt mit dem Quadrate der Entfernung ab, dafür wirkt aber bei Verdoppelung der Entfernung die vierfache Fläche, also auch eine vierfache Strahlung. Eine Fehlanzeige tritt erst dann ein, wenn der Strahler für eine größere Entfernung zu klein ist und das Platinplättchen nicht mehr vollständig von Strahlen umgeben ist.

Da nach dem Stephan-Boltzmannschen Gesetz die Strahlung mit der vierten Potenz der absoluten Temperatur zunimmt, werden die Ge-

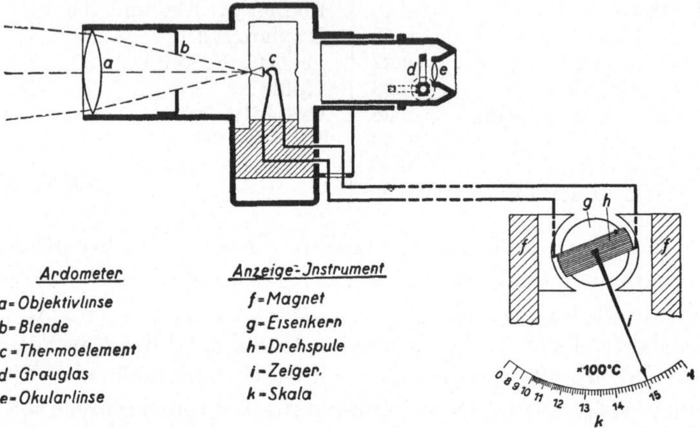

Abb. 64. Gesamtstrahlungspyrometer (schematisch) (Siemens u. Halske A.-G.).

samtstrahlungspyrometer mit steigender Temperatur empfindlicher. Genaue Messungen ermöglichen sie jedoch nur bei optisch schwarzen Körpern, da Korrekturen für graue Strahler noch unbekannt sind. Nur für festes glühendes Eisen sind einige Werte gefunden worden[1]. Gesamtstrahlungspyrometer sind hauptsächlich Betriebsmeßgeräte die einen Beobachter überflüssig machen und eine selbsttätige Aufschreibung ermöglichen. Für die laufende Betriebsüberwachung ist ja meist nicht die absolute Höhe einer Temperatur, sondern vielmehr deren Veränderung wichtig.

Werden keine allzu hohen Ansprüche an die Genauigkeit gestellt, so können auch Farbumschlagpyrometer mit Erfolg angewandt werden[2]. Diese in neuerer Zeit auf den Markt gekommenen Instrumente sind für Temperaturen von 900 bis 1900° geeignet und ergeben ohne Korrektur die richtige Temperatur. Die Meßmethode besteht darin, daß ein Schieber mit einer Lochblende an einem Präzisionsfarbglas mit von links nach rechts zunehmender Farbdichte entlanggleitet. Bei Durchsicht erscheint der glühende Körper zunächst grün und bei weiterer Verschiebung nach rechts an einem Punkt in einer weißlichen Mischfarbe

---

[1] Z. techn. Phys. 1924 S. 640 und Mitt. Wärmestelle, Düsseldorf Nr. 96 u. 97.
[2] Stahl u. Eisen 1929 S. 464.

und dann rot. Stellt man den Schieber auf diese weißliche Mischfarbe ein, so kann man auf einer darunter befindlichen Skala die Temperatur unmittelbar ablesen. Dieser Farbumschlagspunkt ändert sich mit wechselnder Temperatur.

5. Schmelzpunktpyrometer.

In der keramischen Industrie finden vielfach Segerkegel zur Temperaturbestimmung Anwendung. Diese nach ihrem Erfinder benannten Segerkegel sind 50 bzw. 30 mm hohe dreieckige spitze Pyramiden aus keramischer Masse bestimmter Zusammensetzung. Die Basis des Kegels ist so abgeschnitten, daß die kürzere Kante nach dem Aufstellen senkrecht steht. Als Schmelzpunkt gilt die Temperatur, bei der die Spitze des erweichenden Kegels seine Unterlage erreicht. Zahlentafel 23 enthält ein Verzeichnis der Segerkegel mit den zugehörigen Schmelzpunkten.

Zahlentafel 23. Segerkegel.

Segerkegel . . .	26	27	28	29	30	31	32	33
Schmelzpunkt ^{0} C	1580	1610	1630	1650	1670	1690	1710	1730
		gering feuerfest				gut feuerfest		

Segerkegel . . .	34	35	36	37	38	39	40	41	42
Schmelzpunkt ^{0} C	1750	1770	1790	1825	1850	1880	1920	1960	2000
				hoch feuerfest					

Der Erweichungspunkt der Kegel ist außer von der Temperatur durch die Geschwindigkeit und Dauer der Erhitzung beeinflußt. Segerkegel dienen besonders dazu, um in der Keramik einen Vergleichsmaßstab zu erhalten, der einen Anhalt gibt über die Dauer des Brandes und die hierbei erreichten Temperaturen.

V. Feuchtigkeitsmessung.

1. Physikalische Grundlagen.

Gase und Luft enthalten meist eine gewisse Menge Feuchtigkeit in Form von Wasserdampf, doch kann 1 m³ Gas oder Luft nur eine bestimmte Menge Feuchtigkeit aufnehmen. Wird diese Menge überschritten, so fällt der Überschuß als Nebel oder Regen aus. Der Grenzzustand der Sättigung ist dann erreicht, wenn entsprechend den Eigenschaften des Wasserdampfes auf 1 m³ Gas soviel Gewichtsteile Dampf kommen, als nach den Dampftabellen bei der betreffenden Temperatur möglich ist. Mehr Dampf könnte das Gas nur aufnehmen, wenn der Dampfdruck für sich erhöht werden könnte, was jedoch nicht möglich ist. Es enthält also 1 m³ gesättigte Luft oder gesättigtes Gas ein bestimmtes Dampfgewicht, das durch die Temperatur und nicht durch den Druck bestimmt ist. Dieses Dampfgewicht ist auch gleich dem Gewicht von 1 m³ gesättigtem Dampf, d. h. also gleich dem spezifischen Gewicht γ_s des gesättigten Dampfes, bei der betreffenden Temperatur.

Ist in 1 m³ Luft oder Gas weniger Dampf enthalten als dem spezifischen Gewicht des Dampfes γ_s entspricht, so ist das Gemisch **ungesättigt**. Als **absolute Feuchtigkeit** γ_D bezeichnet man dabei das in 1 m³ des Gemisches enthaltene Wasserdampfgewicht. Das Verhältnis des in 1 m³ des Gemisches enthaltenen Wasserdampfgewichtes zu dem Wasserdampfgewicht, das bei voller Sättigung in dem Gemisch enthalten wäre, bezeichnet man als **relative Feuchtigkeit oder Sättigungsgrad** φ.

Es gilt also allgemein

$$\varphi = \frac{\gamma_D}{\gamma_s} \tag{94}$$

und hinreichend genau

$$\varphi = \frac{P_D}{P_s}$$

wobei bedeutet

$P_D =$ Teildruck des im feuchten Gas enthaltenen Dampfes kg/m³ oder mm Q.-S.
$P_s =$ Sättigungsdruck des Dampfes bei der Temperatur t kg/m³ oder mm Q.-S.

Die Temperatur, bei der das Gemisch mit dem darin enthaltenen Wasserdampf gesättigt wäre, heißt **Taupunkt**.

Nach dem **Daltonschen** Gesetze nimmt jeder Bestandteil des Gemisches den vollständigen Raum ein, so, als ob der andere Teil nicht vorhanden wäre. Jeder Teil übt auch auf die Wandungen einen eigenen Druck aus, den sog. **Teildruck**. Der Gesamtdruck des Gemisches aus trockener Luft und Wasserdampf berechnet sich z. B. hiernach zu

$$P = P_L + P_D$$

bzw.

$$\gamma = \gamma_L + \gamma_D$$

Hierin bedeutet

$P, \gamma \quad =$ Gesamtdruck bzw. spezifisches Gewicht des Gemisches
$P_L, \gamma_L =$ Teildruck „ „ „ der Luft
$P_D, \gamma_D =$ Teildruck „ „ „ des Dampfes

Aufgabe: Wie groß sind die Teildrücke von Wasserdampf und Gas, wenn bei voller Sättigung der Gemischdruck 500 mm Q.-S. und die Gemischtemperatur 25° C beträgt?

Es ist nach Zahlentafel 24 der Teildruck von Wasserdampf 23,8 mm Q.-S. Also ist der Teildruck des Gases 476,2 mm Q.-S.

Aus der für vollkommene Gase — das sind solche, deren Verflüssigungspunkt unter —182° C liegt — geltenden Zustandsgleichung von **Boyle-Mariotte**

$$P \cdot v = R \cdot T$$

folgt für den Dampfanteil

$$v_D = \frac{1}{\gamma_D} = \frac{R_D\,T}{P_D}\quad *$$

und für den Luftanteil

$$v_L = \frac{1}{\gamma_L} = \frac{R_L\,T}{P_L} = \frac{R_L\,T}{P - P_D} = \frac{R_L\,T}{P - \varphi\,P_s}$$

Das Verhältnis $\dfrac{\gamma_D}{\gamma_L}$ folgt aus den obigen Gleichungen zu

$$\frac{\gamma_D}{\gamma_L} = \frac{R_L}{R_D} \cdot \frac{\varphi\,P_s}{P - \varphi\,P_s} = x$$

Dieser Wert x ist also der Feuchtigkeitsgehalt in kg, der auf 1 kg trokkenes Gas bei dem Gesamtdruck P und dem der Temperatur t bzw. dem Sättigungsdruck P_s entsprechenden Feuchtigkeitsgrad φ, bezogen ist. Für wasserdampfhaltige Luft wird z. B.

$$\frac{R_L}{R_D} = 0{,}622$$

und

$$x = 0{,}622\,\frac{\varphi\,P_s}{P - \varphi\,P_s}\ \text{kg/kg tr} \tag{95}$$

Für den Sättigungszustand, d. h. $\varphi = 1$, folgt dann allgemein

$$x_s = \frac{R_L}{R_D} \cdot \frac{P_s}{P - P_s}\ \text{kg/kg tr} \tag{96}$$

Diese Werte x_s sind ebenfalls in Zahlentafel 24 enthalten.

Häufig ist es auch zweckmäßig an Stelle des Feuchtigkeitsgehaltes γ_s oder x_s mit der auf 1 Nm³tr bezogenen Feuchtigkeit f_s in g/Nm³tr zu rechnen. Zur Berechnung der relativen Feuchtigkeit ist aber in diesem Falle der auf feuchtes Gas bezogene Anteil in g/Nm³f bzw. Nm³/Nm³f einzusetzen, so daß folgt[1]

$$\varphi = \frac{f}{f_s}$$

Hierin bedeutet

f = tatsächlicher Feuchtigkeitsgehalt g/Nm³f bzw. Nm³/Nm³f
f_s = Feuchtigkeitsgehalt für gesättigtes Gas g/Nm³f bzw. Nm³/Nm³f

Zahlenwerte für f_s finden sich ebenfalls in Zahlentafel 24.

Aufgabe: Wie groß ist das spezifische Gewicht eines gesättigten Gasgemisches vom Gesamtdruck $P = 760$ mm Q.-S. und der Temperatur $t = 60^0$ C?

---

* Genau genommen stimmt diese Gleichung für Wasserdampf nicht, doch kann man bis zu Temperaturen von etwa 80^0 C den unter 1 vH. liegenden Fehler vernachlässigen. Eine Berichtigungstafel findet sich in Lüth: Die Feuchtigkeit in techn. Gasen. Arch. Eisenhüttenwes. Bd. 3 (1929) S. 398.

[1] Vgl. Lüth: a. a. O.

Es ist nach Zahlentafel 24 für $t = 60^\circ$ C die Dampfspannung

$$P_D = P_s = 149{,}4 \text{ mm Q.-S.}$$

Aus der Gleichung

$$P = P_L + P_D$$

folgt als Teildruck der trockenen Luft

$$P_L = 760 - 149{,}4 = 610{,}6 \text{ mm Q.-S.}$$

Das spezifische Gewicht des Wasserdampfes ist nach Zahlentafel 24 bei $t = 60^\circ$, $\gamma_s = 130$ g/m³ $= 0{,}13$ kg/m³.

Das spezifische Gewicht der trockenen Luft berechnet sich aus der allgemeinen Zustandsgleichung der Gase zu

$$\gamma_l = \frac{P_l T_0}{P_0 T_l} \gamma_0$$

Hierbei bezeichnet der Index o den Zustand bei 0° C 760 mm Q.-S., der Index l den gegebenen Zustand. Es folgt also:

$$\gamma_l = \frac{610{,}6 \cdot 273}{760 \cdot 333} \cdot 1{,}293 = 0{,}852 \text{ kg/m³}$$

Zahlentafel 24. Zustandsgrößen für feuchte Luft.

Temperatur	Teildruck des Wasserdampfes	Maximaler Feuchtigkeitsgehalt =spez.Gew. des Wasserdampfes	Maximaler Feuchtigkeitsgehalt	Maximaler Feuchtigkeitsgehalt
t	P_s	γ_s	f_s	x_s
°C	mm Q.-S.	bezogen auf t u. P_s g/m³	g/Nm³ tr.	g/kg tr.
—20	0,77	0,88	0,81	
—10	1,95	2,14	2,1	1,65
— 5	3,01	3,24	3,2	
0	4,58	4,84	4,8	3,0
5	6,5	6,8	7,0	
10	9,2	9,4	9,8	7,88
15	12,8	12,8	13,7	
20	17,5	17,3	18,9	15,19
25	23,8	23,0	26,0	
30	31,8	30,3	35,1	28,14
35	42,2	39,0	47,3	
40	55,3	51,0	63,1	50,6
45	71,9	65,0	84,0	
50	92,5	83,0	111,4	89,5
55	118,0	104,0	148,0	
60	149,4	130,0	196,0	158,5
65	187,5	161,0	265,0	
70	233,7	198,0	361,0	289,7
75	289,1	241,0	499,0	
80	355,1	293,0	716,0	580,0
90	525,8	423,0	1877,0	
100	760,0	597,0	∞	

Vgl. Kohlrausch, F.: Lehrbuch der praktischen Physik, 14. Aufl. Leipzig: B. G. Teubner 1930.

Damit wird

$$\gamma = \gamma_s + \gamma_l = 0{,}13 + 0{,}852 = 0{,}982 \text{ kg/m}^3$$

Aufgabe: Wie groß ist der relative Feuchtigkeitsgehalt eines feuchten Gemisches bei $t = 50^0\,$C und einem Feuchtigkeitsgehalt von 80 g/Nm³ tr ?

Nach Zahlentafel 24 entfallen bei $50^0\,$C auf 1 Nm³ tr 111,4 g Feuchtigkeit. Folglich ist

$$\varphi = \frac{80}{111{,}4} = 0{,}718 = 71{,}8 \text{ vH.}$$

Aufgabe: Welche Luftmenge ist notwendig, um 1 kg Wasser fortzutragen, wenn der relative Feuchtigkeitsgehalt der Abluft $\varphi = 0{,}75$ und die Temperatur $t = 30^0\,$C ist?

Aus Zahlentafel 24 folgt für $t = 30^0\,$C ein maximaler Feuchtigkeitsgehalt $x_s = 28{,}14$ g/kgtr, also bei $\varphi = 0{,}75$ folgt

$$x = 28{,}14 \cdot 0{,}75 = 21{,}2 \text{ g/kgtr} = 0{,}211 \text{ kg/kgtr}$$

Es ist also zur Fortschaffung von 1 kg Wasser eine Luftmenge notwendig von

$$L = \frac{1}{0{,}0211} = 47{,}3 \text{ kg}$$

2. Meßgeräte.

Die Messungen des Feuchtigkeitsgehaltes in Luft und Gasen können sich sowohl auf die Bestimmung der relativen Feuchtigkeit als auch auf die Bestimmung der tatsächlichen Feuchtigkeit erstrecken. Die Messung der relativen Feuchtigkeit ermöglicht unter Ausschaltung einer besonderen Temperaturmessung vergleichbare Angaben zu erhalten. Sie wird durchgeführt mit **Psychrometern** und mit **Hygrometern**. Hierbei ist zu beachten, daß feuchte Gase unterhalb der Sättigungstemperatur Wasser in Form von Nebel mitführen können. Diese **sichtbare** Feuchtigkeit kann nicht durch Psychrometer oder Hygrometer, sondern nur durch Absorptions-Feuchtigkeitsmesser gemessen werden (Chlorkalzium). Den Feuchtigkeitsgehalt des Wasserdampfes bestimmt man mittels **Drosselkalorimeter.**

a) Psychrometer.

Das von **August** (1828) erfundene Psychrometer besteht im wesentlichen aus zwei Thermometern. Ein Thermometer gibt die jeweilige Lufttemperatur an, während das Quecksilbergefäß des zweiten Thermometers mit einer Stoffhülle umgeben ist. Diese Stoffhülle taucht mit einem leichten Docht in einen, am besten mit destilliertem Wasser gefüllten Napf, so daß die Quecksilberkugel dieses Thermometers dauernd „feucht" gehalten wird. Solange das Gas bzw. die Luft nicht mit Feuchtigkeit gesättigt ist, verdunstet an der Stoffhülle dauernd Wasser. Die bei der Verdunstung verbrauchte Wärme wird dem Thermometer entzogen, wodurch das „feuchte" Thermometer einen tieferen Stand anzeigt als das „trockene" Thermometer. Wichtig ist, daß vor der Ablesung die Luft natürlich oder künstlich bewegt wird. Häufig genügt hier schon ein leichtes Fächeln. Es gibt auch besondere Schleuder-Psychrometer, bei denen vor der Ablesung der beiden Thermometer diese Ventilation durch Schwenken um den am Psychrometer angebrachten Handgriff hervorgerufen wird.

Die Verdunstung geht um so lebhafter vor sich, je weniger Wasserdampf in der Luft enthalten ist. Aus dem Stand des trockenen Thermometers und aus der „psychrometrischen Differenz" der beiden Thermometer läßt sich durch Rechnung die relative Feuchtigkeit ermitteln.

Bedeutet

p_s = Dampfspannung entsprechend der Temperatur des feuchten Thermometers mm Q.-S. (aus Zahlentafel 24)
t_{tr} = Temperatur des trockenen Thermometers ^{0} C
t_f = Temperatur des feuchten Thermometers ^{0} C

so folgt
bei Messung in geschlossenen Räumen und Bewegen der Thermometer für Luft die Näherungsgleichung

$$\left.\begin{aligned} & p = p_s - 0,6 \ \ (t_{tr} - t_f) \ \text{ wenn } t_f \text{ über } 0^0 \text{ C liegt} \\ \text{und} \quad & p = p_s - 0,52 \ (t_{tr} - t\ ) \ \text{ wenn } t_f \text{ unter } 0^0 \text{ C liegt.} \end{aligned}\right\} \quad (97)$$

Weicht der Gemischdruck von 760 mm Q.-S. mehr als 10 vH. ab, so läßt sich der wahre Feuchtigkeitsgehalt f berechnen aus der Formel

$$f = f_{760} \, \frac{760 - p_s}{p - p_s} \tag{98}$$

hierbei ist

p = Gemischdruck in mm Q.-S.

Wesentlich für die Genauigkeit der Anzeige ist eine genügende Belüftung des Thermometers. Die Temperaturerniedrigung des befeuchteten Thermometers erfolgt so weit, daß die in der Zeiteinheit zur Verdunstung des Wassers am Thermometer erforderliche Wärmemenge gleich derjenigen Wärmemenge ist, die die vorbeistreichende Luft unter den gegebenen Bedingungen abgibt. Auch die Art der Benetzung des Thermometers ist von Einfluß. Am besten eignen sich Baumwollgewebe, deren Fasern rauh und porös sind.

Eine Verbesserung der einfachen Psychrometer sind die Aspirations-Psychrometer nach Aßmann. Die Quecksilberkugel des feuchten Thermometers ist hier von einem polierten Metallschutzrohr umgeben. Außerdem wird, ähnlich wie bei den Absaugepyrometern, die feuchte Luft durch einen kleinen am Instrument angebrachten Ventilator mit einer Geschwindigkeit von rund 2 m/s durch die Hülse hindurchgesaugt.

Aufgabe: Wie groß ist der Feuchtigkeitsgehalt, wenn bei 760 mm Q.-S. Gemischdruck die Temperatur des trockenen Thermometers $t_{tr} = 40^0$ C und die Temperatur des feuchten Thermometers $t_f = 35^0$ C beträgt?

Es folgt aus Zahlentafel 24 die Dampfspannung p bei $t_f = 35^0$ C zu 42,2 mm
Q.-S. Die Dampfspannung bei Taupunktstemperatur berechnet sich jetzt aus der
Gleichung

$$p = p_s - 0,6\,(t_{tr} - t_f)$$

$$= 42,2 - 0,6\,(40 - 35) = 39,2 \text{ mm Q.-S.}$$

Hierfür ist der Feuchtigkeitsgehalt gemäß Zahlentafel 24 nach Interpolation

$$f_s = 43,5 \text{ g/Nm}^3\text{tr}$$

Die auf dem Zweithermometerverfahren beruhenden Psychrometer
dienen im wesentlichen zur Feuchtigkeitsbestimmung der Raumluft in
der Textil- und Lebensmittelindustrie, doch läßt sich das Verfahren auch
zur Feuchtigkeitsmessung verschmutzter Gase benutzen[1].

Ein Nachteil des Zweithermometerverfahrens mit psychrometrischer
Differenz ist die Unmöglichkeit der Messung bei Temperaturen über
80^0 C. Es beginnt hier bereits die Annäherung an den Siedepunkt und
die Messung wird ungenau. Infolgedessen sind Psychrometer im Feue-
rungs- und Ofenbetriebe weniger brauchbar. Die Anzeigeverzögerung
beträgt beim Aßmannschen Psychrometer 2—5 Minuten.

Psychrometer sind auch zu Feuchtigkeitsmessungen bei Temperaturen
unter 0^0 C geeignet, doch wird die Genauigkeit durch eine etwa am
feuchten Thermometer sich bildende Eis- oder Wasserhaut beeinträchtigt.

Eine ebenfalls auf der Zweithermometermessung beruhende Feuchtigkeitsbestimmung ist das von Nägel und Thibaut eingeführte Druck-
Temperaturverfahren[1].

Derartige Feuchtigkeitsmesser verschmutzen nicht so leicht wie Aspi-
rationspsychrometer und sind daher vor allem für teerhaltige Gase sehr
geeignet. Fortlaufende Messung ist jedoch nicht möglich. Die Genauigkeit beträgt $\pm$ 1 vH.

Bei der Fernübertragung der Meßwerte werden die Quecksilber-
thermometer durch Thermoelemente ersetzt. Zwischen befeuchteter und
trockener Lötstelle entsteht ein Thermostrom und da sich durch besondere elektrische Schaltung der Feuchtigkeitsgehalt abhängig von der
Thermospannung machen läßt, besteht bei entsprechender Eichung des
Spannungsmessers auch die Möglichkeit einer unmittelbaren Ablesung
der relativen Feuchtigkeit[2].

Bei der Bauart von Keiser & Schmidt, Berlin und De Bruyn,
Düsseldorf wird ein Teil der zu einer Batterie zusammengefaßten Lötstellen der Thermoelemente durch einen röhrenförmigen wasserdurch-
lässigen Tonkörper dauernd befeuchtet. Die andere Hälfte der Thermoelemente liegt frei und nimmt die Temperatur der umgebenden Luft an.
Die Temperaturdifferenz erzeugt dann eine geringe elektromotorische
Kraft, die ein Maßstab des Feuchtigkeitsgehaltes ist. Derartige Geräte

---

[1] Mitt. Wärmestelle Düsseldorf Nr. 143.

[2] Vgl. Siemens-Z. 1930 Heft 11 S. 584 und 1931 Heft 1. S. 29.

sind bis zu Temperaturen von 350° C brauchbar. Die Zufuhr der Verdunstungsflüssigkeit zu den benetzten Lötstellen erfolgt häufig durch einen oberhalb des Verdunstungsrohres angebrachten Wasserbehälter.

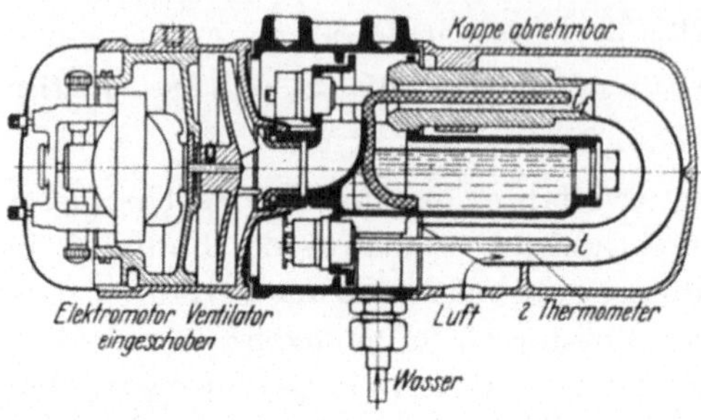

Abb 65. Schnitt durch den SH.-Feuchtigkeitsmesser.

Die Firma Siemens und Halske baut ein mechanisches Aspirations-Psychrometer (Abb. 65), bei dem durch einen kleinen Ventilator das zu untersuchende Gas an einem feucht gehaltenen elektrischen Widerstandsthermometer vorbeigeführt wird. Die psychrometrische Differenz ergibt in Abhängigkeit von der Lufttemperatur wiederum die relative Feuchtigkeit.

b) Hygrometer.

Manche Körper nehmen unter Veränderung der Form Luftfeuchtigkeit auf. Besonders stark und gleichmäßig ist beim Menschenhaar die Ausdehnung bei zunehmender und die Zusammenziehung bei abnehmender Feuchtigkeit, und zwar hängt die Längenänderung vom relativen Feuchtigkeitsgehalt der Luft ab. Wird ein Haar oder Haarbündel durch Übersetzungshebel mit einem Zeiger in Verbindung gebracht, derart, daß die Längenänderung auf einer Skala abgelesen werden kann, so erhält man ein Haarhygrometer. Der Mathematiker Lambert hat die ersten Versuche mit einem derartigen Hygrometer angestellt. Er benutzte Darmseiten, deren achsiale Drehung ein Zeiger auf einer Skala anzeigte. Die ersten Geräte hatten noch keine sehr hohe Genauigkeit. Erst auf Grund der Arbeiten von Saussure, Gay-Lussac und Daniell erkannte man die bessere Wirkung des entfetteten Menschenhaares.

Haarhygrometer sind verbreitete Instrumente, die bis zu Temperaturen von 180° C brauchbar sind und auch eine aufzeichnende und fernelektrische Übertragung ermöglichen.

Ein Nachteil der Haarhygrometer ist die leichte Veränderlichkeit und die besonders bei hohen Temperaturen durch die große Übersetzung bedingte Ungenauigkeit. Bei Messung hoher Feuchtigkeitsgehalte ist daher häufige Nachjustierung notwendig. Bei starker Trockenheit, d. h. also langsamer Längenänderung kann die Anzeigeverzögerung Stunden betragen. Der Vorteil der Haarhygrometer besteht in der Einfachheit der Messung und in dem billigen Preis.

Bei dem Daniellschen Hygrometer sind zwei luftleere Glaskugeln durch eine Glasröhre verbunden. In der rechten mit Äther gefüllten Kugel befindet sich ein Thermometer, während die linke Kugel

außen mit einem Mullbausch umgeben ist. Wird nun der Mullbausch
mit Äther beträufelt, so destilliert die in der rechten Kugel befindliche
Flüssigkeit in die linke Kugel hinüber. Dabei sinkt gleichzeitig die
Temperatur in der rechten Kugel. In dem Augenblick, wo die rechte
Kugel von außen leicht beschlägt, zeigt das Thermometer im Innern der
Kugel den Taupunkt an. Die relative Luftfeuchtigkeit folgt aus

$$\varphi = \frac{P_{si}}{P_{sa}}\,\frac{273 + t_i}{273 + t_a}$$

Hierin ist

$P_{si}=$ Teildruck des Wasserdampfes bei der Temperatur t_i im Innern des Thermometers mm Q.-S. (Zahlentafel 24)

$P_{sa}=$ Teildruck des Wasserdampfes bei der Temperatur t_a der Außenluft mm Q.-S.
(Zahlentafel 24)

c) Absorptionsfeuchtigkeitsmesser.

Feuchtigkeit wird sehr stark durch Chlorkalzium ($CaCl_2$) absorbiert,
doch verlangt eine auf der Chlorkalziumabsorption aufgebaute Feuchtigkeitsbestimmung sorgfältigste Ausführung, vor allem hinsichtlich der
Gewichtsbestimmung der Vorlagen. Der an sich einfache Meßvorgang
ist in Abb. 66 schematisch dargestellt. Durch eine Strahlpumpe oder

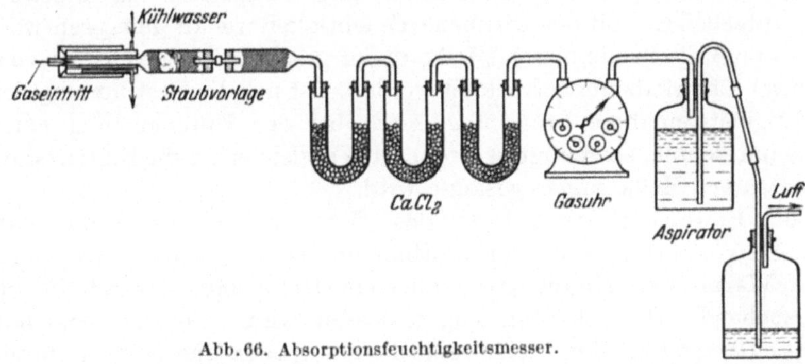

Abb. 66. Absorptionsfeuchtigkeitsmesser.

einen Aspirator wird das zu untersuchende Gas durch die mit Chlorkalzium gefüllten Vorlagen hindurchgesaugt. Die trockene Gasmenge
zeigt die Gasuhr an, während die Gewichtsmessung der Vorlagen vor
und nach dem Versuch die absolute Feuchtigkeit bezogen auf die durch-
gegangene Trockengasmenge ergibt. Da ein Chlorkalziumrohr nur bis
etwa 10 g Wasser aufnehmen kann, müssen so viele Chlorkalziumvorlagen
der Gasuhr vorgeschaltet sein, daß die unmittelbar an der Uhr befindliche Vorlage nur trockenes Gas erhält, also keine Gewichtsvermehrung
ergibt. Bei heißen Gasen ist Kühlung und bei staub- und teerhaltigen
Gasen Schutz gegen Verschmutzung durch besondere Staubvorlagen, notwendig. Aufschreibende oder registrierende Messung ist nicht möglich,
doch eignet sich das Verfahren sehr gut zu Einzeluntersuchungen, z. B.
zur Feuchtigkeitsbestimmung heißer Ofengase.

An Stelle des Chlorkalziums kann als Absorptionsmittel auch Bimsstein mit konzentrierter Schwefelsäure oder wasserfreie Phosphorsäure genommen werden.

Steht eine Gasuhr zur Mengenmessung nicht zur Verfügung, so kann das aus dem Aspirator auslaufende Wasservolumen angenähert dem Volumen des angesaugten Gases gleichgesetzt werden. Zweckmäßig ist es, die Temperatur des Aspiratorwassers unter der Temperatur der umgebenden Luft zu halten um den Fehlereinfluß durch Temperaturabweichung gering zu halten[1].

d) Sonderbauarten.

Da Wasserdampf 0,65mal so schwer als Luft ist, läßt sich auch auf Grund der Gasdichte der Feuchtigkeitsgehalt bestimmen. Auf diesem Prinzip ist der Ranarex-Apparat der A. E. G. aufgebaut. Der Apparat ist im Abschnitte „Gasuntersuchungen" eingehender beschrieben. Er ist so empfindlich, daß z. B. an einem Trockenapparat Feuchtigkeitsunterschiede zwischen Frischluft und Abluft von $^1/_5$ vH. noch angezeigt werden. Damit die Feuchtigkeit in Dampfform erhalten bleibt, werden die Meßkammern und die Entnahmeleitungen elektrisch auf ungefähr 80° C aufgeheizt. Soll der wirkliche Feuchtigkeitsgehalt gemessen werden, so muß die in die untere Meßkammer gesaugte Vergleichsluft vorher durch Chlorkalzium getrocknet werden. Ist nur die Bestimmung der Feuchtigkeitszunahme notwendig, z. B. bei der Untersuchung einer Trockenmaschine, so genügt es, wenn als Vergleichsluft die Eintrittsluft in die untere Meßkammer gesaugt wird.

Den Feuchtigkeitsgehalt des Wasserdampfes kann man mittels Drosselkalorimeter bestimmen. Dieses besteht aus einem gegen Wärmeausstrahlung gut isoliertem Hohlgefäß, das an die zu untersuchende Dampfleitung angeschlossen wird. Der zu messende feuchte Dampf tritt durch eine feine Bohrung oder eine Düse in dieses Gefäß ein, nachdem er vorher durch ein Ventil auf eine geringe Spannung abgedrosselt worden ist. Der Dampf entweicht aus dem Kalorimeter durch ein zweites Ventil ins Freie. Während des ständigen Dampfdurchflusses wird gemessen: Druck und Temperatur v o r dem Kalorimeter, sowie Druck und Temperatur i m Kalorimeter. Da durch eine Drosselung des Dampfes der Wärmeinhalt n i c h t verändert wird, ist der Zustandsverlauf in der i—s-Tafel durch eine von links nach rechts verlaufende Waagerechte gegeben; der Dampf wird also bei genügender Drosselung überhitzt. Da innerhalb des Kalorimeters Druck und Temperatur gemessen wurden, kann man den Zustandspunkt nach Drosselung, also bei Überhitzung, in der i—s-Tafel, festlegen. Geht man von hier aus auf der

---

[1] Bongards: Feuchtigkeitsmessung. München—Berlin: Verlag R. Oldenbourg 1926.

Waagerechten wieder nach links bis zum Schnittpunkt mit der Druck-
linie des Dampfdruckes vor dem Kalorimeter, so entspricht dieser
Schnittpunkt dem Dampfzustand in der Dampfleitung. Bei Dampf von
Atmosphärenspannung muß man in ein Vakuum hinein drosseln; der
Rechnungsgang bleibt jedoch derselbe. Wichtig ist für eine genaue Mes-
sung, daß sich der Apparat im Beharrungszustand befindet und die
Temperaturmessungen sehr sorgfältig gemacht werden. Zur Entnahme
der Dampfproben wird am besten ein mit Löchern versehenes Rohr in die
Dampfleitung eingeführt. Eine Zusammenstellung verschiedenartiger
anderer Verfahren findet sich u. a. in der VDI-Zeitschrift 1895 S. 1059.
Drosselkalorimeter sind für Dampffeuchtigkeitsmessungen bis 4 vH.
Dampfnässe geeignet.

VI. Gasuntersuchungen.

Bereits im ersten Abschnitt, Absatz III, war auf die Wichtigkeit einer
guten Verbrennung hingewiesen worden. Zur Prüfung des Verbrennungsvorganges ist insbesondere die Kenntnis des CO_2, CO und O_2-Gehaltes
notwendig. Daneben kann zur Beurteilung von Frischgasen und Ver-
gasungsprozessen auch der H_2-Gehalt Bedeutung haben. Die für derartige Untersuchungen benutzten Apparate sind entweder für Stich-
proben mit Handbedienung, oder für Dauermessungen selbsttätig an-
zeigend und schreibend eingerichtet. Die verschiedenen Bauarten lassen
sich in zwei Gruppen einteilen, in solche, die auf chemischer und in solche,
die auf elektrischer oder physikalischer Grundlage beruhen. Im nachfolgenden sind im wesentlichen Apparate aufgeführt, die im praktischen
Betriebe zur Untersuchung dienen.

1. Chemische Rauchgasprüfer.

Bestimmte Flüssigkeiten oder feste Körper haben die Fähigkeit Gase
zu absorbieren. Wird deshalb eine bestimmte in einer Meßbürette ab-
gemessene Gasmenge durch die betreffende Absorptionsflüssigkeit hindurchgedrückt, so verringert sich das ursprüngliche Gasvolumen und
der Differenzbetrag ergibt den Gehalt des absorbierten Gasbestandteiles.
Nicht absorbierbare Gase werden unter Zuführung von Sauerstoff verbrannt, so daß auch hier die Volumenverminderung ein Maßstab der
Größe der brennbaren Bestandteile ist. Bei der Verbrennung wird von
der katalytischen Wirkung einiger Stoffe z. B. Platin, Platinasbest,
Kupferoxyd, Gebrauch gemacht.

Der bekannteste handbediente Apparat zur Untersuchung von CO_2,
CO und O_2 ist der Orsat-Apparat, der in erweiterter Form auch für die
Absorption von C_nH_n, H_2 und CH_4 geeignet ist. Der einfache Orsat-
Apparat zur Bestimmung von CO_2, CO und O_2 ist in Abb. 67 schematisch
wiedergegeben. In die zur Erzielung gleichmäßiger Temperaturverhält-

nisse während der Messung von einem Wassermantel umgebene Meßbürette werden 100 cm³ zu untersuchendes Gas eingesaugt und nach-
einander durch die Absorptionsgefäße hindurchgedrückt [1]; zuerst durch
die mit Kalilauge gefüllte Pipette zur Absorption der Kohlensäure
(CO_2) (Zusammensetzung der Kalilauge: 500 g Ätzkali auf 1 Liter

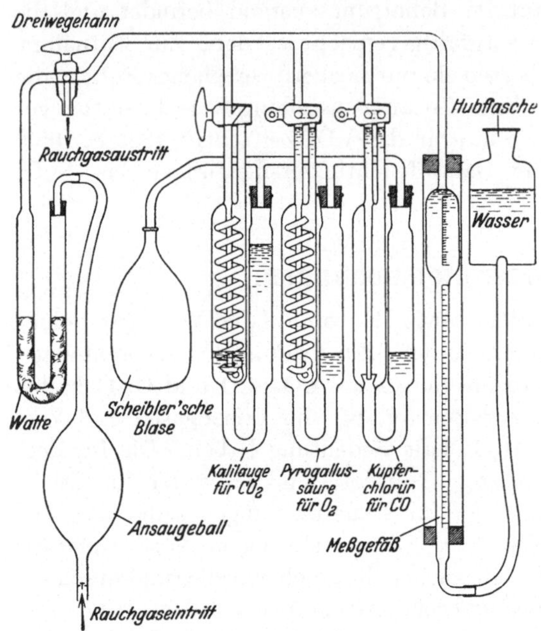

Abb. 67.
Orsatapparat (schematisch) (Stellung bei CO_2 Absorption).

destilliertes Wasser).
Werden jetzt in der
Meßbürette z. B. nur
noch 85 cm³ Gas fest-
gestellt, so sind 15 cm³,
entsprechend 15 vH.
CO_2, absorbiert worden.
Der verbleibende Gas-
rest ergibt, durch die
zweite mit Pyrogallus-
säure gefüllte Pipette
hindurchgedrückt, den
Sauerstoffgehalt und
durch die dritte mit
Kupferchlorür gefüllte
Pipette, den CO-Gehalt
des Gases. Zusammen-
setzung der Pyrogallus-
säure: 15 bis 20 g trok-
kenes hellweißes Pyro-
gallolpulver auf 100 cm³
konzentrierte Kalilauge

(200 g Ätzkali auf 150 g destilliertes Wasser, spez. Gew. 1,5). Der
Luftzutritt muß verhindert werden, da die Lösung sonst leicht ver-
dirbt. Die Analyse des Sauerstoffs muß möglichst bei einer Lösungs-
temperatur von 20° C erfolgen, da kalte Lösungen träge absorbieren.
Günstiger hierfür ist gelber Phosphor als Absorptionsmittel[1] (gelbe Phos-
phorstangen in Wasser). Der Phosphor muß gelb bleiben, da sonst die
Absorptionsfähigkeit erschöpft ist. Zusammensetzung der Kupferchlorürlösung (nach Hempel): 250 g Ammoniumchlorid (Salmiak) und 200 g
Kupferchlorür in 750 cm³ Wasser, dazu $\frac{1}{3}$ des Lösungsvolumens Ammoniak (NH_3), spez. Gew. 0,91, 25 vH. Fertige Kupferchlorürlösung ver-
dirbt leicht bei Luftzutritt. Die Mutterlösung (250 g Salmiak auf 200 g
Kupferchlorür und 750 g destilliertes Wasser) dagegen bleibt länger haltbar. Mehrmaliges Durchspülen des Gases durch die einzelnen Pipetten
erhöht die Genauigkeit der Analyse.

---

[1] Eingehende Beschreibungen finden sich u. a. in Mitt. Wärmestelle Ver.
Eisenhüttenleute Düsseldorf Nr. 61. Ferner in Stahl u. Eisen Bd. 40 (1921) S. 1406.

Durch die Kalilauge wird außer CO_2 noch absorbiert: Chlor, Chlorwasserstoff, Schwefelwasserstoff, Schwefelkohlenstoff und Benzoldämpfe. Sind größere Mengen dieser Bestandteile in einem Gas vorhanden, z. B. bei ungereinigtem Koksgas und Schwelgas, so müssen diese gesondert vor der Kohlensäureanalyse bestimmt werden. Auch ist zu beachten, daß bei zu schwacher oder erschöpfter Pyrogallussäurelösung und der damit verbundenen unvollständigen Absorption des Sauerstoffs, dieser Sauerstoff in der Kupferchlorürlösung als CO analysiert wird und Anlaß zu Fehlmessungen gibt. Zu starke Pyrogallussäurelösungen können Kohlenoxyd abgeben und das Ergebnis ebenfalls beeinträchtigen.

Zur Untersuchung von Generatorgas, Mischgas, Wassergas, Hochofengas, Leucht- und Koksofengas reicht der einfache Orsat-Apparat nicht mehr aus. Es sind hierfür wenigstens 5 Absorptionsgefäße, sowie eine Verbrennungseinrichtung zur Bestimmung der brennbaren Bestandteile des Gasrestes notwendig. Die schweren Kohlenwasserstoffe werden in einer mit rauchender Schwefelsäure ($\gamma = 0{,}194$, $SO_3 = 21{,}1$ bis $21{,}5$ vH.) gefüllten Pipette bestimmt. Die entstehenden Säuredämpfe vergrößern das Gasvolumen wieder, so daß erst nach erneutem Durchspülen durch die Kalilaugevorlage der Gehalt an schweren Kohlenwasserstoffen bestimmt werden kann. Da die Kohlenoxydbestimmung mit nur einer Pipette leicht fehlerhaft werden kann — die Aufnahmefähigkeit von Kohlenoxyd wird nach mehrmaligem Durchspülen beeinträchtigt — sind in dem erweiterten Orsat-Apparat 2—3 Pipetten hierfür vorgesehen.

Wasserstoff und Methan werden durch Verbrennung mit einem bekannten Volumen reinem oder Luftsauerstoff bestimmt. Bedeutet

$a =$ Gasmenge nach der Kohlenoxydabsorption
$b =$ aufgewandte Sauerstoffmenge
$c =$ bei der Verbrennung entstandene Kohlensäuremenge

so ist der Prozentsatz an Methan $\dfrac{a \cdot c}{b}$. Ist die Gesamtkontraktion einschließlich der Kohlensäureabsorption $= f$, so folgt der Wasserstoffbestandteil zu

$$\frac{2\,a\,(f - 3\,c)}{3\,b}$$

Die gemeinsame Verbrennung von H_2 und Methan kann erfolgen in

erhitzten Röhren, in denen sich Kupferoxyd oder Platindraht befindet;

besonderem Gefäß über einer weiß glühenden elektrisch geheizten Platinspirale.

Bei der fraktionierten (getrennten) Verbrennung von Wasserstoff und Methan wird eine Platinkapillare oder ein mit Palladiumasbest gefüllte Quarzglasröhre benutzt. Letzteres ist allerdings nur brauchbar, wenn nur sehr geringe Mengen Methan vorhanden sind, da das Methan nicht restlos verbrennt.

Die genaue Bestimmung der Gaszusammensetzung erfordert große Sorgfalt bei der Ausführung der Untersuchung. Einige der Hauptfehler und ihre Vermeidung seien nachfolgend aufgeführt.

Frisch angesetzte Lösungen ergeben erst nach mehrmaligen Analysen genaue Ergebnisse. Das Sperrwasser in der Heberleitung kann CO_2 absorbieren, insbesondere wenn Spuren von Kalilauge aus der Absorptionspipette bei einer vorhergehenden Analyse mitgerissen worden sind. Durch Zusatz von Metylorange ist die Verunreinigung zu erkennen. Gibt man dem Sperrwasser einige Tropfen Salzsäure zu, so läßt sich die störende Absorptionswirkung aufheben; auch die Verwendung von gesättigter Kochsalzlösung als Sperrwasserflüssigkeit ist zweckmäßig. Quecksilber als Sperrflüssigkeit ist in Sonderfällen, z. B. wenn bei der Verbrennung von Methan viel Kohlensäure entsteht, am Platze. Ungenügendes Durchspülen des Gases durch die Absorptionsgefäße ist ebenfalls eine Ursache von Fehlmessungen. Die verschiedenartigen Konstruktionen der Absorptionsgefäße verfolgen alle das Ziel, eine möglichst große Berührungsoberfläche und eine gute Kontaktwirkung zwischen Gas und Absorptionsflüssigkeit zu erzielen. Viele kleine Gasblasen sind besser als wenige große. Die Absorptionsgefäße müssen so beschaffen sein, daß ein Hängenbleiben von Gasblasen unmöglich ist.

Außer diesen für Betriebsversuche geschaffenen handbedienten Apparaten sind für genaue Laboratoriumsuntersuchungen Sonderkonstruktionen geschaffen worden[1].

Der Wunsch, unter Beibehaltung des chemischen Prinzips die Handbedienung des Orsat-Apparates überflüssig zu machen, führte zu selbsttätigen Rauchgasprüfern. Der Ados-Gesellschaft m. b. H. in Aachen gebührt das Verdienst, auf diesem Gebiete bahnbrechend gewesen zu sein. Die „Ados-Einfachschreiber" zur Bestimmung von CO_2 und die „Duplexschreiber" zur Bestimmung von CO_2, CO und H_2 sowie die O_2-Schreiber gehören mit zu den bekanntesten Apparaten. Die Prüfung auf CO_2 geschieht durch Absorption über Kalilauge, während die Bestimmung der unverbrannten Gase durch Verbrennung in dem Verbrennungsofen des Apparates erfolgt. In diesem verbrennen die vorhandenen brennbaren Gase zu CO_2 und H_2O-Dampf. Der H_2O-Dampf wird niedergeschlagen, die entstandene Kohlensäure von der Kalilauge absorbiert.

Das Schema eines Ados-CO_2-Linienschreibers mit Fernübertragung ist in Abb. 68 wiedergegeben. Die Wirkungsweise ist folgende:

---

[1] Vgl. hierzu Hempel: Gasanalytische Methoden, 4. Aufl. Braunschweig: Verlag Vieweg u. Sohn 1913.

Winkler-Brunk: Technische Gasanalysen, 4. Aufl. Leipzig: Verlag Arthur Felix 1919.

Lunge-Berl: Chem. Techn. Untersuchungsmethoden, 7. Aufl. Berlin: Julius Springer 1921.

In den Wassereinlaufkasten läuft Betriebswasser ein. Ein Teil des Betriebswassers tritt durch kleine Öffnungen in die Saugdüse und erzeugt hierdurch ein Vakuum, so daß ein fortlaufender Gasstrom den Apparat durchzieht. Ein weiterer

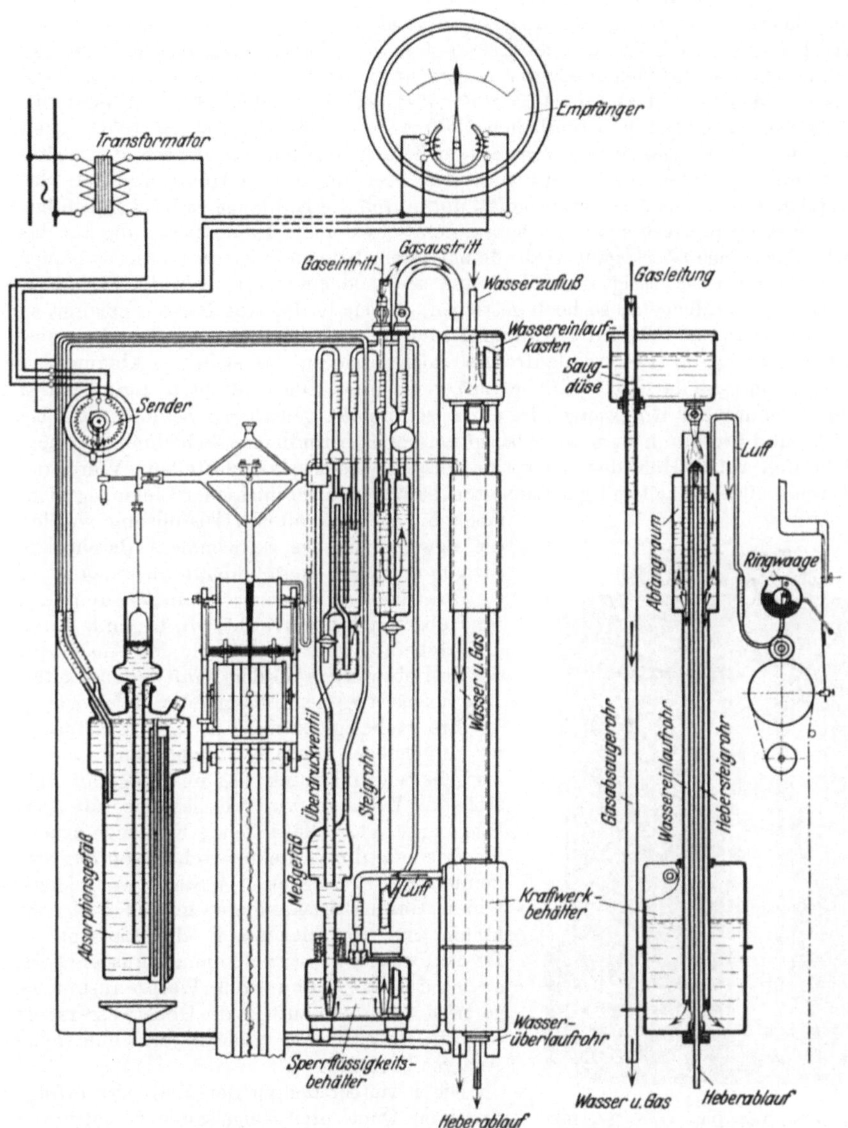

Abb. 68. Ados-Linienschreiber mit Fernübertragung.

Teil des Wassers läuft in den Kraftwerksbehälter, in den das Hebersteigrohr mündet. Das in den Kraftwerksbehälter einlaufende Betriebswasser schließt zunächst das Hebersteigrohr und dann das Wassereinlaufrohr von der Außenluft ab. Die nun im Kraftwerksbehälter eingeschlossene Luft wird durch das weitere Steigen des

Betriebswassers verdichtet und in den Sperrflüssigkeitsbehälter gedrückt. Die in demselben befindliche Sperrflüssigkeit wird durch die übertretende Druckluft in das Meßgefäß gedrückt. Gleichzeitig steigt die Sperrflüssigkeit in dem daneben liegenden Steigrohr hoch und schließt das Gasaustrittskapillarrohr ab, so daß die Oberfläche der Kalilauge im Absorptionsgefäß von der Außenluft abgeschlossen ist. Die ü b e r s c h ü s s i g e n eingesaugten Gase dienen dazu, das im Meßgefäß befindliche Gas auf gleichmäßige Temperatur zu bringen. Die Gase können durch das Überdruckventil an die Außenluft gelangen. Bei Abschluß der unteren Öffnung des im Meßgefäß befindlichen Rohres durch die steigende Sperrflüssigkeit werden 100 cm³ Gas unter konstantem Druck abgefangen. Durch die weiter steigende Sperrflüssigkeit wird nun das abgefangene Gasvolumen durch das Kapillarrohr in das Absorptionsgefäß und durch die Kalilauge gedrückt. Infolgedessen steigt die Kalilauge und hebt einen Schwimmer, dessen Bewegung auf das Schreibgestänge übertragen wird. Je nach dem Bruchteil des durch die Kalilauge absorbierten Gases steigt der Schwimmer mehr oder weniger hoch. Ist die Sperrflüssigkeit im Meßgefäß so hoch gestiegen, daß sie in das Kapillarrohr gelangt, so sind 100 cm³ Gas durch die Kalilauge hindurchgedrückt worden. Das Betriebswasser ist jetzt im Wassereinlaufrohr so hoch gestiegen, daß es in den Abfangraum gelangt und die darin befindliche Luft verdichtet. Die verdichtete Luft bewirkt eine Drehung der Ringwaage, die ein Lösen des festgehaltenen Schreibstiftes bewirkt und hierdurch dem im Absorptionsgefäß befindlichen Schwimmer ermöglicht sich auf die Höhe des Absorptionsflüssigkeitsspiegels einzustellen. Würde der Schreibstift nicht zeitweilig festgehalten, so wäre ein geschlossener Linienzug nicht

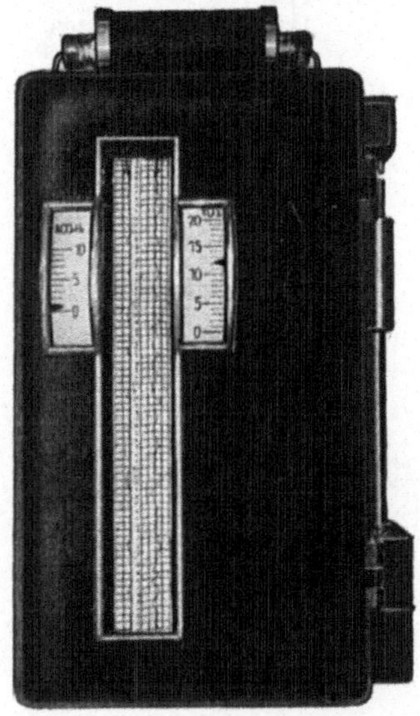

Abb. 69. Ádos-Duplexschreiber für
CO₂ und CO + H₂-Bestimmung, mit
Großanzeigeeinrichtung
(Außenansicht).

möglich. Bei der älteren Ausführung wurden die Bewegungen des Schwimmers als einzelne Striche auf das Diagrammblatt übertragen.

Hat das Betriebswasser den Scheitelpunkt im Hebersteigrohr erreicht, so beginnt durch das Heberablaufrohr hindurch das Ausheben des Betriebswassers aus dem Kraftwerksbehälter. Alle hochgestiegenen Flüssigkeiten fallen wieder in ihre Ruhelage zurück; die Luftverdichtung ist aufgehoben, der Schreibhebel wird wieder festgehalten und durch das im Meßgefäß entstehende Vakuum wird frisches Gas zur Analyse angesaugt. Die sinkende Kalilauge drückt die Restgase durch die inzwischen von der sinkenden Sperrflüssigkeit im Steigrohr freigegebenen Gasaustrittskapillare in das Steigrohr hinein und von hier aus in die Atmosphäre. Ist das Betriebswasser vollkommen ausgehebert, so daß das Steigrohr aus dem Wasser austaucht, so tritt von unten Luft in die Heberwassersäule ein, die Wassersäule reißt ab und eine neue Analyse beginnt.

Die Fernübertragung der Meßwerte erfolgt durch ein Quotienten-Ringeisen-Meßgerät durch Veränderung des Senderwiderstandes. Der Ausschlag des Schreibzeuges bewirkt eine Drehung der Schnurscheibe, wodurch der Senderwiderstand verändert und ein entsprechender Ausschlag am Empfänger sichtbar wird.

CO₂-Schreiber dienen zur Überwachung des Luftüberschusses bei Feuerungen. Sie geben eine Vergleichsmöglichkeit nur dann, wenn der maximale CO_2-Gehalt des betreffenden Brennstoffes bekannt ist. Bei häufig wechselnden Brennstoffen ist jedoch durch den vom Brennstoff abhängigen maximalen CO_2-Gehalt der Vergleich erschwert. So ist z. B. der größte CO_2-Gehalt für die aus Gichtgas entstandenen Rauchgase rund 24 vH., während unter gleichen Verhältnissen dieser Wert für Koksofengas bei rund 9 vH. liegt. In solchen Fällen wird die Beurteilung der Verbrennung durch Untersuchung der Abgase auf Sauerstoff erleichtert. Derartige Untersuchungen auf Sauerstoffgehalt haben noch den Vorteil, daß z. B. bei einem Ansteigen des Luftüberschusses um das Doppelte, der Sauerstoffschreiber auch eine fast verdoppelte Anzeige ergibt, während bei einem Kohlensäureschreiber der durch den Luftüberschuß entstehende CO_2-Rückgang nur wenige Prozent beträgt. Sauerstoffschreiber können auch wertvoll sein, wenn im Ofenbetrieb mit reduzierender Verbrennung gearbeitet werden muß. Die CO-Anzeige allein kann hier nicht immer das gewünschte Bild ergeben, da bei sehr großem Luftüberschuß, neben hohen Anteilen von O_2 auch noch CO meßbar ist. Die reduzierende Verbrennung würde somit nur vorgetäuscht[1]. Auch zur Überwachung der Frischgaszusammensetzung, z. B.

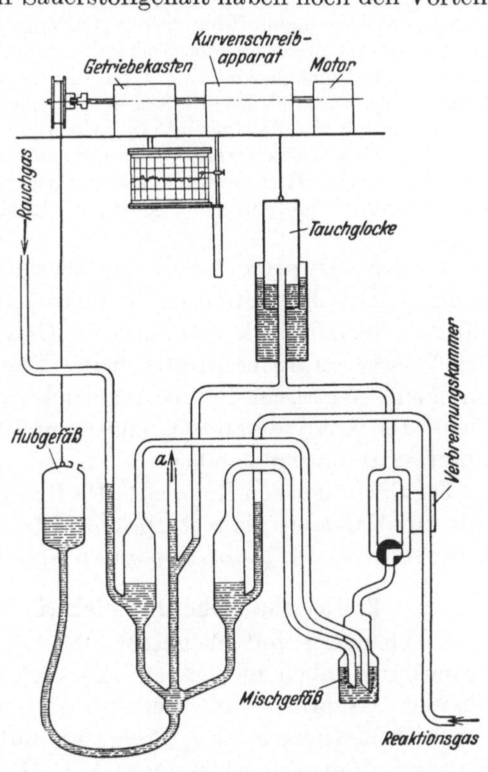

Abb. 70. Omeco-Sauerstoffschreiber Bauart Junkers.

bei Leuchtgas, kann ein O_2-Schreiber gute Dienste leisten.

Als Ausführungsbeispiel eines Sauerstoffschreibers ist in Abb. 70 der „Omeco-"Apparat der Junkers Thermotechnik G. m. b. H., Berlin, wiedergegeben[2].

Die Wirkungsweise ist folgende. Ein an die Lichtleitung angeschlossener Motor treibt eine Aufzugstrommel und bewirkt gleichzeitig den Vorschub des Diagrammstreifens. Die Getriebewelle steuert durch eine Nockenscheibe eine Kupplung so, daß die Seiltrommel, entweder mitgenommen oder lose, auf der Welle läuft. Die Trommel wickelt ein Seil auf, an dem das Hubgefäß befestigt ist. Das Hubgefäß

<hr>

[1] Ber. dtsch. glastechn. Ges. Nr. 17.
[2] Vgl. auch Arch. Eisenhüttenwes. Bd. 4 (1930) S. 461.

ist durch einen Gummischlauch mit den kommunizierenden Gefäßen verbunden. Beim Heben des Hubgefäßes steigt die Antriebs- und Sperrflüssigkeit in den kommunizierenden Röhren hoch. Sobald die Flüssigkeit den höchsten Stand erreicht hat, wird die Kupplung gelöst, die Hubflasche sinkt in die tiefste Lage zurück. Durch das Zurückströmen der Flüssigkeit wird eine Rauchgasprobe angesaugt. Gleichzeitig wird das Reaktionsgas — Leuchtgas oder Wasserstoff — (eine Stahlflasche reicht für 3—6 Monate) von der entgegengesetzten Seite zugeführt. Etwa im Reaktionsgas enthaltene Spuren von Sauerstoff werden in der elektrisch geheizten Verbrennungskammer durch Überführen über Kontaktsubstanzen zu Wasser verbrannt. Durch das Zurückgehen des Hubgefäßes wird ferner die Verbindung mit der Außenluft hergestellt (Leitung a), so daß die von der vorhergehenden Analyse im Meßraum der Tauchglocke noch vorhandenen Gase entweichen können. Die Tauchglocke sinkt dabei in ihre Ruhelage zurück. Hebt sich das Hubgefäß erneut durch Einschalten der Kupplung, so wird die Gasprobe und das Reaktionsgas durch die steigende Sperrflüssigkeit und durch das als Rückschlagventil ausgebildete Mischgefäß in die mit Kontaktsubstanzen gefüllte Verbrennungskammer gedrückt. Hier verbindet sich der Sauerstoff mit dem Wasserstoff, es tritt eine Volumenverminderung ein, so daß die Tauchglocke die Volumenkontraktion anzeigen kann.

Bei den „Duplex-Mono"-Kohlensäure-Kohlenoxydschreibern, der Mono G. m. b. H., Hamburg, werden enge Saugleitungen und Quecksilber als Sperrflüssigkeit benutzt, im Gegensatz zum Ados-Apparat, bei dem Wasser als Absperrmittel dient. Die neueren Mono-Apparate sind durch eine elektrische Pumpe angetrieben; Druckmittel ist wieder Kalilauge. Die Analyse von CO_2 und brennbaren Gasen $CO + H_2$ erfolgen unmittelbar hintereinander.

Die Gasprüfer von Eckardt, De Bruyn (Debro) u. a. arbeiten ebenfalls mit Kalilauge als Absorptionsmittel für CO_2. In ihrer Wirkungsweise sind sie den Ados-Apparaten ähnlich.

2. Physikalische und elektrische Rauchgasprüfer.

Neben diesen mit chemischen Mitteln arbeitenden Apparaten zur Gasprüfung haben in neuerer Zeit auch die physikalischen und elektrischen Gasprüfer an Bedeutung gewonnen. Sie beruhen auf Vergleichsmessungen des Prüfgases mit Luft. So wird bei dem Ranarex-Rauchgasprüfer der A. E. G. die verhältnismäßig große Abweichung der spezifischen Gewichte von Kohlensäure und Luft zur Anzeige des CO_2-Gehaltes benutzt. Der Ranarex-Apparat ist ein Gasdichtemesser, der auch kleinste Dichteunterschiede gegenüber Luft durch ein ärodynamisches Meßverfahren kenntlich macht. Je mehr Kohlensäure im Rauchgas vorhanden ist, desto schwerer (dichter) ist das Gas. — Mit dem Ranarex-Rauchgasprüfer, dessen Meßsystem im wesentlichen aus einer Art Gaswaage besteht, wird dieses Gewichtsverhältnis als ein Maß für den jeweiligen CO_2-Gehalt durch Wägung bestimmt. Der CO_2-Gehalt kann in Volumprozenten unmittelbar auf einer Skala abgelesen werden. Zur Vergrößerung der auf das Meßsystem einwirkenden Kräfte, läßt man nicht das Gas in ruhendem Zustande auf die Gaswaage einwirken, sondern erzeugt einen Luft- und Gaswirbel, der die Verstellkraft proportional vergrößert. Die Wirkungsweise des in Abb. 71 wiedergegebenen Ranarex-Apparates ist folgende.

Ein kleiner Motor treibt zwei in entgegengesetztem Drehsinn mit gleicher Drehzahl umlaufende Ventilatoren an. Der eine saugt das Rauchgas in die obere Meßkammer. Im vorderen Teil der Meßkammer wird durch die kreisende Ventilatorscheibe der Rauchgaswirbel erzeugt. Unter dem Einfluß des anderen Ventilators entsteht im vorderen Teil der unteren Meßkammer ein in entgegengesetztem Drehsinn kreisender Luftwirbel. Die Wirbel oben und unten blasen auf je ein Flügel rad. Die Achsen dieser Flügelräder, die die beiden Kammerdeckel in kleinen Lagern durchdringen, sind in der abgebildeten Weise gelenkig miteinander gekuppelt, so daß eine Gaswaage entsteht. Das den Gaswirbel am oberen Flügelrad erzeugende Drehmoment ist je nach dem CO_2-Gehalt größer als das Drehmoment des Luftwirbels auf das untere Flügelrad. Durch die Veränderlichkeit der wirksamen Hebellängen a und b bei verschiedener Zeigerstellung stellt sich der jeweilige Gleichgewichtszustand ein. Wird bei waagerecht stehenden Dreiwegehähnen trockene Luft in die obere und untere Meßkammer gesaugt (Nullpunktsprobe), dann ist das in der oberen Meßkammer übertragene Drehmoment gleich dem in der unteren Meßkammer übertragenen. Damit Gleichgewicht besteht, ist in diesem Falle Hebelarm a gleich b, der Zeiger steht auf 0 vH. CO_2. Für die Fälle, in denen das entnommene Meß-

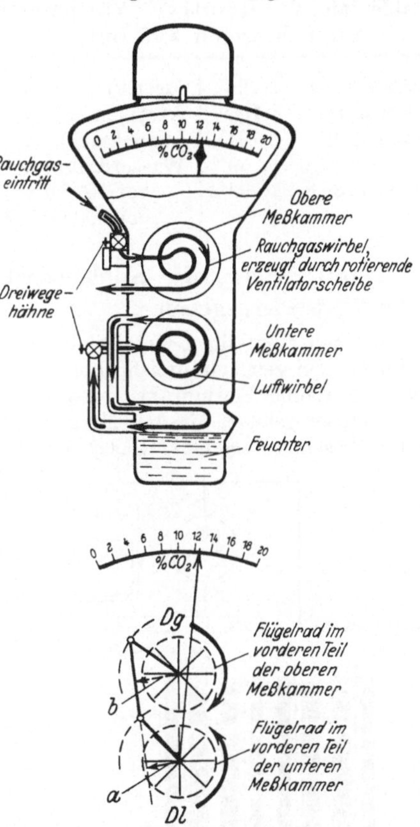

Abb. 71. Ranarex-Rauchgasprüfer.

gas durch Wasserdampf gesättigt ist, wird die Vergleichsluft durch den unteren Ventilator ständig im Kreislauf über den Wasserspiegel eines Feuchters unten am Ranarex geführt, wodurch der Einfluß der Feuchtigkeit auf das Meßergebnis aufgehoben wird.

Die Antriebsenergie des Meßrades beträgt rund 25 Watt. Die Messung selbst ist unabhängig von Barometerstand, Raumtemperatur und Drehzahlschwankungen des Motors, da nicht das absolute Gewicht des Rauchgases, sondern nur das relative, also das Dichteverhältnis zur umgebenden Luft, zur Messung benutzt wird.

Der Ranarex-Apparat ist nicht nur für die Rauchgasprüfung, sondern auch für alle anderen Gasgemische zweckmäßig (SO_2, Ammoniak usw.). Das zu untersuchende Gas wird auch hier durch die obere Meßkammer gesaugt, während die Vergleichsluft durch das untere Meßrad geht.

Bei dem elektrischen CO_2-Schreiber von Siemens & Halske wird das Wärmeleitvermögen als Meßgröße für den CO_2-Gehalt benutzt. Gase haben nämlich verschiedene Wärmeleitfähigkeit, wie aus der für einige technisch wichtigen Gase aufgestellten Zahlentafel 25 ersichtlich ist. Als Vergleichsgas dient Luft mit der Wärmeleitfähigkeit 100.

Zahlentafel 25. Relative Wärmeleitfähigkeit bei 0^0 C bezogen auf Luft (Luft =100).

Wasserstoff .	725	Methan . . .	127,5
Stickstoff . .	100	Azetylen . . .	~ 78
Sauerstoff . .	101	Leuchtgas . .	~ 260
Kohlensäure	59,3	Wasserdampf .	
Kohlenoxyd .	93,2	bei 100^0 C	99
		bei 300^0 C	154

Das Meßverfahren ist auf der starken Abweichung der relativen Wärmeleitfähigkeit der Kohlensäure von den übrigen Rauchgasbestandteilen Stickstoff, Sauerstoff, Kohlenoxyd aufgebaut. Die Anordnung ist in Abb. 72 wiedergegeben.

In einem zweiteiligen Metallklotz, der einen guten Wärmeaustausch herbeiführt, befinden sich vier zylindrische Bohrungen. In der Achse jeder dieser Bohrungen liegt ein dünner Platindraht. An jedes Ende des Drahtes ist eine kleine Platiniridiumfeder gelötet, die den Draht unabhängig von seiner Erwärmung stets in der zentrischen Lage hält. Das andere Ende des Drahtes bzw. das freie Ende der Feder ist an einen Nickelstift gelötet, der in einer isolierten Buchse sitzt und die Stromzuführung übernimmt. Wird ein bestimmter konstanter Strom durch die Drähte geleitet, so werden sie um so heißer werden, je geringer das Wärmeleitvermögen des Gases ist. Die Drahttemperatur beeinflußt den elektrischen Widerstand des Drahtes, der jetzt als Maß des CO_2-Gehaltes dient. Um die Einrichtung unabhängig von Schwankungen der den elektrischen Widerstand des Drahtes beeinflussenden Außentemperatur zu machen, sind z w e i Drähte in mit Luft gefüllten Kammern ausgespannt. Gemessen wird der Widerstands u n t e r - s c h i e d der beiden Drähte. Zur Erhöhung der Empfindlichkeit sind je zwei gegenüberliegende Zweige der Brücke vom Rauchgas bzw. von Luft umgeben. Um Schwankungen durch verschieden hohen Wasserdampfgehalt zu vermeiden, werden Rauchgas und Luft vor der Messung getrocknet. Die Übertemperatur der Platindrähte beträgt etwa 100^0 C.

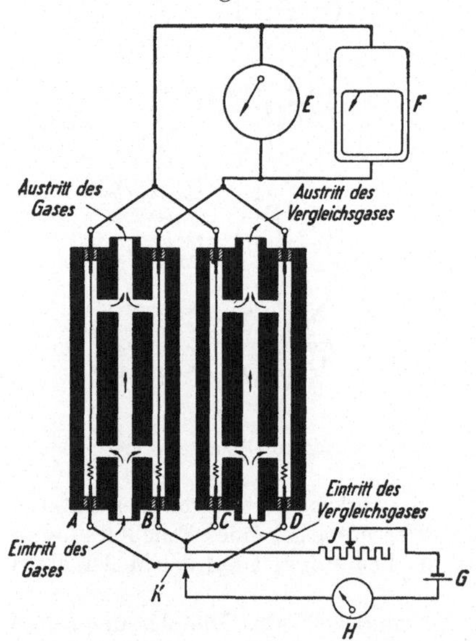

Abb. 72. Elektrischer CO_2-Messer (schematisch).

A, B = Gaskammern. C, D = Luftkammern. G = Gleichstromquelle. H = Zeiger für Meßstromstärke. I = Vorschaltwiderstand. E, F = CO_2 Anzeigegeräte.

Ein dem Kohlensäuremesser ähnlicher Apparat ist der Siemens-$CO + H_2$-Schreiber zur Feststellung brennbarer Gase. Er beruht auf folgendem Vorgang. Leitet man ein aus brennbaren Gasbestandteilen und Sauerstoff bestehendes Gasgemisch an einem glühenden Draht vorbei, so wird bei einer bestimmten Drahttemperatur eine Verbrennung des Gemisches eintreten. Bei Drähten aus unedlen Metallen liegt diese Temperatur hoch, bei Platin und einigen anderen Metallen um 400^0 C herum. Diese Metalle leiten den Verbrennungsvorgang daher erheblich früher ein, indem sie die Verbindungsträgheit der Gase vermindern. Man nennt sie Katalysatoren und die Verbrennung eine katalytische Verbrennung. Durch die Verbrennung wird die Drahttemperatur gesteigert. Die Temperaturerhöhung bewirkt eine Veränderung der elektrischen Leitfähigkeit des Drahtes, dessen Widerstandserhöhung durch eine Brückenschaltung meßbar wird. Der Vorgang ist in Abb. 73 schematisch wiedergegeben. Mit dem Rauchgasstrom wird meist noch durch eine kleine Düse etwas Luft (30 vH.) zur besseren Verbrennung mit angesaugt, die bei der Eichung des Apparates berücksichtigt wird. Da die Verbrennungswärmen von Kohlenstoff und Wasserstoff nahezu gleich groß sind,

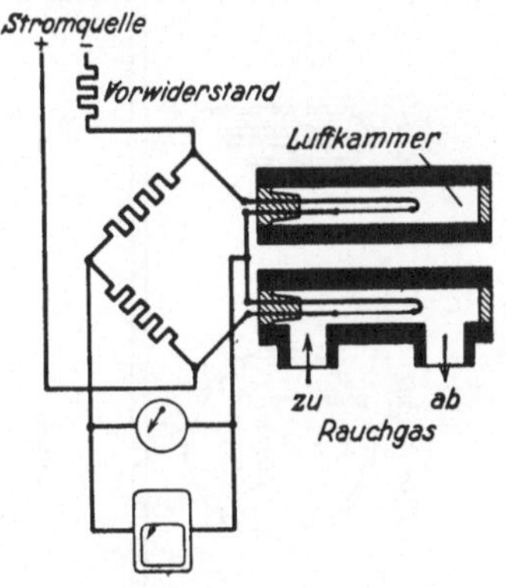

Abb. 73. Elektrischer $CO + H_2$-Messer.

zeigt sich keine wesentliche Temperaturerhöhung des Drahtes bei der Verbrennung von CO gegenüber von H_2. Die Apparate können daher zur Untersuchung auf $CO + H_2$ geeicht werden. Um von der Raumtemperatur unabhängig zu sein, ist wieder eine luftgefüllte Kammer in das Meßsystem eingeschaltet. Methan wird nicht angezeigt.

Bei beiden Apparaten beträgt die Betriebsspannung 6 V, die Meßstromstärke beim CO_2-Messer rund 0,4 Amp, beim $CO + H_2$-Messer 0,8 Amp. Bei Wechselstrom ist Anschluß der Apparate unter Zwischenschaltung von Glühkathodengleichrichter und Eisendrahtlampen zum Ausgleich der Spannungsschwankungen, möglich.

Derartige $CO + H_2$-Messer werden meist hinter einen CO_2-Schreiber geschaltet, ähnlich wie in Abb. 74 wiedergegeben. Auf der Abbildung sind noch besondere Abgasverlustzähler erkennbar, aus denen unmittelbar für eine bestimmte Betriebszeit der mittlere CO_2 bzw. $CO + H_2$-Gehalt abgelesen werden kann[1]. Der Zähler (Abb. 75) besteht aus einer elektrolytischen Zelle, die von dem zu messenden Strom durchflossen wird. Der durchfließende Strom wird, wie wir oben gesehen haben, durch die Zusammensetzung des Rauchgases beeinflußt, so daß derartige Zähler unmittelbar zur Messung der Gaszusammensetzung dienen können.

---

[1] ETZ 1925 Heft 35.

Diese Zähler beruhen auf dem in Abschnitt I bereits erwähnten Faradayschen Gesetz, daß die aus einem Elektrolyten abgeschiedenen Mengen der Stromstärke und der Zeit des Stromdurchganges proportional sind.

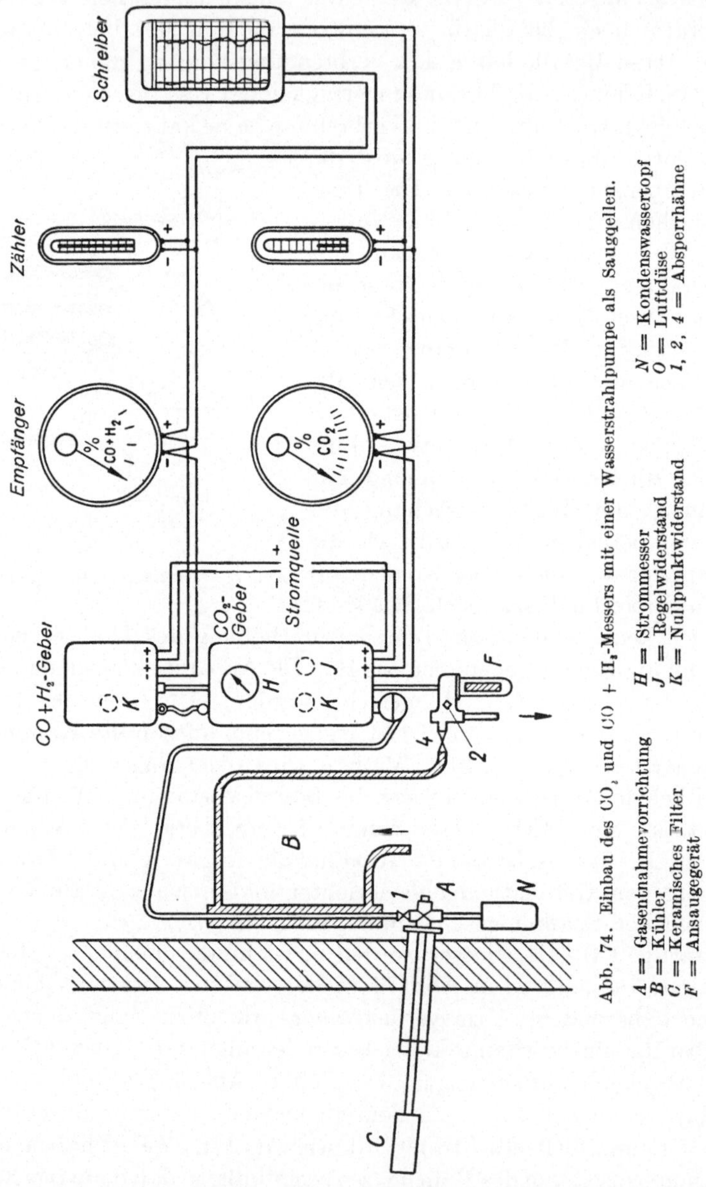

Abb. 74. Einbau des CO_2 und $CO + H_2$-Messers mit einer Wasserstrahlpumpe als Saugqellen.

A = Gasentnahmevorrichtung	H = Strommesser
B = Kühler	J = Regelwiderstand
C = Keramisches Filter	K = Nullpunktwiderstand
F = Ansaugegerät	N = Kondenswassertopf
	O = Luftdüse
	1, 2, 4 = Absperrhähne

Bekannt sind die Stia-Zähler, die zur Zählung der Gleichstrom-Elektrizitätsmengen in Haushaltungen viel gebraucht werden. Bei diesen wird eine Kaliumjodidlösung durch den elektrischen Strom zerlegt und das

Volumen des abgeschiedenen Quecksilbers an einer Meßröhre abgelesen. In Abb. 75 ist ein Wasserstoff Elektrolytzähler dargestellt, bei dem als Elektrolytlösung verdünnte Phosphorsäure verwandt wird. Ist die Meßflüssigkeitssäule bis an das Ende der Teilung gestiegen, so kann nach Lösen des Verschlusses die Meßröhre gekippt und die Ausgangsstellung wieder hergestellt werden. Derartige Zähler zeigen genau an, so daß sich auf ihnen auch ein Heizerprämiensystem aufbauen läßt, bei dem das lästige Auswerten von Diagrammen vollständig fortfällt[1].

Neben diesen Meßeinrichtungen für CO_2, O_2, CO und H_2 Bestimmung, sind, auch Sonderapparate zur Messung von SO_2, H_2 in O_2, O_2 in H_2, O_2 in N_2 und zur Messung ammoniakhaltiger Gase u. a. geschaffen worden.

Ein Gütevergleich obiger Meßgeräte ist insofern schwierig, als sämtliche Apparate bei

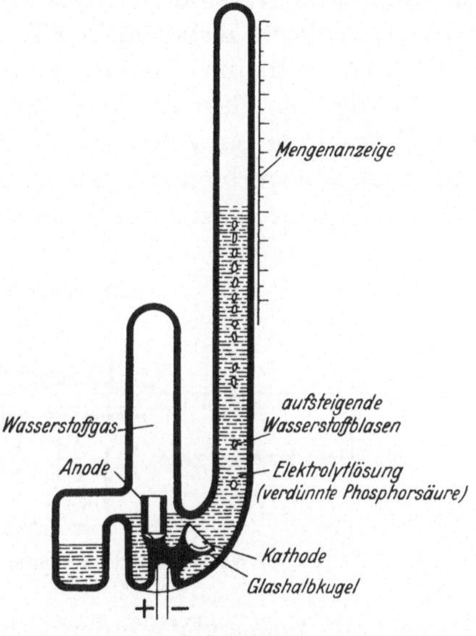

Abb. 75.
Elektrischer Abgasverlustzähler (schematisch).

guter Wartung und sorgfältigem Einbau genaue Ergebnisse liefern. Immerhin lassen sich einige Unterscheidungsmerkmale grundsätzlicher Art hier anführen. Die chemische Analyse ist die genauere, doch ergeben die selbsttätigen Apparate nur bei regelmäßiger sorgfältiger Wartung eine genaue Anzeige. Die elektro-physikalischen Geräte sind weniger empfindlich, auch fällt die Erneuerung von Absorptionsflüssigkeiten fort, dafür liegt die Gefahr vor, daß die gleichzeitige Anwesenheit anderer Gasbestandteile die Messung beeinflußt[2]. Vor allem gilt dies bei Vorhandensein von Wasserstoff, der mit seinem geringen spezifischen Gewichte die Dichte der Rauchgase gegenüber dem Vergleichsgas (Luft) weit mehr beeinflußt als die Kohlensäure. Kleine Mengen Wasserstoff können bereits erhebliche Änderungen des CO_2-Gehaltes vortäuschen. Ähnlich wirken Kohlenwasserstoffe und Kohlenoxyd. Vor Eintritt in den Rauchgasprüfer muß in solchen Fällen eine besondere Verbrennungskammer zur Entfernung des Wasserstoffes vorgeschaltet sein. Elektrische Gasprüfer ermöglichen meist schnellere Anzeige, die

---

[1] Vgl. Bretting und Grüß: Eine praktische Methode zur Ermittlung von Heizerprämien. Die Wärme. 1926. Heft 32/33.

[2] Arch. Wärmewirtsch. 1929.

Verstellkräfte sind größer, doch ist die Fernübertragung bei sämtlichen Bauarten möglich. Durch Einbau eines besonderen Gassaugers läßt sich auch bei den mit Absorptionsflüssigkeiten arbeitenden Apparaten eine schnellere Anzeige ermöglichen. Die allgemein an jedes Gerät zu stellenden Anforderungen sind: kräftige Bauart, Vermeidung von Glasröhren und sonstiger leicht zerbrechlicher Teile, möglichst wenig bewegliche Teile.

Richtige Entnahme und Reinigung der zu untersuchenden Gase ist sehr wichtig. Zur Gasentnahme eignet sich bis etwa 400° C zweckmäßig ein $^3/_8''$ Stahlrohr mit einem Karborundumfilter am Ende. Über 400° C kann eine Nachverbrennung innerhalb des Rohres auftreten. Sie läßt sich durch einen Porzellanrohreinsatz verhindern. Auch Kühlung des

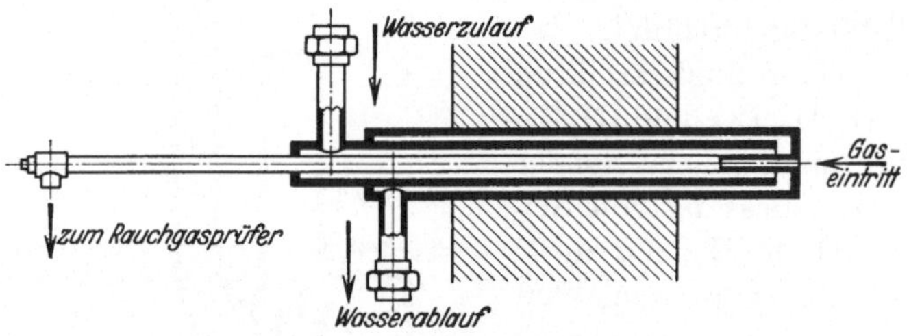

Abb. 76. Wassergekühlte Gasentnahme für hohe Temperaturen.

Rohres kann notwendig werden (Abb. 76). Durch das Karborundumfilter werden die Gase von der Flugasche befreit. Dahinter geschaltet ist noch ein besonderes Filter mit einer Füllung aus Koks, Holzwolle, Glaswolle oder ähnlichen Stoffen, oder auch ein besonderer Gaswascher, in dem den Gasen Staub, Schmutz und Kondensat entzogen wird. Sämtliche zum Apparat führenden Leitungen müssen geneigt verlegt werden um den Abfluß des sich bildenden Kondensats zu ermöglichen. Der Gaswascher selbst wird durch Öffnen des Wasserhahnes am Wassereintrittsstutzen gereinigt. Zu beachten ist auch, daß keine falsche Luft mit angesaugt wird und daß die Leitungen dicht sind. Allzu große Leitungen vermeide man wegen der toten Räume und der Trägheit der Anzeige. Im allgemeinen genügt eine $^1/_4''$ Leitung. Das Ansaugen des Gases erfolgt durch Wasserstrahlpumpe, seltener durch Druckluft oder Dampfstrahlgebläse. Bei langen Gasleitungen empfiehlt sich Ansaugen durch eine kleine Pumpe. Bei dem Ranarex-Apparat saugt das Ventilatorrad das Gas in die Meßkammer. Wird eine Wasserstrahlpumpe angewandt, so kann das Gas vorher mit diesem Treibwasser gekühlt werden.

Die Entscheidung, ob nur ein CO_2-Messer oder ein erweiterter Apparat anzuwenden ist, hängt im wesentlichen von der Art des Betriebes ab. Bei Feuerungsanlagen mit stets gleichbleibendem Brennstoff genügt in den meisten Fällen der billigere CO_2-Messer zur Überwachung der Güte der Verbrennung. Doch ist zu beachten, daß die alleinige Bestimmung des CO_2-Gehaltes doppeldeutig sein kann. In Abb. 77 ist diese Erkenntnis näher veranschaulicht. Es sei z. B. angenommen, daß für den in der Abbildung angenommenen Brennstoff der günstigste Luftüberschuß bei 45 vH. liegt.

Der CO_2-Gehalt ist also hier am höchsten. Mit fallendem oder steigendem Luftüberschuß muß der CO_2-Gehalt abnehmen. Dazu tritt mit fallendem Luftüberschuß noch die nachteilige unvollkommene Verbrennung ein, d. h. eine CO-Bildung und vergrößerte Wärmeverluste. Man erkennt aus der Abbildung, daß z. B. ein CO_2-Gehalt von

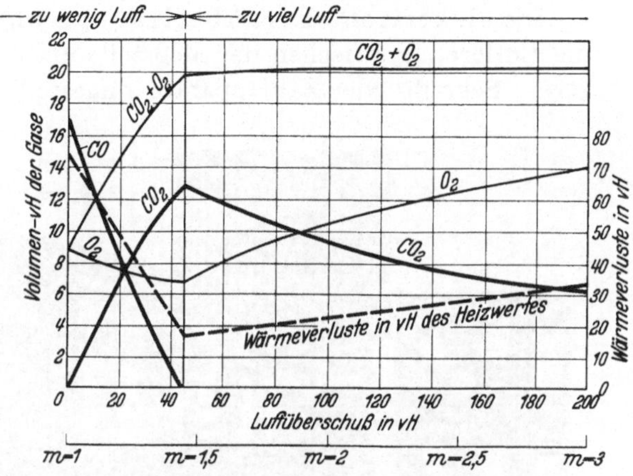

Abb. 77. Doppeldeutigkeit der CO_2-Messung.

10 vH. sowohl links als auch rechts von dem Richtwert 13 vH. entsprechend einem Luftüberschuß $m = 1,45$ liegen kann. Eindeutig ist in diesem Falle die Güte nur durch ergänzende Messung von O_2 oder $CO + H_2$ zu beurteilen.

VII. Fernmessung.

Ein Kennzeichen neuzeitlicher wärmewirtschaftlicher Betriebsüberwachung ist die Fernübertragung der Meßwerte. Hierdurch ist es möglich geworden, die Anzeige verschiedener räumlich oft weit auseinanderliegender Meßstellen an einer Sammelstelle, der Meßwarte, zu vereinigen und von hier aus die Zusammenarbeit der einzelnen Betriebsstellen zu überwachen und regelnd zu beeinflussen. Eine derartige Meßwarte ist in Abb. 78 dargestellt.

Die Fernübertragung der einzelnen Meßgrößen kann mechanisch und elektrisch erfolgen. Mechanische Fernübertragung ist bei geringen Entfernungen durch Verlängerung der Meßleitungen möglich. Bei weiteren Entfernungen ist die Einschaltung eines Zwischenträgers, z. B. Druckluft, notwendig, wie in Abb. 21 dargestellt. Hierbei wird der Differenzdruck nicht unmittelbar übertragen, sondern der unter der Einwirkung des Differenzdruckes veränderliche Luftdruck eines Luftverdichters.

Die Askania-Werke verwenden bei der Druckluftübertragung das Strahlrohr-Prinzip das auf der durch die Bewegung einer Membran verursachten Teilung des Luftstromes und der damit verbundenen verschiedenartigen Beeinflussung des Anzeigegerätes beruht. Auch läßt sich durch Druckluft eine beliebige Vergrößerung des Ausschlages erreichen, so daß selbst kleine Ausschläge auf weitere Entfernung übertragbar sind.

Die elektrische Fernübertragung wird dann angewandt, wenn die Entfernung zwischen der Meßstelle und der Stelle, an der die Anzeige-, Schreib- oder Zählapparate aufgestellt werden sollen, größer als

Abb. 78. Meßwarte mit Überwachungs- und Steuergeräten.

75 m ist. Sie wird außerdem dann gewählt, wenn die Meßwerte in der Nähe und gleichzeitig in einer entfernt liegenden Zentrale angezeigt und registriert werden sollen. Die Fernübertragung elektrisch gewonnener Meßgrößen, z. B. der Thermoströme, ist dabei verhältnismäßig einfach, nur bei sehr großen Entfernungen ist eine Verstärkung der geringen Thermospannung notwendig[1]. Zu berücksichtigen ist der Widerstand der Kupferverbindungsleitungen, der eine besondere Eichung des Anzeigeinstrumentes (Empfängers) notwendig macht. Groß[2] empfiehlt, die Verbindungsleitungen bzw. die Fernleitungen der einzelnen Geräte für einen konstanten Widerstand von z. B. 15 Ohm zu bemessen und danach den Leitungsquerschnitt zu bestimmen. Der an der gewählten Ohmzahl

---

[1] Wiss. Veröff. Siemens-Konz. Bd. 9 (1930) S. 112.

[2] Groß: Grundzüge und Anwendungsgebiete der Fernmessungen. Stahl u. Eisen Bd. 48 (1928) S. 297.

fehlende Betrag kann dabei durch Vorschaltwiderstände abgeglichen werden. Geringe Abweichungen bis zu 0,5 vH. des Widerstandes des Anzeigegerätes können unberücksichtigt bleiben. Der Vorteil dieses Verfahrens liegt in der gleichen Korrektur für alle Anzeigegeräte, soweit sie den gleichen Widerstand besitzen.

Der elektrische Widerstand R_1 eines Leiters berechnet sich aus

$$R_1 = \frac{l \cdot \varrho}{F} \; \Omega \tag{99}$$

Hierin bedeutet

$l =$ Leitungslänge m
$\varrho =$ spezifischer Widerstand Ω mm²/m
$F =$ Leitungsquerschnitt mm²

ϱ ist abhängig vom Material und von der Temperatur des Leiters. Innerhalb praktischer Grenzen kann man setzen

$$R_2 = R_1 \left[1 + \alpha \; (t_2 - t_1) \right]$$

Hierin ist

$R_2 =$ Widerstand bei der Leitungstemperatur t_2 Ω
$R_1 =$,,   ,, $t_1 = 15^0\,\mathrm{C}$ Ω
$t_2 =$ Leitungstemperatur $^0\,\mathrm{C}$
$t_1 = 15^0\,\mathrm{C}$
$\alpha =$ Temperaturkoeffizient

Für Kupferleitungen ist bei $t_1 = 15^0\,\mathrm{C}$

$$\varrho = 0,0175 \quad \text{und} \quad \alpha = 0,004$$

Aufgabe: Wie groß ist der Widerstand einer Kupferleitung von $F = 1$ mm² Querschnitt, $l = 300$ m Länge bei $t = 25^0\,\mathrm{C}$ Leitungstemperatur?

Es ist

$$R_1 = \frac{l\,\varrho}{F} = \frac{300 \cdot 0,0175}{1} = 5,25 \; \Omega/15^0.$$

Bei $25^0\,\mathrm{C}$ beträgt der Widerstand dann

$$R = R_1 \left[1 + \alpha \; (t_2 - 15) \right]$$
$$= 5,25 \left[1 + 0,004 \; (25 - 15) \right]$$
$$= 5,46 \; \Omega/25^0$$

Bei einem Widerstand des Anzeigegerätes von 400 Ω zeigt dieses somit

$$\frac{5,46}{405,46} \cdot 100 = 1,345 \; \text{vH}.$$

zu niedrig an.

Die elektrischen Fernübertragungen mechanisch gewonnener Meßgrößen ist sowohl mit Gleichstrom als auch mit Wechselstrom möglich. Für die Fernübertragung genügt eine Spannung von 4 Volt.

Bei den Gleichstromübertragungsverfahren werden meist am Geber veränderliche Widerstände eingeschaltet, die auf das Anzeigeinstrument einwirken. Bei den Ferngebern mit Wechselstromübertragung wird die Dichte des Kraftlinienfeldes eines Wechselstrommagneten beeinflußt. Diese Änderung ruft in den miteingeschalteten Induktionsspulen einen Wechselstrom ebenfalls veränderlicher Stärke hervor, der am Empfangsgerät einen entsprechenden Ausschlag bewirkt.

Man kann drei Bauformen der Gleichstromübertragung unterscheiden

Stufenkontaktferngeber,
Schleifwiderstandferngeber,
Ringrohrferngeber.

Der in Abb. 45 dargestellte Hallwachs und Langen-Dampfmengenmesser arbeitet mit einem Stufenkontakt Ferngeber. Durch das Steigen oder Fallen der Quecksilbersäule werden mehr oder weniger Widerstandsstufen eingeschaltet. Bei dem in Abb. 79 wiedergegebenen Ferngeber von Hartmann & Braun ist ein Schleifwiderstand vor-

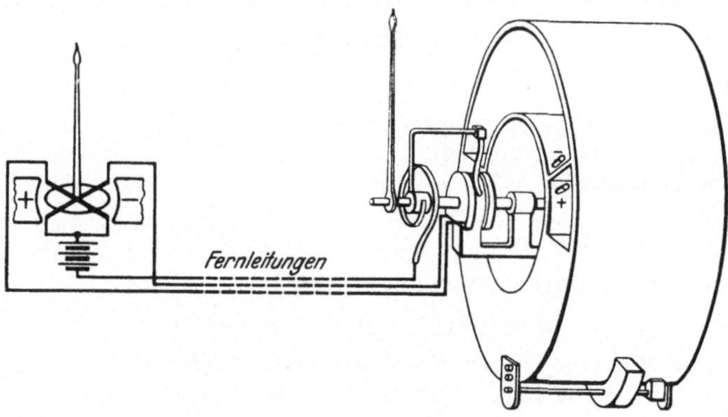

Abb. 79. Ferngeber von Hartmann & Braun.

gesehen. Die unter dem Einfluß des Differenzdruckes sich drehende Ringwaage bringt den Zeiger zum Ausschlag; gleichzeitig wird damit ein Widerstand eingeschaltet, der einen entsprechenden proportionalen Ausschlag am Kreuzspulinstrument hervorruft. Gänzlich ohne Stufen- oder Schleifringkontakte arbeitet der Ringrohrferngeber von Siemens und Halske. Bei diesem ist eine Spirale aus Platin Iridiumdraht in einer mit Wasserstoff und zum Teil, mit Quecksilber gefüllten ringförmig gebogenen Röhre befestigt. Das „Ringrohr" pendelt unter dem Einfluß der Meßkräfte um die Mittelachse, so daß durch die Quecksilberfüllung ein mehr oder weniger großer Teil der Widerstandsspiralen kurz geschlossen wird. Da die Enden der Widerstandsspiralen mit einem Drehspul- oder Kreuzspulinstrument geschaltet sind, bewirkt die Änderung des elektrischen Widerstandes einen entsprechenden Ausschlag am Empfänger.

Wechselstromfernübertragung ist z. B. bei Schwimmermessern zweckmäßig. So trägt bei dem von Siemens & Halske hergestellten

Messer der durch die Änderung der Strömung in Bewegung gesetzte Schwimmer des Strömungsmanometers einen Schaft mit Eisenkern, der sich zwischen zwei Polschuhe eines mit Wechselstrom gespeisten Magnetsystems bewegt. Das Magnetsystem des Wechselstromferngebers besteht aus dem Eisenkern mit den vom Netz gespeisten Erregerspulen und den Induktionsspulen. In den Induktionsspulen werden in Abhängigkeit vom Schwimmerhub Meßströme erzeugt, die ein Maß für die Strömung geben und auf das Anzeigeinstrument übertragen werden.

Abb. 80. Wärmewarte mit Leuchtschaltbild.

Außer diesen einfachen Fernübertragungseinrichtungen sind noch Sonderverfahren wie Kompensationsverfahren und Impulsverfahren entwickelt worden. Sie kommen für große Entfernungen in Betracht und lassen sich durch geeignete Schaltungen völlig unabhängig von den Eigenschaften der Zuleitung und von Spannungsschwankungen machen[1].

Zur Darstellung von Augenblickswerten sind Anzeigegeräte geeignet. Für laufende Betriebsüberwachung wählt man Punkt- oder Linienschreiber. Zur Zählung besonders durchgebildete mechanische oder elektrische Zählwerke.

Außer der bekannten Darstellung mittels Zeiger ist vielfach eine Wiedergabe des Augenblickswertes durch Lichtsäulen zweckmäßig, so z. B. in Kesselhäusern und Kraftwerken, wo dem Bedienungspersonal etwa die augenblickliche Dampflieferung einer bestimmten Kesselgruppe

---

[1] Nähere Beschreibung s. Arch. Wärmewirtsch. Bd. 5 (1931) Heft 1.

weithin sichtbar gemacht werden soll. Ein Nachteil der Kurven- oder Punktschreiber ist, daß z. B. bei der Messung von Mengen die Gesamtmenge erst durch Planimetrierung des Kurvenzuges erfolgen kann. Neuerdings werden darum hierfür Zählwerke bevorzugt[1].

Die Möglichkeit auf weite Entfernungen Messungen zu übertragen hat dazu geführt, besondere „Befehlsgeräte" durchzubilden, die an Stelle der in vielfacher Ausführung gebräuchlichen Übertragung akustischer Signale die elektrischen Befehlsanlagen setzten. Häufig sind sie so durchgebildet, daß Zeichengeber den Sollwert einstellen, gleichzeitig aber auch der „Istwert" in einer daneben liegenden Skala angezeigt wird.

Durch Leuchtschaltbilder soll der Energiestrom- und die Energieverteilung eines ganzen Werkes laufend sichtbar gemacht werden. Die einzelnen Bänder des Leuchtbildes lassen sich dabei durch Relaisschaltungen so steuern, daß ihre Breite den strömenden Mengen proportional ist (Abb. 80).

VIII. Wärmemengenmessung.

Strömt durch eine Rohrleitung Sattdampf, so läßt sich die durchgehende Wärmemenge durch eine Mengen- und Druckmessung unter Zuhilfenahme der Dampftabellen ermitteln. Bei überhitztem Dampf wäre noch die Messung der Temperatur als Ergänzung notwendig und aus der Molliertafel der entsprechende Wärmeinhalt abzugreifen. Da Druck und Temperatur bei Dampfanlagen meist nicht wesentlich schwanken, genügt häufig schon eine Mengenmessung zur Bestimmung der durchgehenden Wärmemenge. Für genauere Messungen sind Geräte entwickelt worden, die eine Druck- und Temperaturberücksichtigung besitzen und das Ergebnis in Wärmeeinheiten an einem Zählwerk anzeigen. Derartige Dampfwärmemengenmesser sind sowohl für gesättigten als auch für überhitzten Dampf brauchbar.

Bei heißen Gasen oder Flüssigkeiten muß außer durchströmender Menge und spezifischer Wärme die Temperatur des strömenden Mittels bekannt sein. Bei Gasen findet man die mittlere Temperatur in einer kreisrunden Rohrleitung nach Schack in einem Abstande von $r = 0{,}78\,R$ von der Achse aus gerechnet.

Handelt es sich um eine Heizanlage, bei der der Wärmeträger eine Flüssigkeit ist, die mit höherer Temperatur zu- und mit geringerer Temperatur abläuft, bzw. umgekehrt, so ist es weniger wichtig zu wissen, wieviel Wärme insgesamt durch die Rohrleitung geflossen, als vielmehr wieviel Wärme für den Heizvorgang verbraucht worden ist. Formelmäßig ausgedrückt würde die abgegebene Wärmemenge zu berechnen sein aus

$$Q = G \cdot c\,(t_1 - t_2)\ \text{kcal}$$

___
[1] Sothen: Fernmessung auf Eisenhüttenwerken. Arch. Eisenhüttenwesen. Bd. 5 (1931) S. 17.

Hierin ist

G = durchfließende Menge in m³ bzw. kg

c = spezifische Wärme des Wärmeträgers in kcal/m³ °C bzw. kcal/kg °C

t_1 = Temperatur des Wärmeträgers im Vorlauf °C

t_2 = Temperatur des Wärmeträgers im Rücklauf °C

Derartige Wärmemengenmesser müssen daher so beschaffen sein, daß in jedem Augenblick das Produkt aus Menge und Temperaturdifferenz angezeigt wird. Die spezifische Wärme kann dabei innerhalb geringer Temperaturdifferenzen als konstant angesehen werden.

Der Bau von Wärmemengenzähler ist vor allem durch die Entwicklung der Heiß- und Warmwasserfernheiztechnik in neuerer Zeit gefördert worden[1]. Allen Bauarten gemeinsam ist die Messung der Menge und der Vor- bzw. Rücklauftemperatur mit Hilfe von Ausdehnungs- oder Widerstandsthermometern. Sie unterscheiden sich lediglich in der Art der selbsttätigen Zählung. Diese kann sowohl mechanisch als auch elektrisch erfolgen.

Die mechanische Wärmemengenzählung hat den Vorteil, daß sie im Aufbau einfach ist und keine Stromquelle erfordert. Nachteilig sind die Reibungsfehler, die besonders bei kleinen Wärmemengenzählern recht störend sein können. Die elektrische Zählung dürfte daher bei großen Meßbereichen Vorteile bieten, wobei jedoch die Notwendigkeit einer Stromquelle den einfachen Aufbau stört.

Die zur Messung der Wärmeverluste von isolierten Rohrleitungen und Behältern dienenden Wärmeflußmesser von Schmidt[2] und Hencky[3] bestehen aus einem schmalen, wenige mm dicken Gummistreifen bekannter Wärmeleitfähigkeit, der um die äußere Oberfläche der Rohrleitung oder des Behälters herumgelegt wird. Auf den beiden Seiten des Streifens sind zur Verstärkung der Thermospannung mehrere hundert Thermoelemente wechselseitig hintereinandergeschaltet aufgebracht, so daß die entstehende Spannungsdifferenz bei der bekannten Wärmeleitfähigkeit des Gummistreifens ein Maß für die abgegebene Wärme ist. Der Schmidtsche Wärmeflußmesser wird vom Forschungsheim für Wärmeschutz in München hergestellt. Eingehendere Ausführungen sind in den Regeln für Leistungsversuche an Kälteschutzanlagen, VDI-Verlag, Berlin 1930, enthalten.

IX. Heizwertschreiber.

Die fortlaufende Messung des Heizwertes von Gasen ist in vielen Betrieben, namentlich Gaswerken und Kokereien wichtig. Das Verlangen, die umständliche und zeitraubende Kalorimetrierung von Hand entbehr-

---

[1] Netz: Wärmemengenmesser. Arch. Wärmewirtsch. Bd. 12 (1931) S. 345.

[2] Arch. Wärmewirtsch. 1924 S. 9 u. Mitt. des Forschheims für Wärmeschutz. München, Heft 1 1921.

[3] Gesundh.-Ing. 1919, S. 469.

lich zu machen, führte zur Schaffung selbsttätiger Einrichtungen, die eine Messung und gleichzeitige Aufschreibung ermöglichen[1]. Zwei Bauarten seien hier genannt

1. selbsttätiges Kalorimeter von Junkers,
2. selbsttätiges Gaskalorimeter der Ados G. m. b. H., Aachen.

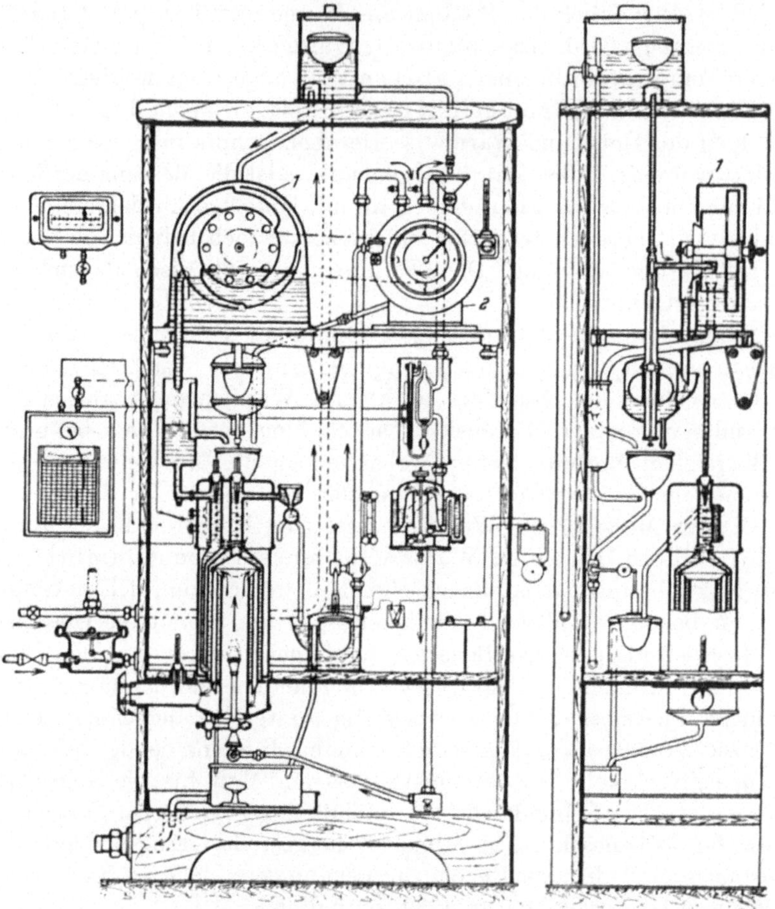

Abb. 81. Selbsttätiges Kalorimeter von Junkers.

Bei dem Kalorimeter von Junkers erfolgt die Heizwertbestimmung genau wie beim einfachen Kalorimeter für Handbedienung. Dem Kalorimeter strömt das Gas gleichmäßig zu und verbrennt. Die erzeugte Wärme wird an strömendes Wasser übertragen, so daß die Differenz zwischen

---

[1] Die Heizwertbestimmung fester, flüssiger und gasförmiger Körper ist ausführlich dargestellt in Gramberg: Technische Messungen, 6. Aufl. Berlin: Julius Springer 1933.

Eintritts- und Austrittstemperatur des Wassers im Beharrungszustand konstant bleibt und durch Thermometer bestimmt werden kann. Die Formel für die Heizwertbestimmung lautet

$$\text{Heizwert} = \frac{\text{Wassermenge}}{\text{Gasmenge}} \cdot \text{Temperaturdifferenz}$$

Das Verhältnis $\dfrac{\text{Wassermenge}}{\text{Gasmenge}}$ wird nun beim selbsttätigen Kalorimeter konstant gehalten und zwar durch eine Kupplung von Wassermesser (1) und Gasmesser (2) (vgl. Abb. 81). Es entspricht also die in einer bestimmten Zeit verbrannte Gasmenge stets einer bestimmten Wassermenge. Der Heizwert ist dann nur noch abhängig von der Temperaturdifferenz zwischen warmem und kaltem Wasser. Diese Temperaturdifferenz wird thermoelektrisch zur Anzeige gebracht und gestattet eine Eichung der Skala in kcal/m³.

Das Gaskalorimeter der Ados G. m. b. H., Aachen, beruht auf anderer Grundlage. Das Prinzip ist in Abb. 82 dargestellt. In einem Pyrometerrohr wird eine unveränderliche Gasmenge mit einer bestimmten Luftmenge verbrannt. Die Abgastemperaturen sind hierdurch dem Heizwert des Gases proportional. Die Veränderung der Abgastemperatur bewirkt eine

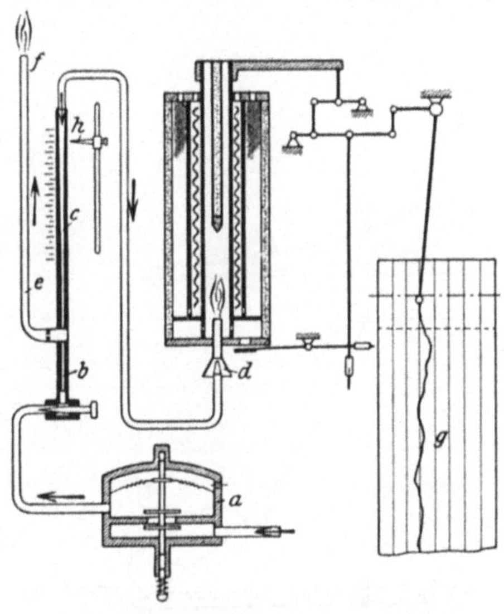

Abb. 82. Gaskalorimeter Bauart Ados.

a Druckregler. *b* Kapillare. *c* Strömungsanzeiger. *d* Hauptbrenner. *e* Abzweigleitung. *f* Hilfsbrenner. *g* Papierstreifen. *h* an *c* verschiebbarer Zeiger für die Regelung der Gaszufuhr zum Hauptbrenner.

Veränderung der Pyrometerausdehnung, die mit Hilfe eines Hebelwerks unmittelbar auf eine Schreibfeder übertragen wird. Vor dem Eintritt in das Kalorimeter strömt das Gas durch einen Druckregler, eine Kapillare und einen Strömungsanzeiger zum Hauptbrenner *d*, während ein Teil des Gases durch die Leitung *c* zu einem Hilfsbrenner gelangt. Zur genauen Einstellung der dem Hauptbrenner zuzuführenden Gasmenge dient der verschiebbare Zeiger *h*. Der Druckregler schließt sich selbsttätig bei Ausbleiben der Gaszufuhr. Gasverluste und Explosionen werden auf diese Weise verhütet. Bei verunreinigten Gasen ist die Vorschaltung eines Filters notwendig.

X. Leistungsmessung.
1. Indizierte Leistung.

Bei Kolbenmaschinen wird die indizierte Leistung durch den Indikator bestimmt. Man mißt hierbei die auf den Kolben übertragene Leistung. Die wirkliche Leistung ist um die Reibungs- und sonstigen Verluste geringer. Diese „effektive“ Leistung oder Bremsleistung, ist die an der Kurbelwelle verfügbare Leistung. Die Nutzleistung ist die praktisch zur Verfügung stehende Leistung, z. B. die an der Schalttafel gemessene Leistung. Bei Pumpen ergibt die sinngemäße Übertragung des Begriffes der indizierten Leistung die vom Kolben an das Wasser übertragene Leistung. Die „Antriebsleistung“ der Pumpe ist größer, während die wirkliche Nutzleistung, d. i. die in gehobenem Wasser verfügbare Leistung geringer als die indizierte Leistung ist.

Bei umlaufenden Maschinen, z. B. Turbinen, läßt sich die indizierte Leistung nicht messen.

Der Indikator gibt den Druckverlauf im Zylinder beim Hin- und Rückgang des Kolbens wieder, wobei zur Leistungsberechnung nur die Arbeitshübe in Betracht kommen. Demgemäß wird bei der Kolbendampfmaschine beim Hin- und Rückgang des Kolbens Arbeit geleistet, bei einer Zweitaktmaschine entfällt auf je eine Umdrehung nur ein Arbeitshub, bei einer im Viertakt arbeitenden Maschine entfällt auf zwei Umdrehungen, d. h. auf vier Hübe, nur ein Arbeitshub. Außerdem wird die Arbeitsleistung bei Verbrennungskraftmaschinen noch durch die beim Ansaugen verloren gehende „Förderarbeit“ vermindert. Diese Förderarbeit wird mittels Schwachfederdiagramm bestimmt.

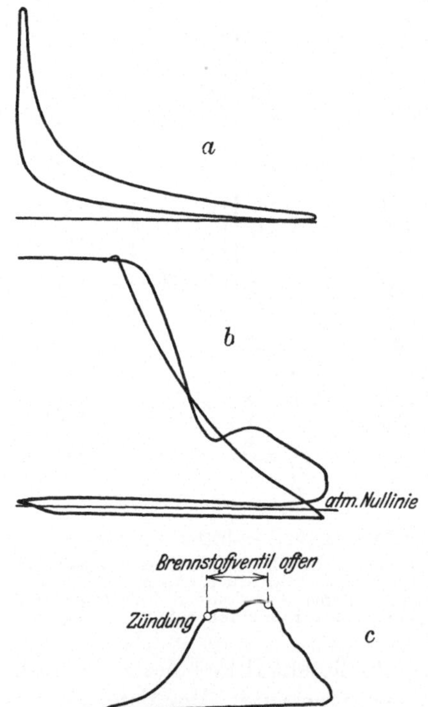

Abb. 83. Indikatordiagramme einer Viertakt-Dieselmaschine.

a = Arbeitsdiagramm. b = Schwachfederdiagramm. c = versetztes Diagramm.

Das Indikatordiagramm einer im Viertakt arbeitenden Dieselmaschine hat die in Abb. 83 dargestellte Form. Das Förderdiagramm ist dabei so klein, daß die Bestimmung der Förderarbeit aus dem mit einer schwächeren Feder aufgenommenen Schwachfederdiagramm (Abb. 83) erfolgen muß. Die Förderarbeit ist eine Verlustarbeit. Der Flächeninhalt der Diagramme ist ein Maß für die geleistete Arbeit. Hierzu muß der mittlere indizierte Druck nach Planimetrierung der Flächen wie folgt bestimmt werden:

Es sei

I = Flächeninhalt des Diagramms mm²
l = Diagrammlänge mm
f = Federmaßstab mm/at

Der Federmaßstab gibt an, wieviel mm Diagrammhöhe einer Atmosphäre entsprechen, wobei dieser Wert gewöhnlich auf einen Indikatorkolbendurchmesser von 20 mm bezogen ist. Bei Einsatz eines Kolbens von 10 mm Durchmesser verringert sich der Wert entsprechend dem Verhältnis der Kolbenflächen. Ist z. B. der Federmaßstab $f = 6$ mm, so wird bei Einsatz des 10 mm Kolbens der Maßstab

$$f = 6 \frac{\frac{10^2 \pi}{4}}{\frac{20^2 \pi}{4}} = 6 \cdot {}^1/_4 = 1{,}5 \text{ mm/at}$$

Die mittlere Höhe des Diagrammes folgt aus

$$h_m = \frac{I}{l} \text{ mm}$$

und der mittlere indizierte Druck aus

$$p_m = \frac{h_m}{f} \text{ at}$$

Es sei weiter

F = „wirksame" Kolbenfläche cm² (Abzug einer etwa vorhandenen Kolbenstange berücksichtigen)
s = Hub der Maschine m
n = Umdrehungen je min

Die indizierte Leistung folgt dann aus

$$N_i = \frac{F \cdot p_m \cdot s \cdot n}{60 \cdot 75} \text{ PS} \tag{100}$$

Bei Dampfmaschinen ist für jede einzelne Zylinderseite die indizierte Leistung zu bestimmen. Bei Zweitaktmaschinen gibt die Gleichung die Gesamtleistung der Maschine an. Bei einer im Viertakt arbeitenden Maschine folgt sie aus

$$N_i = \frac{1}{2} \frac{F \cdot p_m \cdot s \cdot n}{60 \cdot 75} \text{ PS} \tag{101}$$

Zweckmäßig faßt man für eine gegebene Maschine die Werte

$$\frac{F \cdot s}{60 \cdot 75} \quad \text{bzw.} \quad \frac{F \cdot s}{2 \cdot 60 \cdot 75}$$

zu einer Konstanten c zusammen, so daß die Leistungsgleichung die allgemeine Form erhält

$$N_i = p_m \cdot n \cdot c \ \text{PS}$$

In Zahlentafel 26 ist ein Leistungsversuch an einer Dieselmaschine wiedergegeben.

Zahlentafel 26.

Bestimmung der indizierten Leistung einer Viertakt-Dieselmaschine.

Zylinder-Durchmesser $\quad D = 260$ mm

Hub $\qquad\qquad\qquad\quad s = 390$,,

Konstante $c = \dfrac{F \cdot s}{2 \cdot 60 \cdot 75} = 0,0232$

	Bez.	Dim.	Arbeits-Diagramm	Förder-Diagramm
Drehzahl der Maschine	n	U/min	244	244
Federmaßstab	f	mm/at	1,25	15
Flächeninhalt des Diagramms . . .	I	mm²	535	153
Diagrammlänge	l	mm	80	76
mittlere Höhe des Diagramms $\dfrac{I}{l}$	h_m	mm	6,6	2
mittlerer indizierter Druck $\dfrac{h_m}{f}$ . .	p'_m	at	5,28	0,13
mittlerer Gesamtdruck	p_m	at	5,28 — 0,13 = 5,15	
indizierte Leistung $N_i = p_m \cdot n \cdot c$.	N_i	PS	28,8	

Neben dieser reinen Leistungsbestimmung ermöglicht das Indikatordiagramm noch die Nachprüfung der Einsteuerung der Maschine. (Siehe: Dritter Abschnitt.)

Je nach der Bauart unterscheidet man Indikatoren mit **außenliegender** oder **innenliegender** Feder, Indikatoren für hohe und niedrige Drehzahlen, sowie planimetrierende Indikatoren mit **Zählwerk** und **Leistungsmesser**. Daneben sind Sonderformen entwickelt worden um fortlaufende Kurbel- und Kolbenwegdiagramme aufnehmen zu können. Bei rasch laufenden Maschinen müssen die bewegten Massen sehr gering sein, um störende Schwingungserscheinungen zu verhüten. Wo dies mit innenliegender Feder nicht mehr zu vermeiden ist, sind **optische** Indikatoren am Platze.

2. Effektive Leistung.

a) Elektrische Messung.

Die elektrische Leistungsmessung ist das genaueste Meßverfahren, allerdings nur dort anwendbar, wo elektrische Kraft, z. B. bei einer mit einem Generator gekuppelten Dampfturbine, vorhanden ist. Dabei ist zu beachten, daß die effektive Leistung der Dampfturbine infolge des Generatorwirkungsgrades größer ist, als die aus Spannung und Stromstärke errechnete Nutzleistung. Der Wirkungsgrad des Generators ist von der Leistung abhängig und wird gewöhnlich von der Lieferfirma mitgeteilt.

Der Anschluß von Volt- und Amperemeter erfolgt so, daß das Voltmeter die gesamte vom Generator erzeugte Spannung mißt; beim Amperemeter wird auch der Erregerstrom mitgemessen. Bei fremderregten Maschinen muß gegebenenfalls die Erregungsenergie gesondert gemessen werden.

Bezeichnet

$I_1 =$ Stromstärke des Generators A
$I_2 =$ Erregerstromstärke A
$\eta\ =$ Generatorwirkungsgrad
$U =$ Spannung V

so wird bei Fremderregung und Gleichstrom die effektive Leistung an der Turbinenwelle

$$N_e = \frac{U\left(\dfrac{I_1 + I_2}{\eta} + I_2\right)}{1000}\ \mathrm{kW} \tag{102}$$

da der Generatorwirkungsgrad meist einschließlich der Feldverluste angegeben wird. Wird der Generator durch Riemen angetrieben, so verringert sich die an die Dynamo abgegebene Nutzleistung. Diesen Verlust kann man mit 2 vH. in Rechnung stellen.

Bei einphasigem Wechselstrom wird die elektrische Leistung zweckmäßig mit einem Wattmeter gemessen; bei Drehstrom mittels der Zwei-Wattmetermethode.

b) Mechanische Messung.

Diese geschieht durch Messung des Drehmomentes der im Betrieb befindlichen Maschine mit Hilfe eines Bremszaumes, einer Seilbremse, eines Torsionsdynamometers oder nach dem Rückdruckverfahren.

Beim Bremszaum wird durch die Reibung von Bremsbacken oder Bremsbändern auf einer Bremsscheibe ein dem Drehmoment der Maschine entgegengesetztes Moment erzeugt, das die Berechnung der Leistung ermöglicht.

Bei hohen Drehzahlen, z. B. bei Dampfturbinen, verwendet man die Flüssigkeitsreibung als Bremsmittel, oder auch elektrische Wirbelstrombremsen.

Bei der Seilbremse wird ein um das Schwungrad oder um eine besondere Scheibe gelegtes Drahtseil belastet. Bei den Torsionsdynamometern schließlich wird durch Einschalten einer Verbindungskupplung, eines Meßstabes, auf optischem Wege die Verdrehung dieses Meßstabes ermittelt, oder auch die Verdrehung zweier um die Meßlänge auseinander liegender Wellenquerschnitte selbst bestimmt. Aus der gemessenen Verdrehung läßt sich das Drehmoment und damit auch die Leistung berechnen.

Ähnlich wie bei dem Torsionsdynamometer wird auch beim **Rückdruckverfahren** die Leistung nicht vernichtet. Der pendelnd aufgehängte Motor erzeugt vielmehr ein Drehmoment, dem ein gleich großes Moment entgegenwirken muß. Es ändert grundsätzlich an dem Verfahren nichts, wenn man eine Maschine z. B. eine Kreiselpumpe, mittels eines pendelnd aufgehängten Motors antreibt, bei dem ein am Gehäuse befestigter Waagebalken sich auf einer Waage abstützt und so die Messung der Kraft ermöglicht, die mit dem Hebelarm multipliziert das Drehmoment ergibt. Für genaue Messungen ist beim Rückdruckverfahren zu beachten, daß Rückdruckmoment und Drehmoment durch die stets vorhandene Lagerreibung und den Luftwiderstand nicht gleich groß sein können und eine Korrektur des Ergebnisses notwendig machen.

Dritter Abschnitt.

Wärmetechnische Untersuchungen.

I. Dampfkessel- und Feuerungsanlagen.

Aufgabe einer Kesseluntersuchung ist die Aufstellung des **Wirkungsgrades** und der **Wärmebilanz** für verschiedene Belastungen aber gleichbleibendem Dampfzustand. Die Durchführung derartiger Versuche sei an dieser Stelle nur kurz gestreift, zumal eine umfangreiche Literatur über dieses Gebiet vorliegt[1]. Für die einheitliche Durchführung von Abnahmekesseluntersuchungen sind Richtlinien aufgestellt, die in den „Regeln für Abnahmeversuche an Dampfanlagen" enthalten sind[2].

Bei einer genaueren Kesseluntersuchung muß folgendes festgestellt werden.

Brennstoff:
Art, Herkunft, Preis je t frei Kesselhaus.
Unterer Heizwert, Zusammensetzung, Feuchtigkeitsgehalt.
Stündliches Brennstoffgewicht (gesamt und je m² Rostfläche).
Schichthöhe, Rostgeschwindigkeit bei Wanderrostfeuerungen, Brennzeit.
Rostdurchfall, Schlacke, Asche, Flugkoks, Herdrückstände je Stunde und in vH. des verfeuerten Brennstoffes.
Brennbares in den Rückständen zur Berechnung des Herdverlustes.
Stündliche Wärmebelastung des Rostes, bzw. des Feuerraumes.
Leistungsbedarf für Rostanstrieb, Mahlanlage usw.

---

[1] Vgl. u. a. auch **Seufert**: Anleitung zur Durchführung von Versuchen an Dampfmaschinen, Dampfkesseln, Dampfturbinen und Verbrennungskraftmaschinen, 9. Aufl. Berlin: Julius Springer 1932.

[2] VDI-Verlag, 3. Aufl. Berlin 1930.

Speisewasser, Dampf:

Speisewasser je Stunde.

Verdampftes Wassergewicht je m² Heizfläche und Stunde.

Brutto- und Netto-Verdampfungsziffer.

Normaldampfmenge.

Dampfdruck und Dampftemperatur vor und nach dem Überhitzer.

Druck und Temperatur des Speisewassers hinter der Speisepumpe, vor und nach dem Vorwärmer, bei Kesseleintritt.

Stündliche Wärmeaufnahme von Kessel, Überhitzer, Vorwärmer (Wasser- und Luftvorwärmer).

Stündliche Wärmeaufnahme (gesamt).

Kraftbedarf der Speisepumpe.

Rauchgase, Verbrennungsluft:

Temperatur über den Rost, vor und nach dem Überhitzer, vor und nach dem Rauchgasvorwärmer, vor und nach dem Luftvorwärmer.

Zusammensetzung der Rauchgase, mindestens am Kesselende (Vorwärmerende) zur Ermittlung des Schornsteinverlustes.

Luftüberschußzahl, Rauchgasmenge, Abgasverlust.

Zug unter, über, dem Rost, Kesselende, vor und nach dem Überhitzer, vor und nach dem Vorwärmer.

Kraftbedarf der Ventilatoren.

Wärmeverteilung:

nutzbar: Sattdampferzeugung ⎫
       zur Überhitzung ⎬ = gesamte nutzbare Wärme; ergibt den
       zur Vorwärmung ⎭   Wirkungsgrad der Anlage

verloren: Abgasverlust

      Brennbares in der Schlacke

         ,,   ,, ,, Kesselflugasche

         ,,   im Rostdurchfall

         ,,   in der Flugasche

      Restverlust, Strahlung, Leitung

Eine derartige umfangreiche Untersuchung kommt für die ständige Betriebsüberwachung im allgemeinen nicht in Betracht. Die laufende Betriebsüberwachung muß sich vielmehr auf einige wenige notwendige Messungen beschränken, die dem Betriebsleiter jederzeit Einblick in die Wirtschaftlichkeit seiner Anlage verschaffen. Die Auswahl der Meßgeräte richtet sich nach den Erfordernissen, wobei der Gesichtspunkt einer schnellen übersichtlichen Erfassung der Meßwerte zu beachten ist. Anzeigegeräte geben dem Heizer Augenblickswerte und ermöglichen ihm die Ergreifung entsprechender Maßnahmen. Der Betriebsleiter erhält aus den Aufschreibungen der Punkt- oder Linienschreiber Aufschluß über die Arbeitsweise während eines längeren Zeitabschnittes. Die schnelle Übersicht wird dabei wesentlich durch die Zusammenfassung aller Meßgrößen in einer Meßwarte erleichtert (vgl. Abb. 78 u. 80).

Zur laufenden Betriebsüberwachung von Dampfkesselanlagen sind im wesentlichen folgende Messungen notwendig (vgl. Abb. 84 u. 85).

Brennstoffmenge (Heizwert nur Stich-
   proben)
Speisewasser bzw. Dampfmenge
Dampfdruck
Speisewassertemperatur, Dampftem-
   peratur

Abgastemperatur
Rauchgaszusammensetzung Kesselende
Zugstärke Kesselende oder Differenzzug
Temperatur der vorgewärmten Luft

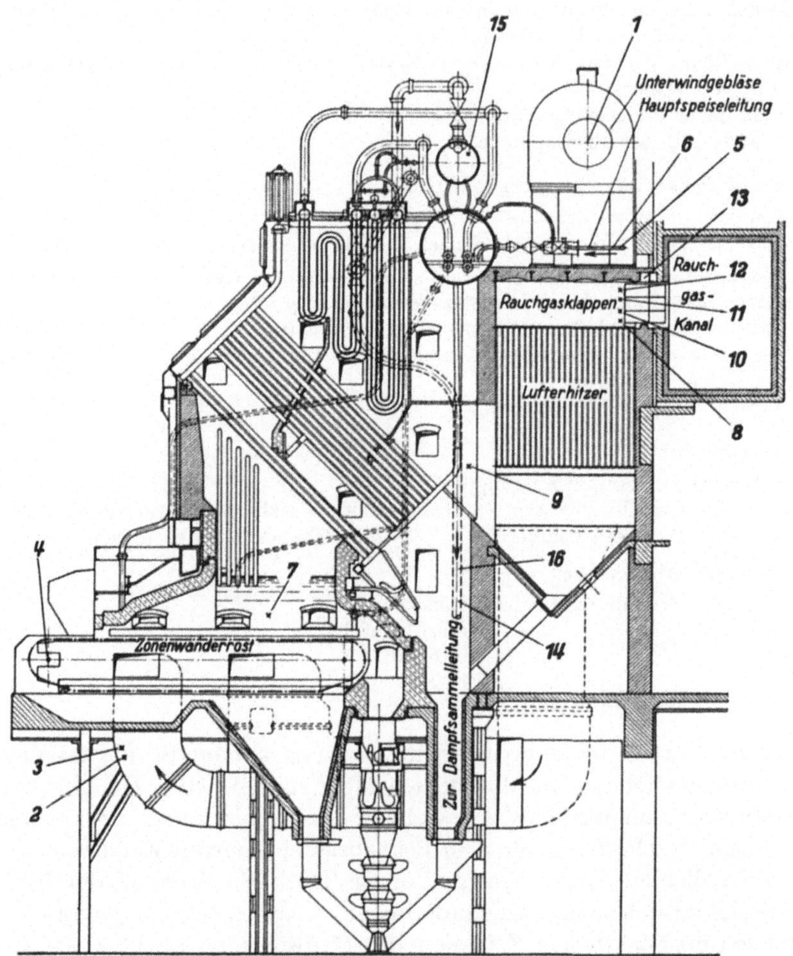

Abb. 84. Meßstellen zur wärmetechnischen Überwachung eines Sektionalkessels mit Wanderrostfeuerung.
1 Drehzahl des Unterwindgebläses. *2* Zug im Unterwindkanal. *3* Temperatur der Verbrennungsluft im Windkanal. *4* Drehzahl der Rostmotore. *5* Speisewassermenge. *6* Speisewassertemperatur. *7* Zug über dem Rost. *8* Zug hinter dem Lufterhitzer. *9* Rauchgastemperatur hinter dem Kessel. *10* Rauchgastemperatur hinter dem Lufterhitzer. *11* CO_2-Gehalt der Rauchgase. *12* $CO + H_2$-Gehalt der Rauchgase. *13* Einstellung der Rauchgasklappen. *14* erzeugte Dampfmenge. *15* Dampfdruck. *16* Temperatur des überhitzten Dampfes.

Bei beschränkten Mitteln wird man die Zahl der Messungen verringern müssen, doch sollte außer den bei jeder Anlage vorhandenen Einrichtung zur Speisewassermessung selbst bei bescheidensten Mitteln nie-

mals auf eine selbsttätige Messung der Gaszusammensetzung verzichtet
werden, da der größte Verlust durch die Abgase bedingt ist und Erspar-

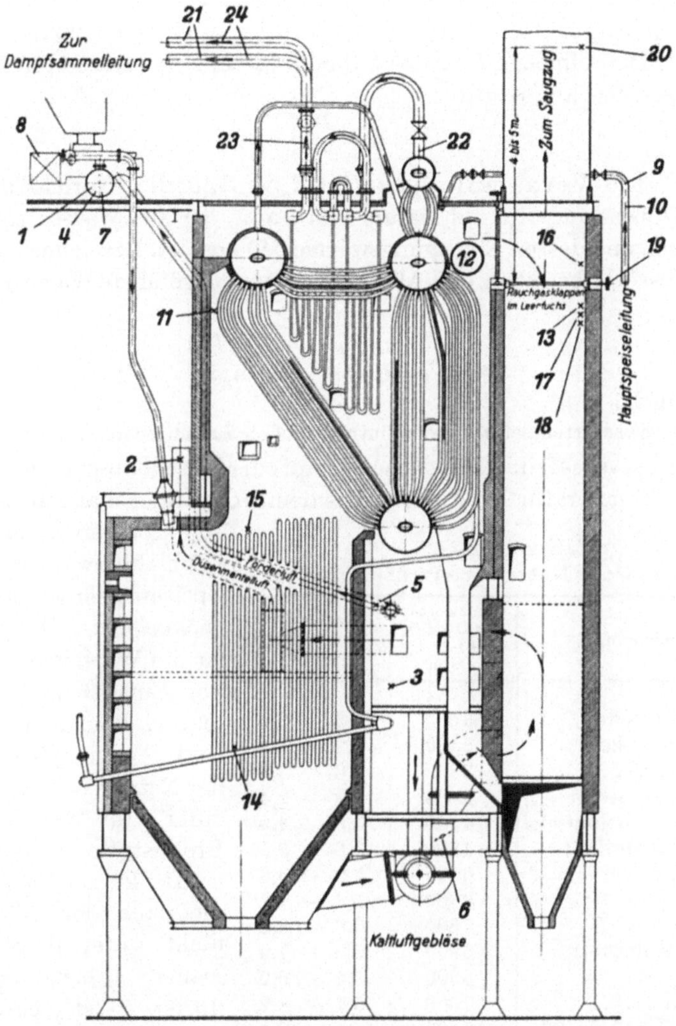

Abb. 85. Meßstellen zur wärmetechnischen Überwachung eines Steilrohrkessels
mit Kohlenstaubfeuerung.

1 Druck der Förderluft. *2* Druck der Düsenmantelluft. *3* Druck in der Warmluftkammer.
4 Temperatur der Förderluft. *5* Temperatur der Heißluft. *6* Einstellung der Kaltluftklappen.
7 Einstellung der Förderluftmischklappen. *8* Drehzahl der Zubringermotoren. *9* Speisewassermenge. *10* Speisewassertemperatur. *11* Zug vor dem Kessel. *12* Zug hinter dem Kessel.
13 Zug vor der Rauchgasklappe. *14* Temperatur über dem Granulierrost. *15* Temperatur an der
Brennkammer-Hängedecke. *16* Rauchgastemperatur. *17* CO_2-Gehalt der Rauchgase. *18* CO + H_2-Ge-
halt der Rauchgase. *19* Einstellung der Rauchgasklappe. *20* Rauchdichte im Kamin. *21* erzeugte
Dampfmenge. *22* Dampfdruck vor dem Überhitzer. *23* Dampfdruck hinter dem Überhitzer.
24 Dampftemperatur hinter dem Überhitzer.

nisse von nur 1 vH. in kurzer Zeit die Anschaffungskosten eines Rauch-
gasprüfers aus den erzielten Ersparnissen ausgleichen.

Die Feststellung der Verdampfungsziffer ist die einfachste Maßnahme um schnell und sicher Aufschluß über die Arbeitsweise einer Dampfkesselanlage zu erhalten. Man bezeichnete dabei mit Brutto-Verdampfungsziffer d das Verhältnis der in einer bestimmten Zeit erzeugten Dampfmenge D zu der während dieser Zeit verfeuerten Brennstoffmenge B. Es ist also

$$d = \frac{D}{B} \qquad (103)$$

Die Netto-Verdampfungsziffer d_n wird auf die „Normal"dampfmenge D' bezogen, also auf Dampf von 1 ata, der aus Wasser von 0^0 C entstanden und dessen Erzeugungswärme 640 kcal ist. Bezeichnet $i_h - t_{w0}$ die im Kessel, Überhitzer und Abgasvorwärmer zugeführte Wärmemenge, so ist

$$d_n = \frac{d\,(i_h - t_{w_0})}{640} = \frac{D\,(i_h - t_{w_0})}{B\,640} \qquad (104)$$

Hierin ist

$t_{wo} = $ Speisewassertemperatur vor Eintritt in den Rauchgasvorwärmer.

Wird das Wasser durch Zwischendampf oder Frischdampf vorgewärmt, so ist die Temperatur bei Austritt aus dem Vorwärmer maßgebend. Bei Injektorspeisung muß das „Schlabberwasser" in den Speisewasserbehälter zurückgehen. Maßgebend ist die Wassertemperatur vor Eintritt in den Injektor. In Zahlentafel 27 sind einige Mittelwerte der Netto-Verdampfungsziffer für verschiedene Brennstoffe enthalten.

Bei kurzen Versuchen, die nach den „Regeln" nicht unter 6 Stunden Dauer heruntergehen dürfen, ist besonders wichtig, daß Brennstoffschichthöhe, Wasserstand und Feuerzustand

Zahlentafel 27.
Mittelwerte der Nettoverdampfungsziffer [1].

Brennstoff	Heizwert kcal/kg bzw. kcal/m³	Netto-Verdampfungsziffer
Holz (lufttrocken) . .	3000	2,3 — 3,0
Torf (lufttrocken) . .	2400	1,9 — 2,4
guter Preßtorf . . .	3800	3,0 — 3,9
Braunkohle, erdige .	2400	1,9 — 2,4
„ böhmische	4500	3,5 — 4,9
Braunkohlenbriketts .	4800	3,8 — 5,2
Steinkohle	6000	5,2 — 6,6
„	6800	5,8 — 7,7
„	7300	6,8 — 8,3
Steinkohlenbrikett . .	6900	6,5 — 7,9
Koks	6300	5,4 — 6,9
Anthrazit	7500	6,4 — 8,2
Rohöl, Masut, Teeröl	10000	9,4 —12,5
Gichtgas	850	0,73— 0,93
Koksofengas. . . .	4500	4,2 — 5,1

des Kessels vor und nach dem Versuch vollkommen gleich sind. Bei vollständigen Kesselversuchen benötigt man auch die Feststellung der Brennstoffrückstände, sowie die genaue Bestimmung des Brennstoffheizwertes und des „Brennbaren" in den Rückständen.

<hr>

[1] Dubbel: Taschenbuch für den Maschinenbau, 5. Aufl. Bd. II S. 5. Berlin: Julius Springer 1929.

Aufgabe: Wie groß ist die Brutto- und Netto-Verdampfungsziffer eines Kessels, wenn der Dampfdruck $p = 39$ atü (40 ata), die Dampftemperatur $t_h = 350^0$ C und die Speisewassertemperatur vor Eintritt in den Rauchgasvorwärmer $t_{w_0} = 15^0$ C beträgt? Die stündliche Dampfmenge ist $D = 2000$ kg/h, die stündliche Brennstoffmenge $B = 350$ kg/h.

Es folgt

$$\text{Bruttoverdampfungsziffer } d = \frac{D}{B} = \frac{2000}{350} = 5{,}73$$

$$\text{Nettoverdampfungsziffer } d_n = \frac{D\,(i_h - t_{w_0})}{B \cdot 640} = \frac{2000\,(740 - 15)}{350 \cdot 640} = 6{,}48$$

Aus der stündlichen Dampfmenge D und der Kesselheizfläche H läßt sich die für die Beurteilung des Wärmedurchganges wichtige Heizflächenleistung ermitteln. Schlechte Durchwirbelung der Rauchgase, unreine Heizflächen, Trägheit des Wasserumlaufes verringern den Wärmedurchgang. Mittelwerte der Heizflächenleistung sind in Zahlentafel 28 enthalten.

Als Heizfläche gilt der Teil der Kesseloberfläche, der auf der einen Seite vom Wasser und auf der anderen Seite von den Heizgasen bespült wird. Die Heizfläche wird bei Landkesseln auf der Feuerseite, bei Schiffskesseln auf der Wasserseite gemessen.

Zahlentafel 28. Mittelwerte $\dfrac{D}{H}$.

Kesselbauarten	Heizflächenleistung kg/m²h
Einflammrohrkessel	15—25
Zweiflammrohrkessel	15—30
Flammrohr Heizrohrkessel (Doppelkessel)	18—22
Lokomobilkessel	15—25
Lokomotivkessel	40—60
Schiffskessel (schottischer Kessel)	25—35
Wasserrohrkessel (einfach)	20—35
Kammer-Wasserrohrkessel	40—50
Schrägrohrkessel	40—60
Steilrohrkessel	40—60
„Atmos"-Drehtrommelkessel	250—300

Die Wärmeverluste einer Kesselanlage setzen sich zusammen aus

1. Unverbranntes in den Herdrückständen,
2. fühlbare Wärme in den Herdrückständen,
3. unverbrannte Bestandteile in den Abgasen (Ruß), Verlust durch Flugkoks,
4. unvollständig verbrannte Gase (CO),
5. fühlbare Wärme der Abgase,
6. Strahlung und Leitung.

Der Verlust durch Unverbranntes in den Herdrückständen berechnet sich aus

$$\left. \begin{aligned} V_u &= \frac{g \cdot c' \cdot 8100}{H_u} \cdot 100 \text{ vH.} \\ V_u &= \sim 2 \text{ bis } 3 \text{ vH.} \end{aligned} \right\} (105)$$

Hierin ist

g = stündliche Menge der Herdrückstände (Schlacke, Asche, trocken) kg/h
c' = in 1 kg der Rückstände enthaltenes Kohlenstoffgewicht kg/kg
H_u = Brennstoffwärme kcal/h

Die fühlbare Wärme der Herdrückstände kann wegen ihrer Kleinheit vernachlässigt werden.

Der Verlust durch Rußablagerung ist versuchsmäßig schwerer zu erfassen. Er kann bei festen Brennstoffen mit 1—2 vH. der gesamten Brennstoffmenge in Rechnung gestellt werden. Genauer folgt er aus

$$V_R = \frac{G \cdot R \cdot 810}{H_u} \, \text{vH.} \tag{106}$$

Hierin ist

G = trockene Gasmenge für 1 kg Kohle m³/kg
R = Gehalt an Ruß in den Gasen g/m³

Rußbildung ist möglich, wenn noch nicht vollständig ausgebrannte Kohlenstoffteilchen auf kalte Wandungen auftreffen. Bei gegebenem Feuerraum ist Abhilfe nur durch Verkürzung des Flammenweges, also durch Verwendung einer gasärmeren Kohle möglich. Bei Gasen sind die Rußverluste gleich Null.

Die Berechnung des fühlbaren Wärmeverlustes und des Verlustes durch unverbrannte Gase war bereits auf S. 44 erläutert worden. Als Mittelwerte für diesen Schornsteinverlust findet man bei

Kesseln mit Überhitzer, Rauchgas- und Luftvorwärmer   9—10 vH.
Kessel mit Überhitzer ohne Vorwärmer . . . . 17—18 „

Das verbleibende Restglied ist der Strahlungs- und Leitungsverlust, sowie die Meßungenauigkeit. Größenordnung ungefähr 3 bis 4 vH. der Brennstoffwärme.

Von all diesen Verlusten ist der Schornsteinverlust (fühlbare Wärme der Abgase + unverbrannte Gase) am größten. Die Verluste 1 bis 4 sind die Feuerungsverluste, die Verluste 5 und 6 die Kesselverluste.

Verlust durch Rostdurchfall ist eine Folge ungeeigneter Roststäbe mit zu weiten Spalten. Für Ruhrkohlen brauchbare Werte sind in Zahlentafel 29 aufgeführt.

Zu hoher Verlust durch Unverbranntes in den Rückständen ist die Folge zu hoher Rostbelastung. Die Brenngeschwindigkeit der betr. Kohlensorte ist zu klein, oder der Zug zu gering. Abhilfe ist möglich durch Verwendung gasreicherer oder grobstückigerer Kohle. Einige Mittelwerte über spezifische Rost- und Feuerraumbelastungen sind in Zahlentafel 30 aufgeführt. Bei hochwertigen Steinkohlen mit geringem Aschegehalt ist der Verlust durch Unverbranntes in den Rückständen meist gering. Ungünstig wirkt auch Fließschlackenbildung. Diese kann hervorgerufen werden durch Stauhitze infolge niedriger Feuerräume oder langer niedriger Zündgewölbe in Verbindung mit schlechtem Zug. Auch zu enge Rostspaltenweiten sind ungünstig, da sie die Wärmeabführung aus der Schlackenschicht erschweren. Der Roststab muß die von

Zahlentafel 29.
Rostspaltenweite bei Plan- und Wanderrosten für Ruhrkohlen[1].

	Planrost			Wanderrost		
	Stückkohle, melierte Kohle, Nuß 1—3	Förderkohle Nuß 4—5	Feinkohle	Nuß 3	Nuß 4—5	Feinkohle
bei natürlichem Zug . .						
Gas- und Gasflammkohle	7—10	5—7	5	5—8	5—6	3—4
Fettkohle	7—10	5—7	5	5—8	5—6	3—4
Eßkohle	7—10	6—7	5	5—8	5—6	3—4
Magerkohle und Anthrazit.	7—12	6—7	5	5—8	5—6	3—4
Voll- und Eiformbriketts . .	8—12	7—12	—	—	—	—
bei künstlichem Zug						
sämtliche Kohlenarten . .	2—4			2—3		

der Brennschicht aufgenommene Wärme schnell an die vorbeiziehende Verbrennungsluft abgeben. Wo die Betriebsverhältnisse eine Änderung des Rostes nicht zulassen, läßt sich Fließschlackenbildung durch Unterblasen von Dampf oder Befeuchtung der Verbrennungsluft beheben.

Verlust durch Flugkoks ist bei nicht backenden feinkörnigen Brennstoffen möglich, wenn die Feuerraumbelastung und der Zug hoch sind. Flugkoksbildung ist durch Verkleinerung der Brenngeschwindigkeit oder durch Verwendung backender Nußkohlen (Fett- oder Gaskohlen) zu beheben.

Zahlentafel 30. Mittelwerte von Rost- und Feuerraumbelastungen Zonen-Unterwind-Wanderroste (nach Rosin)[2].

Brennstoff	Normalleistung kcal/m² h	Höchste Dauerleistung kcal/m² h
Ruhrnußkohle	1 600 000	2 100 000
Oberschlesische Staubkohle	1 400 000	1 800 000
gewaschene Magerfeinkohle	1 300 000	1 700 000
Koksgrus	1 050 000	1 350 000

Allgemeine Anhaltszahlen für Plan- und Treppenroste (natürlicher Zug).

Brennstoff	Belastung kg/m² h	
	Mäßiger Betrieb	Höchstlast
Steinkohle, Koks auf Planrost.	70	150
Böhmische Braunkohle	100	200
Braunkohlenbriketts	100	200
Deutsche Braunkohle	170	380
Torf	120	200
Holz	120	180

bei künstlichem Zug Steigerung bis 500 kg/m² h möglich, begrenzt durch Flugkoksbildung bei gesteigerter Brenngeschwindigkeit.

Gasfeuerungen Feuerraumbelastung 3—5 Millionen kcal/m³ Feuerraum und Stunde.

Kohlenstaubfeuerungen. Feuerraumbelastung 100 000—300 000 kcal/m³ h. Einzelfälle bis 1 Million und mehr kcal/m³ h.

---

[1] Wiedemann: Steinkohle als Industriebrennstoff. Die Wärme 1931 Nr. 25.
[2] Gesamtbericht der 2. Weltkraftkonferenz, Bd. VII. Berlin 1930.

Die fortlaufende Überwachung der Rauchgaszusammensetzung durch Rauchgasprüfer gibt Aufschluß über den Wirkungsgrad der Verbrennung. Ergänzt wird diese Prüfung der Gaszusammensetzung durch die Messung der Zugstärke und gegebenenfalls der Rauchgastemperatur. Die einfache Zugmessung gibt den Druckunterschied gegenüber der Atmosphäre an, gestattet jedoch keine Rückschlüsse auf die Belastung, da der von den Heizgasen zu überwindende Widerstand darin nicht eindeutig zum Ausdruck kommt. Mißt man den Zug im Feuerraum und den Zug vor dem Rauchgasschieber, so ist die Differenz beider Anzeigen ein Maß für die Heizgasgeschwindigkeit, also auch für die Belastung. An Stelle der beiden Zugmesser kann auch ein Differenzzugmesser treten, der in einfachster Form aus einer gebogenen, mit rot gefärbtem Wasser oder Alkohol gefüllten Glasröhre besteht und deren einer Schenkel mit dem Feuerraum und deren anderer Schenkel mit der Meßstelle vor dem Schieber in Verbindung steht. Derartige Zugmesser können gegebenenfalls bei gleichmäßiger Belastung einen Gasprüfer ersetzen, wenn durch Versuche einmal der günstigste Differenzzug festgelegt ist, den der Heizer während der Betriebszeit durch regeln der Schieberstellung konstant halten muß.

In manchen Kraftwerken ist die Kenntnis des Flugaschegehaltes der Abgase erwünscht, besonders dann, wenn die Abgase vor Austritt aus dem Kamin durch mechanische oder elektrische Entstauber von der Asche befreit werden sollen. Zur fortlaufenden Bestimmung des noch verbleibenden Aschegehaltes im Rauchgas dienen Rauchdichteschreiber. Es wird hierbei quer in den Abgasstrom ein weites mit Schlitzen versehenes Rohr eingebaut. Durch diese Schlitze ziehen die ruß- und aschehaltigen Gase hindurch. An dem

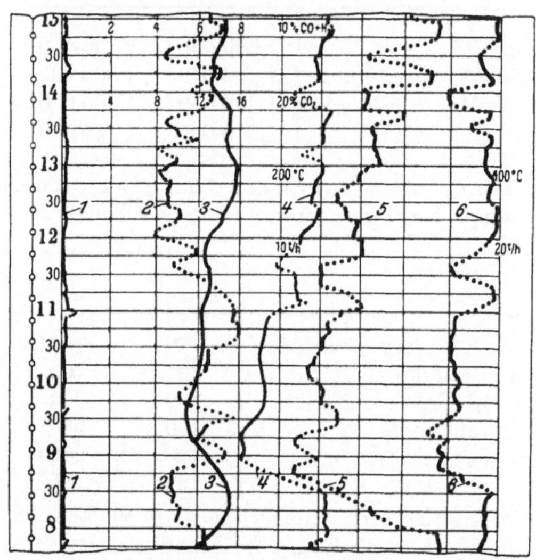

Abb. 86. Gleichzeitige Aufschreibung des CO₂ und CO+H₂-Gehaltes der Rauchgase, der Rauchgas-, Dampf- und Speisewassertemperatur, sowie der Dampfmenge durch Sechsfarbenschreiber.

1 = CO + H₂-Gehalt.		4 = Rauchgastemperatur.
2 = CO₂-Gehalt.			5 = Dampfmenge.
3 = Speisewassertemperatur.	6 = Dampftemperatur.

einen Ende des Rohres befindet sich eine starke Glühbirne am anderen Ende ein Ardometer. Der Ausschlag des Anzeigeinstrumentes wird durch Absorption der Strahlen durch die dazwischen liegende Aschen-

und Rußschicht beeinflußt und läßt sich auf Grund einer Ringelmann-Skala auch größenmäßig erfassen[1].

Für die tägliche Wärmebilanz ist die aufschreibende Messung er-

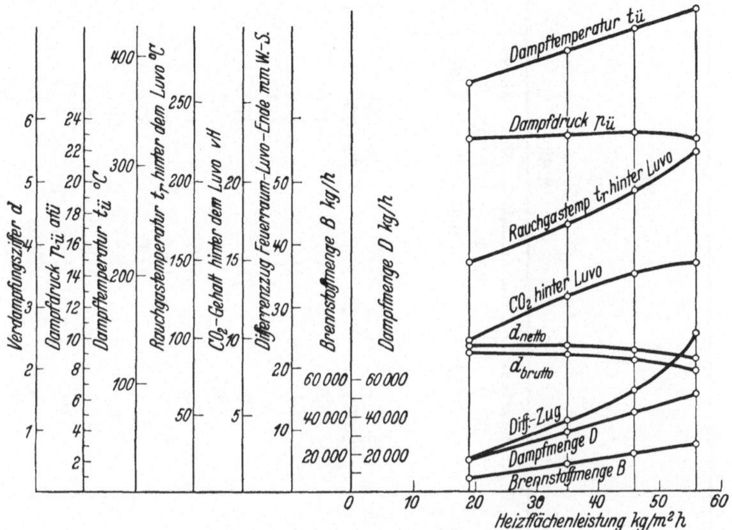

Abb. 87. Ergebnisse des Kesselversuches.

wünscht. Einen Ausschnitt aus einem solchen Meßstreifen, der alle kennzeichnenden Größen festhält, ist in Abb. 86 dargestellt.

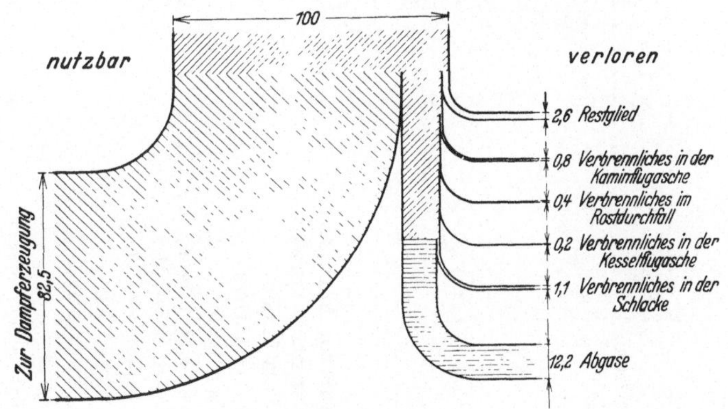

Abb. 88. Sankey Diagramm.

Als Beispiel einer Auswertung einer Kesseluntersuchung sind in
Zahlentafel 31 die Hauptwerte eines Verdampfungsversuches an vier

---

[1] Miething, H.: Der Siemens-Rauchdichtanzeiger. Siemens-Z. 1928 Heft 4
S. 245.

Über andere Arten der Staubbestimmung in Gasen siehe Mitt. Wärmestelle
Düsseldorf 1924 Nr. 62.

Zahlentafel 31. Versuchsbericht. Abnahmeversuch im Großkraftwerk „Else", Schwandorf. Anlage mit vier Steinmüller-Steilrohrkesseln und mit vier Steinmüller-Vorschubrosten.

Kesselkennzahlen:

Kesselheizfläche	m²	910
Überhitzerheizfläche	m²	400
Wasservorwärmerheizfläche	m²	810
Luftvorwärmerheizfläche	m²	850
Rostfläche nutzbar	m²	43,63

		Schwachlast	Normallast	Maximallast	Spitze
Tag des Versuches	1930	26. 9.	25. 9.	23. 9.	24. 9.
Dauer des Versuches	Stunden	8,522	8,000	8,308	8,000

Versuchsergebnisse:

		Schwachlast	Normallast	Maximallast	Spitze
Brennstoffmenge	kg	63 025	116 775	161 025	206 450
Speisewassermenge	kg	142 530	254 770	345 730	407 290
Speisewassertemperatur vor Vorwärmer	°C	103	105	106	107
Speisewassertemperatur nach Vorwärmer	°C	161	162	160	167
Lufttemperatur vor Vorwärmer	°C	20	19	21	22
Lufttemperatur nach Vorwärmer	°C	123	138	151	164
Dampfdruck nach Überhitzer	atü	22,7	22,9	23,0	22,6
Dampftemperatur nach Überhitzer	°C	375	408	421	443
Rauchgastemperatur über Rost Mitte	°C	1 040	1 130	—	1 090
Rauchgastemperatur hinter Kessel	°C	294	346	374	412
Rauchgastemperatur hinter Eko	°C	201	239	267	296
Rauchgastemperatur hinter Luvo	°C	144	173	194	218
CO_2-Gehalt hinter Kessel	vH.	10,3	13,5	15,2	15,7
CO_2-Gehalt hinter Luvo	vH.	9,65	12,65	14,0	14,7
Schlackenmenge in vH. der aufgegebenen Kohle	vH.	6,9	7,2	5,9	5,5
Flugaschenmenge in vH. der aufgegebenen Kohle	vH.	0,9	0,5	0,8	1,2

Rostdurchfall in vH. der aufgegebenen Kohle	vH.	1,2	0,5	0,3	0,2
Druck unter Rost	mm W.-S.	6	10,3	12,9	15
Zug über Rost	mm W.-S.	8,5	8,5	8,75	7,5
Zug Kessel-Ende	mm W.-S.	5,5	11,5	16	23
Zug Eko-Ende	mm W.-S.	10	17	23,5	33
Zug Luvo-Ende	mm W.-S.	13,5	24	32	48,5
Rechnungswerte:					
Kesselleistung	kg/m²h	18,4	35,0	45,7	55,9
Rostleistung	kg/m²h	170	335	443	592
Bruttoverdampfung	kg/kg	2,262	2,182	2,147	1,973
Nettoverdampfung (640 kcal/kg/Erzeugungswärme)	kg/kg	2,327	2,297	2,277	2,127
Erzeugungswärme	kcal/kg	658,6	673,6	678,9	689,8
Normaldampf je m Rostbreite	t/mh	2,43	4,30	5,65	7,03
Normaldampf je m lichte Kesselbreite	t/mh	2,28	4,04	5,32	6,60
Feuerraumbelastung	kcal/m³h	99 000	191 500	256 000	344 000
Brennstoff:		Braunkohle			
Wasser	vH.	55,03	54,67	55,23	54,75
Asche	vH.	10,32	10,96	8,65	10,99
Flüchtige Bestandteile	vH.	18,8	19,14	19,95	18,99
Unterer Heizwert	kcal/kg	1 805	1 771	1 786	1 798
Wärmenachweis:					
Wirkungsgrad	vH.	**82,5**	**83,0**	**81,6**	**75,7**
Verlust in den Abgasen	vH.	12,4	12,2	12,3	13,6
Verlust durch Verbrennliches in der Schlacke	vH.	1,1	0,7	1,9	1,7
Verlust durch Verbrennliches in der Kesselflugasche	vH.	0,2	0,3	1,0	1,8
Verlust durch Verbrennliches im Rostdurchfall	vH.	0,4	0,2	0,1	0,05
Verlust durch Verbrennliches in der Kaminflugasche	vH.	0,8	1,8	1,7	4,9
Restglied	vH.	2,6	1,8	1,4	2,2
Gesamte Ausnutzung		100	100	100	100

Steinmüller-Steilrohrkesseln mit Vorschubrosten wiedergegeben. Der Wärmenachweis wird häufig auch in Form eines Wärmeverteilungsbildes (Sankey-Diagramm) veranschaulicht, wie es in Abb. 88 für den ersten Versuch (Zahlentafel 31) dargestellt ist. Abb. 89 gibt ein Wärmeschaubild für die verschiedene Belastungen.

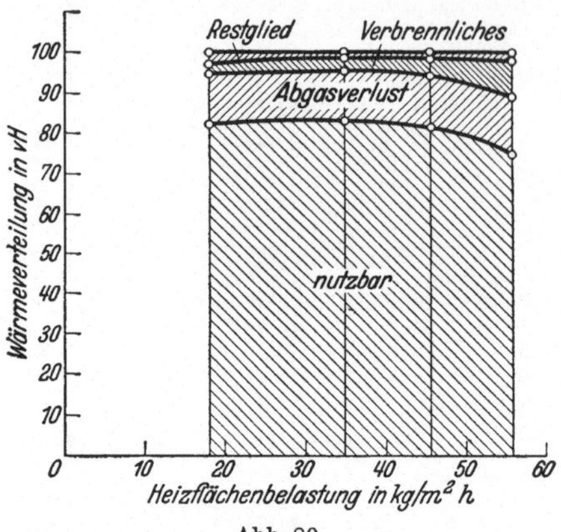

Abb. 89.
Wärmeverteilung bei verschiedenen Belastungen.

In der genannten Zahlentafel sind nur die für einen allgemeinen Kesselversuch wichtigen Ergebnisse zusammengestellt. Etwaige Sonderuntersuchungen, wie z. B. die Bestimmung der mittleren Wärmedurchgangszahlen von Kessel, Überhitzer oder Vorwärmer lassen sich nach den in diesem und im Abschnitt Verbrennungslehre gegebenen Richtlinien durchführen. Nachstehend sei als Beispiel die mittlere Wärmedurchgangszahl des Wasservorwärmers bei den verschiedenen Belastungen (Zahlentafel 32) berechnet.

Aufgabe: Wie groß sind die mittleren Wärmedurchgangszahlen k des Rauchgasvorwärmers Zahlentafel 31 bei den dort gegebenen Belastungen und Größenangaben? Vorausgesetzt ist Kreuzstrom-Wärmeübertragung. Heizfläche des Kessels $H_k = 910$ m², Heizfläche des Wasser-Vorwärmers $H_w = 810$ m².

Aus Gleichung 35 folgt

$$\Delta t = \frac{t_{ge} - t_{we} + t_{ga} - t_{wa}}{2} \; {}^{\circ}C; \qquad k \text{ folgt aus: } \frac{W}{\Delta t}$$

Zahlentafel 32.

Versuchsreihe	Bez.	Dimension	1	2	3	4
Speisewassermenge	D	kg/h	16 700	31 950	41 500	50 900
Heizflächenbelastung des Kessels	$\dfrac{D}{H_k}$	kg/m²h	18,4	35	45,7	55,9
Rauchgastemperatur						
vor dem Vorwärmer . .	t_{ge}	⁰ C	294	346	374	412
nach dem Vorwärmer .	t_{gu}	,,	201	239	267	296
Wassertemperatur						
vor dem Vorwärmer . .	t_{we}	,,	103	105	106	107
nach dem Vorwärmer .	t_{wa}	,,	161	162	160	167
Wärmeaufnahme des Speisewassers $\dfrac{D(t_{we} - t_{wa})}{H_w}$	W	kcal/m²h	1 195	2 250	2 770	3 770
Temperaturunterschied Rauchgas-Wasser	t	⁰C	115,5	159	187,5	217
Wärmedurchgangszahl . .	k	kcal/m²h ⁰C	10,3	14,15	14,75	17,4

Bei vorstehendem Beispiel sind die mittleren Wärmedurchgangszahlen berechnet, die aus schon mehrfach erwähnten Gründen nicht ohne weiteres verallgemeinert werden dürfen. Die Wärmedurchgangszahl ist innerhalb der des Wärmeaustauschers Veränderungen unterworfen, die von vielen Faktoren abhängig sind (vgl. Abschnitt: Wärmeübertragung).

Zu einer vollständigen Auswertung gehört noch die Berechnung des Dampf- und Wärmepreises. Man versteht unter dem Dampfpreis die Brennstoffkosten zur Erzeugung von 1 Tonne Dampf, wobei die Gesamtbrennstoffkosten (einschließlich Fracht, Anfuhr usw.) in Rechnung zu setzen sind. Der Wärmepreis stellt die in RM ausgedrückten Kosten für 100000 kcal Brennstoffwärme dar.

Aufgabe: Wie hoch sind Dampf- und Wärmepreis, wenn der Brennstoffheizwert $H_u = 7500$ kcal/kg beträgt und je kg Dampf 0,16 kg Brennstoff verbraucht werden? Brennstoffpreis 15 RM/t.

Es folgt

$$\text{Dampfpreis} \quad 100 \cdot 0,16 \cdot \frac{15}{1000} = 2,40 \text{ RM}$$

$$\text{Wärmepreis} \quad 7500 \text{ kcal kosten} \quad \frac{15}{1000} \text{ RM,}$$

dann kosten 100 000 kcal

$$\frac{100\,000}{7500} \cdot \frac{15}{1000} = 0,2 \text{ RM.}$$

II. Wärmekraftmaschinen.

1. Kolbendampfmaschinen.

Aufgabe einer Dampfmaschinenuntersuchung ist die Prüfung der Einsteuerung, die Ermittlung der indizierten und effektiven Leistung, die Berechnung des Dampf- und Wärmeverbrauches je PS_ih bzw. PS_eh, sowie des Wirkungsgrades der Maschine[1].

Zur Prüfung der Einsteuerung nimmt man einige Indikatordiagramme auf Deckel- und Kurbelseite der Maschine. Die bei der Anbringung und Handhabung des Indikators zu beachtenden Regeln sind folgende:

1. Einsetzung des richtigen Indikatorkolbens und der richtigen Feder, wobei der Federmaßstab sofort aufzuschreiben ist.

2. Instandsetzung des Schnurlaufes, der Hubminderungsrolle oder der Hebelübertragungsvorrichtung zum Antrieb der Indikatortrommel.

3. Prüfung der Indikatortrommel auf freien Lauf.

4. Schreiben der atmosphärischen Linie, Diagrammaufnahme und Beschriftung des Diagramms.

---

[1] Für Abnahmeversuche beachte man die „Regeln für Abnahmeversuche an Dampfanlagen". 3. Aufl. Berlin: VDI-Verlag 1930.

Durch Vergleich des aufgenommenen Diagrammes mit einem Normaldiagramm erkennt man die Steuerungsfehler, sowie etwaige Undichtheiten von Kolben und Abschlußorganen. Hierzu ist eine kurze Bespre-

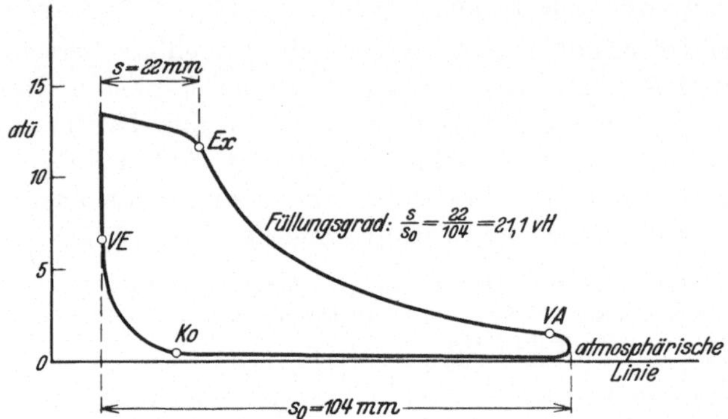

Abb. 90. Indikatordiagramm des Hochdruckzylinders einer Kolbendampfmaschine.

chung des normalen Diagrammes notwendig. In Abb. 90 ist ein Diagramm der Deckelseite einer Einzylinder-Auspuffmaschine dargestellt. Bei guter Einstellung der Maschine ist das Diagramm der Kurbelseite ein Spiegelbild der Deckelseite. In dem abgebildeten Diagramm sind die charakteristischen Punkte: Beginn der Expansion Ex (Abschluß des Dampfeintritts), Voraustritt VA (Beginn des Dampfaustritts), Kompression Ko (Ende des Dampfaustritts), Voreintritt VE (Beginn des Frischdampfeintritts). Der Voreintritt ist meist schlecht zu erkennen. Mit Füllungsgrad wird das Verhältnis des Füllungsweges zur Gesamtlänge des Diagramms bezeichnet, also

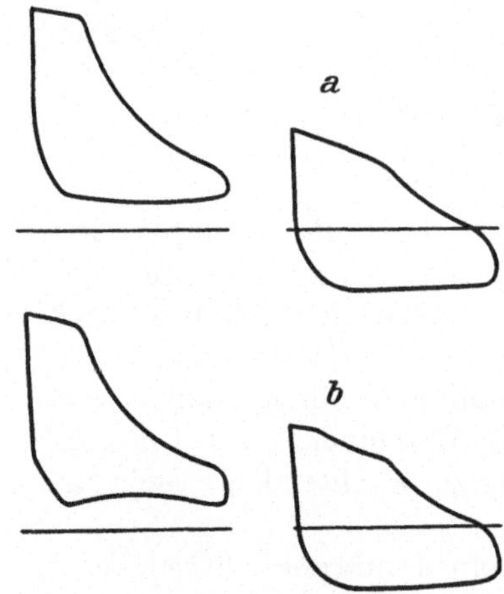

Abb. 91. Indikatordiagramme (schematisch).
a) Längsverbundmaschine.
b) Querverbundmaschine.

$$\lambda = \frac{s}{s_0}$$

Man beachte, daß bei einer Verbundmaschine zusammengehören: Hochdruck-Kurbelseite und Niederdruck-Kurbelseite bei voreilender Niederdruckkurbel,

Hochdruck-Kurbelseite und Niederdruck-Deckelseite, bei voreilender Hochdruckkurbel oder Tandemanordnung von Hoch- und Niederdruckzylinder.

Normale Diagramme einer Längs- und einer Querverbundmaschine sind in Abb. 91 wiedergegeben. Man beachte die durch den Einfluß des

wechselnden Aufnehmerdruckes veränderliche Ausschublinie der Hoch-
druckdiagramme (vgl. auch S. 174).

Da eine fehlerhafte Einsteuerung gleichbedeutend ist mit erhöhtem
Dampfverbrauch, ist eine in regelmäßigen Abständen vorgenommene

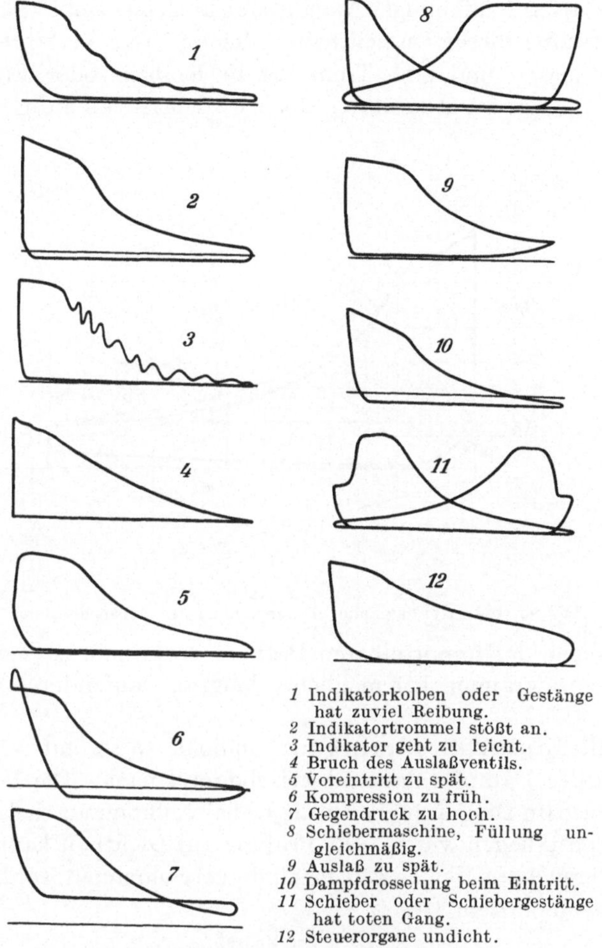

1 Indikatorkolben oder Gestänge
  hat zuviel Reibung.
2 Indikatortrommel stößt an.
3 Indikator geht zu leicht.
4 Bruch des Auslaßventils.
5 Voreintritt zu spät.
6 Kompression zu früh.
7 Gegendruck zu hoch.
8 Schiebermaschine, Füllung ungleichmäßig.
9 Auslaß zu spät.
10 Dampfdrosselung beim Eintritt.
11 Schieber oder Schiebergestänge
  hat toten Gang.
12 Steuerorgane undicht.

Abb. 92. Fehlerhafte Diagramme.

Indizierung ein wichtiges Hilfsmittel zur wärmetechnischen Überwachung
einer Kolbendampfmaschine.

Bei der Beurteilung eines fehlerhaften Diagrammes ist auch zu untersuchen, ob Fehler etwa durch den Indikator selbst entstanden sind
(Klemmen des Kolbens, Anstoßen der Trommel, wackelnde Verbindung
usw.). Eine Zusammenstellung charakteristischer Fehlerdiagramme ist
in Abb. 92 wiedergegeben. Hierbei geben die Diagramme 1—3 Fehler der

172 Wärmetechnische Untersuchungen.

Indiziervorrichtung, die übrigen Diagramme Fehler in der Einsteuerung
wieder.

Will man Undichtheiten von Kolben, Schiebern oder Ventilen
nicht unmittelbar durch Festklemmen des Schwungrades und Öffnen des
entsprechenden Indikatorhahnes bzw. auch durch Lösen des Deckels
feststellen, so kann mit einiger Annäherung auch das Indikatordiagramm
zur Bestimmung dieser Undichtheiten dienen. Das Verfahren ist zwar
nicht sehr genau und eine Trennung in Kolben- oder Einlaßorgan-
undichtheit kaum durchzuführen, doch wird man es häufig seiner Ein-

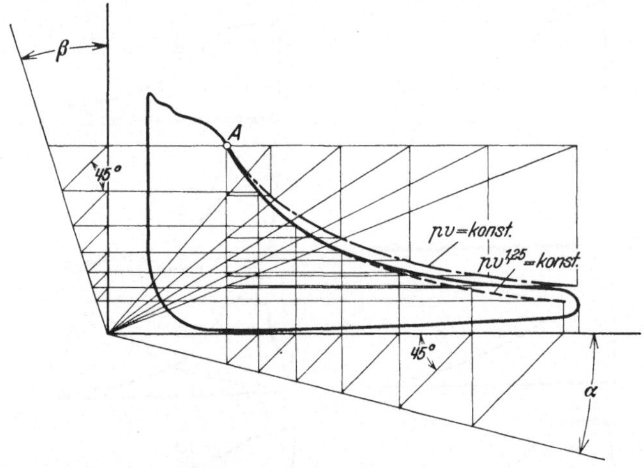

Abb. 93. Indikatordiagramm. Untersuchung der Expansionslinie.

fachheit wegen der unmittelbaren Prüfung vorziehen. Zweckmäßig ist
hierfür die Diagramme bei möglichst langsam laufender Maschine zu
schreiben.

Sind die Einlaß-Steuerorgane undicht, so strömt während der
Expansion des Dampfes dauernd Frischdampf nach. Die Expansionslinie liegt also im Diagramm höher als sie bei vollkommen dichtem Schieber oder Ventil liegen würde. Die Prüfung auf Dichtheit kann demnach
durch Untersuchung der Expansionslinie vorgenommen werden, die bei
Dampfmaschinen dem Gesetz

$$P \cdot v^n = \text{konst}$$

folgt. Hierin bedeutet

$P =$ Dampfdruck kg/m²
$v =$ spezifisches Volumen des Dampfes m³/kg
$n =$ Exponent, abhängig vom Dampfzustand
$\quad n = 1$ für gesättigten Dampf
$\quad n = 1{,}05$ für schwache Überhitzung
$\quad n = 1{,}25$ für hohe Überhitzung

Ausgehend von einem Punkt A der Expansionslinie (Abb. 93) ist jetzt
eine den obigen Gleichungen Rechnung tragende Kurve zu zeichnen, die

sich bei völlig dichtem Abschlußorgan mit der vom Indikator geschriebenen Expansionslinie decken muß.

Aufgabe: Es ist die Expansionslinie des in Abb. 94 dargestellten Indikatordiagramms der Deckelseite einer Einzylinder-Kondensationsmaschine zu untersuchen. Dampfdruck $p = 10$ ata, Dampfüberhitzung $t = 300^0$ C, schädlicher Raum 9,18 vH.

Im ersten Teil der Expansion kann man $n = 1{,}25$ setzen, da der Dampf 300^0 C heiß ist. Die Konstruktion der Kurve $pv^{1{,}25} = \mathrm{konst}$ erfolgt nach Brauer. Es ist hiernach

$$1 + \operatorname{tg}\beta = (1 + \operatorname{tg}\alpha)^{n}$$

mit $\operatorname{tg}\alpha = 0{,}25$ wird für $n = 1{,}25$ $\operatorname{tg}\beta = 0{,}322$.

Die gestrichelt gezeichnete Linie ist die Expansionslinie mit $n = 1{,}25$. Sie weicht von der wirklichen Expansionslinie nur im unteren Teil ab, also da, wo der

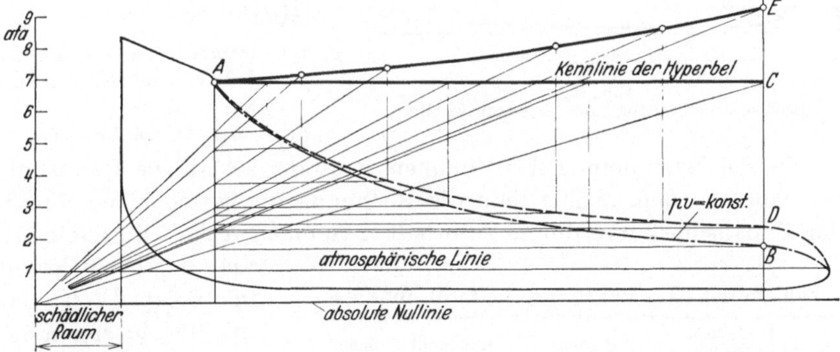

Abb. 94. Indikatordiagramm einer Einzylinder-Kondensationsmaschine. Kennlinie.

Exponent dem wirklichen Dampfzustand nicht mehr entspricht. Die Übereinstimmung der gezeichneten und der geschriebenen Kurve ist ein Beweis für völlig dichten Abschluß des Einlaßorgans. Mit kleiner werdendem n liegt die Kurve höher. Zum Vergleich ist die Kurve $P \cdot v = \mathrm{konst}$ (Hyperbel) mit eingezeichnet. In der wirklichen Maschine dürfte gegen Ende der Expansion der Exponent um 1,05 herum liegen. Zeichnet man den ersten Teil der Kurve mit dem Exponenten $n = 1{,}25$ und den zweiten Teil mit $n = 1{,}05$, so stimmt die gezeichnete Kurve mit der vom Indikator geschriebenen vollständig überein.

Die Beurteilung der Expansionslinie nach einer eingezeichneten Kurve, deren Exponent wie vorstehend bestimmt ist, ist insofern schwierig als schon erhebliche Undichtheiten vorhanden sein müssen, um die Abweichung von der theoretischen und praktischen Kurve erkennbar zu machen. Bei dem Verfahren von Doerfel soll eine größere Deutlichkeit durch Einzeichnen einer Kennlinie erreicht werden. So ist bei dem Diagramm der Deckelseite einer mit Sattdampf arbeitenden Einzylinderkondensationsmaschine (Abb. 94) die Expansionslinie eine Hyperbel (Linie $A\,B$). Die Konstruktion nach rückwärts ergibt die Gerade $A\,C$. Bei undichtem Einlaßorgan liegt die Expansionslinie höher, etwa entsprechend $A\,D$. Konstruiert man hierfür wieder die Kennlinie, so verläuft diese entsprechend $A\,E$, zeigt also eine Undichtheit an. Verläuft die Kennlinie unterhalb der Hyperbelkennlinie, so verläuft die Expansionslinie auch unterhalb der Hyperbel. Der in der Maschine befindliche Dampf entweicht zu schnell, das Auslaßorgan ist undicht. Auch dieses Verfahren gestattet nur das Erkennen größerer Undichtheiten, da eine geringe Abweichung der Kennlinie nach unten z. B. auch bei überhitztem Dampf vorhanden ist.

Rechnerisch läßt sich der Exponent n bestimmen aus

$$n = \frac{\log p_1 - \log p_2}{\log V_2 - \log V_1} \qquad (107)$$

Hierin ist

$p_1, p_2 =$ Dampfdruck beim Punkte 1 bzw. 2 der Expansionskurve in at

$v_1,\ v_2 =$ zugehöriges Volumen m³

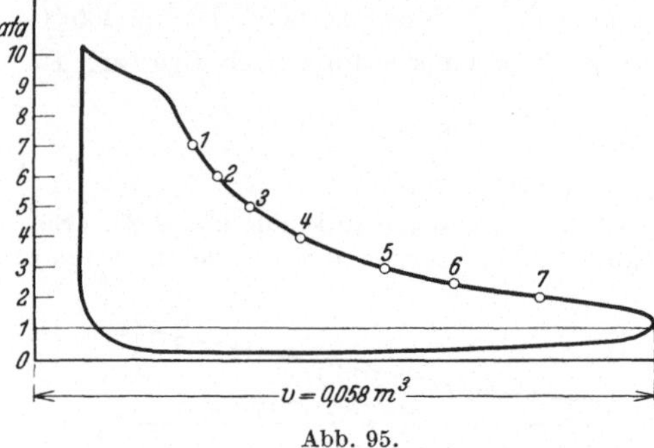

Abb. 95.
Rechnerische Untersuchung der Expansionslinie.

Bei der Bestimmung des Volumens muß der schädliche Raum mitgerechnet werden. Führt man die Rechnung für verschiedene Punkte der Expansionskurve durch, so erhält man einen Anhalt über den Zustand der Abdichtung. Ein Beispiel ist in Abb. 95 durchgeführt. Die Auswertung für die verschiedenen Punkte ist in Zahlentafel 33 enthalten.

Der Mittelwert ist im ersten Teil $n = 1,05$, im letzten Teil der Kurve (Sattdampf) $n = 1,0$, also gute Übereinstimmung mit den auf S. 172 gegebenen Richtzahlen. Steuerungsorgane und Kolben schließen dicht ab.

Zahlentafel 33. Werte des Exponenten n.

Punkt	Dampf-druck ata	Volumen m³	Exponent n nach Gl. 107 berechnet	
1	7	0,016	1,13	
2	6	0,0183	1,05	
3	5	0,0218	1,04	Mittelwert
4	4	0,027	1,02	$= 1,05$
5	3	0,0358	1,02	
6	2,5	0,0423	1,0	
7	2,1	0,0515		

Bei Verbundmaschinen ist zu beachten, daß durch die Verbundwirkung eine von der Waagerechten abweichende Ausschublinie entsteht. Diese Abweichung ist kein Steuerungsfehler. Je nachdem, ob bei einer Verbundmaschine die Zylinder nebeneinander oder hintereinander geschaltet sind, ergeben sich verschiedene Ausschublinien. Das hat folgenden Grund. Der aus dem Hochdruckzylinder ausgeschobene Dampf kommt in einen Aufnehmer von endlichem Inhalt und von hier aus in den Niederdruckzylinder. Bei nebeneinanderliegenden Zylindern, bei denen die Kolben auf zwei um 90° versetzte Kurbeln arbeiten, verlaufen im Hochdruckzylinder Füllung und Expansion normal, während beim Dampfausschub in den Niederdruckzylinder im Aufnehmer zuerst ein Druckanstieg und danach eine Abnahme erfolgt, da der Niederdruckzylinder die ausgeschobene Dampfmenge nicht gleichmäßig aufnimmt (Abb. 91). Bei Längsverbundmaschinen tritt das Umgekehrte ein. Der Druck im Aufnehmer fällt ungefähr in der Hubmitte; die Ausschublinie des Hochdruckzylinders erhält also einen Knick nach unten[1].

Ergibt die Kritik des Diagramms einen Steuerungsfehler, so müssen die Steuerorgane entsprechend verstellt werden. Bei Maschinen mit einfachem Schieber beachte man, daß durch eine Verlängerung oder Verkürzung der Schieberstange gleichzeitig sämtliche Punkte des Diagramms (Ex, VA, Ko, VE) auf beiden Seiten verstellt werden.

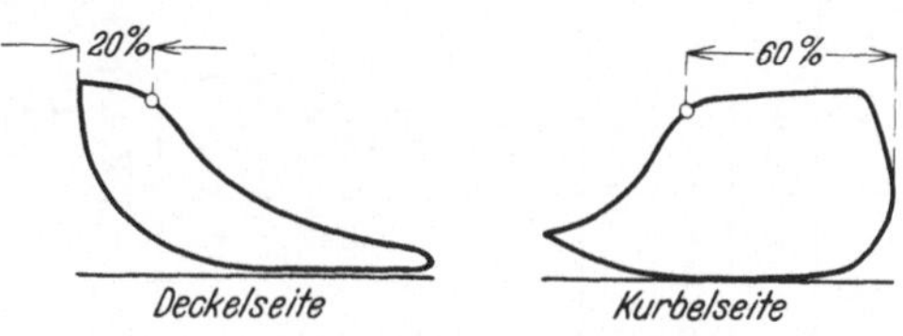

Abb. 96. Steuerungsfehler.

So haben die in Abb. 96 dargestellten Diagramme der Deckel- und Kurbelseite einer Einzylindermaschine mit einfacher Schiebersteuerung auf der Deckelseite eine Füllung von 20 vH. und auf der Kurbelseite eine Füllung von 60 vH. Um auf beiden Seiten gleichmäßige Füllung zu erreichen, müßte die Schieberstange um 20 vH. des Schieberweges verkürzt werden.

Bei Doppelschiebermaschinen werden durch den Grundschieber die Punkte VA, Ko und VE eingestellt; die Füllungsdauer dagegen vom Expansionsschieber. Zeigen die Diagramme Fehler in den durch den Grundschieber eingesteuerten Punkten und ist auf beiden Maschinenseiten außerdem noch die Füllung ungleichmäßig, so muß zuerst durch Verstellung des Grundschiebers die Einsteuerung der Punkte VA, Ko und VE und danach erst eine Verstellung des Expansionsschiebers vorgenommen werden. In der Zahlentafel 34, die dem Werke von Seufert: Versuche an Dampfmaschinen, Kesseln, Turbinen und Verbrennungskraftmaschinen[2], entnommen ist, findet sich eine recht gute Zusammenstellung der Abhilfemaßnahmen bei Steuerungsfehlern.

Bei Ventilmaschinen sind sämtliche vier Ventile für sich verstellbar, so daß die Einsteuerung einer Seite unabhängig von der anderen Seite erfolgen kann. Die Veränderung der Einlaßfüllung des Hochdruckzylinders geschieht durch Verlängerung oder Verkürzung des Verbindungsgestänges Regler-Steuerung, oder bei Steuerungen mit Achsregler

---

[1] Eingehendere Darstellungen finden sich u. a. in Gramberg: Maschinenuntersuchungen und das Verhalten der Maschinen im Betrieb, 2. Aufl. Berlin: Julius Springer 1921.

[2] 9. Aufl. Berlin: Julius Springer 1932.

Zahlentafel 34. Einstellung einer Doppelschieber-Steuerung mit äußerer Einströmung.

Einzusteuernder Diagrammpunkt	Fehler	Kolbenseite	Abhilfe	Gleichzeitige Beeinflussung			
				Vergrößerung		Verkleinerung	
				Kurbelseite	Deckelseite	Kurbelseite	Deckelseite
VE	zu früh	*KS*	Grundschieberstange verkürzen	*VA*	*VE, Ko*	*Ko*	*VA*
„	„ spät	„	„ verlängern	*Ko*	*VA*	*VA*	*Ko, VE*
„	„ früh	*DS*	„ „	*VE, Ko*	*VA*	*VA*	*Ko*
„	„ spät	„	„ verkürzen	*VA*	*Ko*	*VE, Ko*	*VA*
VA	„ früh	*KS*	„ verlängern	*VE, Ko*	*VA*	—	*Ko, VE*
„	„ spät	„	„ verkürzen	—	*Ko, VE*	*VE, Ko*	*VA*
„	„ früh	*DS*	„ „	*VA*	*Ko, VE*	*VE, Ko*	—
„	„ spät	„	„ verlängern	*VE, Ko*	—	*VA*	*Ko, VE*
Ko	„ groß	*KS*	„ verkürzen	*VA*	*VE, Ko*	*VE*	*VA*
„	„ klein	„	„ verlängern	*VE*	*VA*	*VA*	*Ko, VE*
„	„ groß	*DS*	„ „	*VE, Ko*	*VA*	*VA*	*VE*
„	„ klein	„	„ verkürzen	*VA*	*VE*	*VE, Ko*	*VA*
Ex	„ groß	*KS*	Exp. Schieberstange „	—	—	—	—
„	„ klein	„	„ „ verlängern	—	—	—	—
VE	„ „	*KS* u. *DS*	Exzenter in Drehrichtung der Maschine verdrehen . . .	*VA, Ko*	*VA, Ko*	—	—
VA	„ „	„	desgl.	*VE, Ko*	*VE, Ko*	—	—

Bei innerer Einströmung ist statt „verlängern" bzw. „verkürzen" das Umgekehrte einzusetzen.

Abkürzungen: *VE* = Voreintritt   *Ex* = Beginn der Expansion
                VA = Voraustritt   *KS* = Kurbelseite
                Ko = Kompression   *DS* = Deckelseite

durch Verschiebung des Exzenters auf dem auf der Steuerwelle aufgekeilten viereckigen Stein. Der Voreintritt ist durch Längenänderung der Verbindungsstange Steuerwelle-Ventil zu ändern. Bei der Auslaßsteuerung ist zu unterscheiden, ob die Ventilerhebung unmittelbar durch einen Exzenter betätigt wird, oder ob der Exzenterring des fest auf der Steuerwelle aufgekeilten Exzenters mit der Stange durch einen zur Steuerwelle konzentrische Nut drehbar verbunden ist. Im ersten Falle wird bei der Verlängerung der Stange der Voraustritt vergrößert und gleichzeitig die Kompression verkleinert. Bei Verkürzung tritt das Umgekehrte ein. Im zweiten Falle werden bei einer Verstellung des Exzenters im Drehsinn der Steuerwelle Voraustritt und Kompression vergrößert. Bei Verstellung im entgegengesetzten Drehsinn tritt Verkleinerung von Voraustritt und Kompression ein. Sind sowohl Stange als auch Exzenter verstellbar, so können durch Verbindung beider Verstellmöglichkeiten Voraustritt und Kompression in jede gewünschte Stellung eingeregelt werden.

Um bei einer Mehrfach-Expansionsmaschine die mit verschiedenen Druck- und Raummaßstäben genommenen Diagramme einheitlich beurteilen zu können, zeichne man sie nach dem Verfahren von Rankine auf gleichen Maßstab um[1]. Man beachte, daß bei einer Querverbundmaschine (nebeneinander liegende Zylinder) mit voreilender Niederdruckkurbel Hochdruckkurbelseite und Niederdruckkurbelseite zusammengehören. Bei einer Maschine mit voreilender Hochdruckkurbel und bei einer Längsverbundmaschine (hintereinander liegende Zylinder) gehören dagegen Hochdruckkurbelseite und Niederdruckdeckelseite zusammen.

Zur Beurteilung des thermischen Verhaltens der Maschine kann man ein Idealdiagramm nach den Vorschriften des VDI zugrunde legen. Bei diesem VDI-Kreisprozeß wird angenommen, daß die Maschine ohne schädlichen Raum, ohne Vorein- und Vorausströmung, sowie ohne Verdichtung und Drosselung arbeitet. Die Spannung unmittelbar vor dem Einlaßorgan gilt als Eintrittsspannung, die Spannung unmittelbar hinter dem Auslaßorgan als Austrittsspannung. Vorausgesetzt wird adiabatische Expansion des Dampfes. Das Ausdehnungsverhältnis bleibt dasselbe wie beim wirklichen Kreisprozeß, der durch das Indikatordiagramm gegeben ist.

Das Verhältnis des Arbeitswertes der wirklichen Diagrammfläche zu dem Arbeitswert der Fläche des VDI-Kreisprozesses wird als Gütegrad bezeichnet.

Bei dem auch als thermodynamischen Wirkungsgrad bezeichneten Gütegrad des Clausius-Rankine-Prozesses wird entsprechend der Definition

$$\eta_{thd} = \frac{\text{indizierte Arbeit}}{\text{Arbeit der verlustlosen Maschine}}$$

----

[1] Gramberg. Maschinenuntersuchungen, 6. Aufl. a. a. O.

adiabatische Expansion bis zum Gegendruck angenommen. Dieser Wirkungsgrad wird also von dem obigen Wirkungsgrad des VDI-Prozesses um einen geringen Betrag verschieden sein. Bestrebungen einen einheitlichen Vergleichsprozeß einzuführen sind im Gange.

Zur Bestimmung des Völligkeitsgrades, der thermisch allerdings von geringerer Bedeutung ist, zieht man durch den Anfangspunkt der Expansion eine Kurve, die dem Gesetz

$$p \cdot v^{1,3} = \text{konst bei Heißdampf bzw.}$$

$$\mathrm{p} \cdot v \ = \text{konst bei Sattdampf}$$

entspricht. Das Verhältnis der Flächen der rankinisierten Diagramme zu dem durch die Kurve $p \cdot v^n =$ konst begrenzten Diagramm, das ohne Vorausströmung und Kompression gezeichnet wird, ist der Völligkeitsgrad.

Die Berechnung der indizierten Leistung aus dem Indikatordiagramm ist im zweiten Abschnitt Teil IX, Absatz 1 durchgeführt worden. Dient die Dampfmaschine zum Antriebe eines Generators, so kann die Wellenleistung der Maschine unter Berücksichtigung des Generatorwirkungsgrades berechnet werden aus

$$N_{e\,\mathrm{Welle}} = \frac{N_{\mathrm{Dynamo}}}{\eta_{\mathrm{Dynamo}}}$$

Die Nutzleistung $N_{e\,\mathrm{Welle}}$ an der Welle kann aber auch mit zulässiger Annäherung aus der jeweiligen indizierten Leistung N_i und aus dem Leerlaufverlust N_L berechnet werden. Es ist

$$N_{e\,\mathrm{Welle}} = N_i - N_L$$

Der mechanische Wirkungsgrad folgt dann aus

$$\eta = \frac{N_e}{N_i} = \frac{N_i - N_L}{N_i}$$

Besser ist jedoch die Berechnung des mechanischen Wirkungsgrades aus der gemessenen Nutzleistung.

Der Leerlaufverlust kann sowohl aus dem Indikatordiagramm, als auch durch einen Auslaufversuch bestimmt werden. Dieser letzte Weg ist immer bei rotierenden Maschinen notwendig, da hier kein Indikatordiagramm aufgenommen werden kann. Der Auslaufversuch wird so vorgenommen, daß bei abgeschalteter Belastung und Energiezufuhr mit Hilfe von Stoppuhr und Drehzähler der Abfall der Drehzahl in Abhängigkeit von der Zeit bestimmt und kurvenmäßig aufgetragen wird. Legt man eine Tangente an diese Kurve, so läßt sich der Leerlaufverlust wie folgt berechnen:

Aus

$$M_d = I_m \cdot \varepsilon = I_m \frac{d\omega}{dt} = I_m \frac{\pi}{30} \cdot \frac{dn}{dt} = 716 \frac{N}{n} \ \mathrm{mkg}$$

folgt

$$N_L = 0,000146 \; I_m \cdot n \cdot \operatorname{tg} \alpha$$

$$N_L = 0,000146 \; I_m \frac{n^2}{z} \; \text{PS} \qquad (108)$$

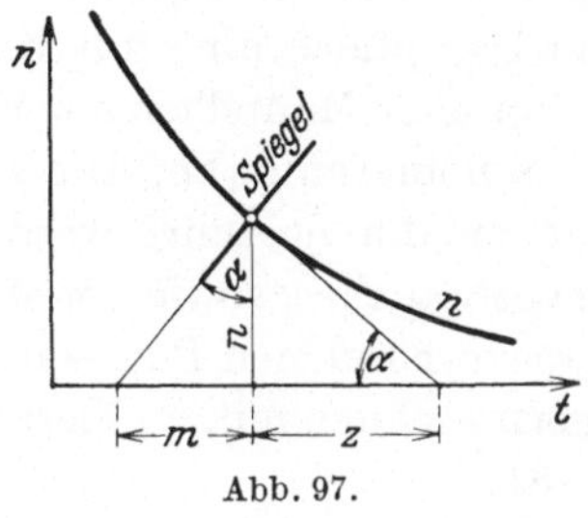

Abb. 97.

Zeit s	U/min	Zeit s	U/min	Zeit s	U/min
0	2250	30	1450	60	850
5	2100	35	1340	65	790
10	1960	40	1230	70	720
15	1820	45	1130	75	650
20	1700	50	1040	80	590
25	1580	55	940		

Hierin ist

I_m = Massenträgheitsmoment kg m s^2
n = Drehzahl U/min
z = Zeit (als Subtangente gemessen, vgl. Abb. 97) s

Die Richtung der Tangente erhält man am besten dadurch, daß ein Spiegel senkrecht auf das Papier gestellt wird. Läuft die Kurve ohne Knick in diesem Spiegel weiter, so hat man die richtige Stellung. Die Senkrechte zur Spiegelebene ergibt die Richtung der Tangente. Das Verfahren ist sehr genau, da selbst kleine Abweichungen schon einen merklichen Knick der Kurve erkennen lassen.

Aufgabe: Wie groß ist der Leerlaufverlust einer Dampfturbine, deren Trägheitsmoment

$$I_m = 0,3 \text{ kg m s}^2$$

beträgt? Die gemessenen Drehzahlen sind in obenstehender Tabelle zusammengestellt.

Abb. 98. Bestimmung der Leerlaufleistung aus dem Auslaufversuch.

Aus der Kurve Abb. 98 folgt

$$\text{für } n = 2300 \quad N_L = 0,000\,146 \cdot 0,3 \cdot \frac{2300^2}{52} = 4,47 \text{ PS}$$

$$\text{,, } n = 1500 \quad N_L = 0,000\,146 \cdot 0,3 \cdot \frac{1500^2}{61} = 1,61 \text{ PS}$$

$$\text{für } \quad n = \quad 900 \quad N_L = 0{,}000\,146 \cdot 0{,}3 \cdot \frac{900^2}{54} = 0{,}652 \text{ PS}$$

$$\text{,, } \quad n = \quad 600 \quad N_L = 0{,}000\,146 \cdot 0{,}3 \cdot \frac{600^2}{46{,}5} = 0{,}339 \text{ PS}$$

Als Muster einer Versuchsauswertung sind in Zahlentafel 35 die Untersuchungsergebnisse einer liegenden Verbund-Dampfmaschine mit Kondensation wiedergegeben. Die Maschine arbeitet ohne Mantelheizung und treibt über einen Riemen eine Gleichstromdynamomaschine an. Die Versuche sind mit vier verschiedenen Belastungen durchgeführt worden.

Bei Berechnung des Dampf- und Wärmeverbrauches, sowie der Wirkungsgrade, ist der Leistungsbedarf der etwa vorhandenen Pumpen für die Kondensationsanlage, sowie der Erregermaschine mit zu berücksichtigen (vgl. Beispiel Dampfturbinen S. 181).

2. Dampfturbinen.

Aufgabe einer Dampfturbinenuntersuchung ist die Ermittlung der Leistung, des Dampf- und Wärmeverbrauches je kWh, sowie des Wirkungsgrades. Für Abnahmeversuche gelten die „Regeln für Abnahmeversuche an Dampfanlagen".

Da die Dampfturbine meist zum Antrieb einer Dynamomaschine dient, ist die Nutzleistung verhältnismäßig einfach aus der Schalttafelleistung zu bestimmen. Will man die Wellenleistung der Turbine berechnen, so muß der Wirkungsgrad der Dynamomaschine bekannt sein, der abhängig Belastung von der Lieferfirma angegeben wird. Eine unmittelbare Messung der „indizierten" oder inneren Leistung ist bei Dampfturbinen nicht möglich. Diese innere Leistung ist nur mittelbar zu berechnen. Die Versuchsdauer beträgt zweckmäßig $\frac{1}{2}$ — 2 Stunden, je nach Belastung. Erfolgt die Dampfmessung durch Messung des Kondensates, so beachte man, daß der Wasserstand im Kondensator während der Versuche gleich bleibt. Bei Berechnung der Dampf- und Wärmeverbrauche, sowie der Wirkungsgrade berücksichtige man den Leistungsbedarf der Kondensat-, Luft- und Kühlwasserpumpen. Ebenfalls ist der

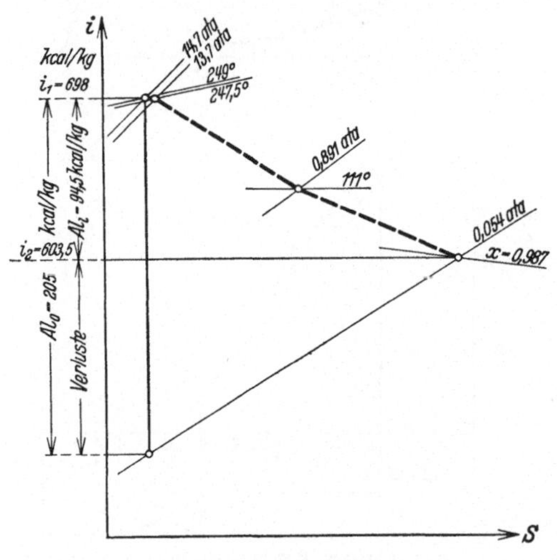

Abb. 99. J-S-Diagramm.

Zahlentafel 35. Untersuchung einer liegenden Querverbund-Dampfmaschine mit Oberflächenkondensation, ohne Mantelkühlung.

Abmessungen der Maschine		Dimension	Hochdruckzylinder	Niederdruckzylinder
Zylinderdurchmesser	D	mm	200	350
Kolbenstangendurchmesser	d			
Kurbelseite.		mm	55	70
Deckelseite		mm	—	—
Hub	s	mm	600	600
Konstante $C = \left(\dfrac{D^2\pi}{4} - \dfrac{d^2\pi}{4}\right) \cdot \dfrac{s}{60\cdot 75}$				
Kurbelseite.		—	0,0388	0,0123
Deckelseite		—	0,0418	0,1280
Schädlicher Raum		vH.	6	5

Mechanische Verhältnisse		Dimension	Versuchsnummer			
			1	2	3	4
Versuchsdauer	—	h	5	5	5	5
Barometerstand	b_0	mm Q.-S.	715	715	715	715
Luftdruck	b	at	0,97	0,97	0,97	0,97
Generator: Stromstärke	J	A	216	173	112	66,5
Spannung	U	V	222,5	221	221	220
Abgegebene Leistung $= \dfrac{U \cdot J}{1000}$ . . .	N_e	kW	48,1	38	24,8	14,6
n_{Dyn} (Angabe der Lieferfirma) . .	n_{Dyn}	vH.	81	78	73	64
Riemenwirkungsgrad	n_R	vH.	96	96	94,5	92
Effekt. Leistung d. Dampfmasch.	N'_{e_D}	kW	62	50,8	35,9	24,8
	N_{e_D}	PS	84,5	70,2	48,8	33,7
Drehzahl der Dampfmaschine . .	n	U/min	120	120	120	120
Mittlerer indizierter Druck:						
HD.-Deckelseite	p_m	at	5,35	5,12	3,70	2,87
HD.-Kurbelseite	p_m	at	4,87	4,35	3,30	2,25
ND.-Deckelseite	p_m	at	1,40	0,963	0,708	0,490
ND.-Kurbelseite	p_m	at	1,52	1,10	0,764	0,524
Indizierte Leistung:						
Hochdruckzylinder	N_{i_H}	PS	49,45	45,80	33,88	24,85
Niederdruckzylinder	N_{i_N}	PS	44,03	31,00	22,20	15,26
Indizierte Gesamtleistung . .	N_i	PS	93,48	76,80	56,08	40,11
Anteil des Hochdruckzylinders . .	—	vH.	53,9	59,5	60,5	62,0
Thermische Verhältnisse						
Dampfdruck im Aufnehmer	p_A	ata	4	3,1	2,25	1,97
,, vor der Maschine . .	p_1	atü	10,07	10,16	10,1	10,07
,, $p_1 + b$	p_a	ata	11,04	11,13	11,07	11,04
Dampftemperatur vor der Maschine	$t_{\ddot{u}}$	° C	223,3	218,4	217	211
Wärmeinhalt d. Dampfes (JS-Tafel)	i_1	kcal/kg	690	687,5	687	683

Zahlentafel 35 (Fortsetzung).

Mechanische Verhältnisse		Dimen-sion	Versuchsnummer			
			1	2	3	4
Speisewassertemperatur vor dem Vor- wärmer	t_w	° C	40	40	40	40
Wärmeinhalt des Speisewassers vor dem Vorwärmer	i_w	kcal/kg	40	40	40	40
Erzeugungswärme des Dampfes $= i_1 - i_w$	i	kcal/kg	650	647,5	647	643
Gesamtdampfverbrauch	D	kg/h	550,8	458,5	361,2	286,3
Spezifischer Dampfverbrauch bezogen auf die indiz. Leistung	D_i	kg/PS$_i$h	5,9	5,95	6,44	7,13
Spezifischer Dampfverbrauch bezogen auf die erzeugte kWh	D_{Dyn}	kg/kWh	11,45	12,05	14,5	18,7
Wärmeverbrauch, bezogen auf die indizierte Leistung[1] $= \dfrac{D\,(i_1 - i_w)}{N_i} = \dfrac{D_i}{N_i}$	W_i	kcal/PS$_i$h	3840	3860	4175	4580
Wärmeverbrauch, bezogen auf d. erzeugte kWh des Generators $= \dfrac{D\,(i_1 - i_w)}{N_{e\,\mathrm{Dyn}}}$	W_{Dyn}	kcal/kWh	7450	7800	9400	12600
Kondensation Vakuum im Abdampfstutzen	p_k	mm Q.-S.	66,36	64,44	65,0	65,76
Druck im Abdampfstutzen	p_k	ata	0,07	0,10	0,09	0,08
Entsprechende Sättigungstemperatur	t_k'	° C	38,8	44,6	42,7	40,9
Temperatur des untergekühlten Kon- densators	t_k	° C	32	34,4	33,0	27,2
Kühlwassertemperatur: Eintritt	t_{we}	° C	15,8	16,3	19,0	11,5
Austritt	t_{wa}	° C	19,8	19,4	21,2	13,4
Bezugswerte für die voll- kommene Maschine Wärmeinhalt des adiabatisch auf Kondensatordruck expandierend. Frischdampfes	i_2	kcal/kg	505	507,5	507	500
Wärmewert der Arbeitsleistung in der vollkommenen Maschine $i_1 - i_2$	$A \cdot L_0$	kcal/kg	185	180	180	183
Wirkungsgrade Mechanischer Wirkungsgrad $\dfrac{N_{eD}}{N_i}$	η_m	vH.	90,5	89,5	87,0	84,0
Indizierter therm. Wirkungsgrad $= \dfrac{632,3}{W_i}$	η_{thi}	vH.	16,45	16,35	15,1	13,8

[1] Vom Wärmeverbrauch verschieden ist der **Wärmewert** des für die PS$_i$h ver-brauchten Dampfes, der auf Speisewasser von 0° bezogen wird und höher liegt als der oben errechnete **Wärmeverbrauch**.

Zahlentafel 35 (Fortsetzung).

Mechanische Verhältnisse		Dimension	Versuchsnummer			
			1	2	3	4
Thermischer Wirkungsgrad bezogen auf die erzeugte kWh $= \dfrac{860{,}36}{W_{\mathrm{Dyn}}}$	$\eta_{\mathrm{th}_{\mathrm{Dyn}}}$	v.H	11,5	11,1	9,2	6,9
Idealer thermischer Wirkungsgrad $= \dfrac{A \cdot L_0}{i}$	η_{th}	vH.	28,5	28,1	28,2	28,5
Thermodynamischer Wirkungsgrad $\dfrac{A \cdot L_i}{A \cdot L_0} = \dfrac{n_{\mathrm{thi}}}{n_{\mathrm{th}}}$	n_{thd}	vH.	58	59	54,4	48,6

Wärmeverteilung bezogen auf 1 Stunde.

	1	vH.	2	vH.	3	vH.	4	vH.
Der Maschine zugeführte Wärme D_i	358 000	100	296 000	100	233 000	100	184 000	100
Als Nutzarbeit in elektr. Leistung umgewandelt $860{,}36 \cdot N_{\mathrm{Dyn}}$ . .	41 300	11,5	32 600	11,1	21 300	9,2	12 550	6,9
Verlust durch Reibungsarbeit $(N_i - N_{e_D}) \cdot 632{,}3$	5 670	1,6	4 170	1,3	4 620	1,9	4 150	2,2
Verlust durch Riemenübertragung $(N'_{e_D} - N_{e_{\mathrm{Dyn}}}) \cdot 860{,}36$ . . .	12 000	3,4	11 000	3,6	9 560	4,1	8 800	4,7
Verlust durch Kondenswasserwärme $D \cdot t_K$	17 600	4,9	15 700	5,2	11 900	5,1	7 780	4,2
Verlust durch Kühlwasser und Restverlust	281 430	78,6	232 530	78,8	185 620	79,7	150 720	82
	358 000	100	296 000	100	233 000	100	184 000	100

Arbeitsbedarf der Erregermaschine entsprechend Seite 155 bei der Leistungsberechnung zu berücksichtigen. Das Rechnungsverfahren ist aus dem Versuchsbericht Zahlentafel 36 ersichtlich. Der besseren Übersicht wegen ist hier nur der Versuch bei der Belastungsstufe 1 wiedergegeben. Untersucht wurde eine kleine Curtis-Zoelly Anzapfturbine von 100 kW-Leistung mit Oberflächenkondensation. In Abb. 99 ist der Versuch bei der Belastungsstufe 1 im i—s-Diagramm wiedergegeben.

Die laufende Betriebsüberwachung erstreckt sich zweckmäßig im wesentlichen auf Dampfverbrauchsmessungen durch Messung der Kondenswassermenge (Venturirohr) bei Kondensationsturbinen, oder des Frischdampfes mittels Düse oder Blende bei Gegendruckturbinen. Ferner ist notwendig die Messung der elektrischen Leistung, des Vakuums und des Dampfzustandes vor der Turbine. Undichtheiten der Kondensationseinrichtung ergeben ein Ansteigen der Kondenswassermenge. Bei zunehmender Verunreinigung des Kondensators steigt der Temperatur-

Zahlentafel 36.

Untersuchung einer Curtis-Zoelly Anzapfturbine von 100 kW Leistung mit Oberflächenkondensation (Gleichstromerzeugung).

Versuchsdauer	t	min	60
Luftdruck	b	mm Q.-S.	745
„	p	ata	0,98
Düsenzahl	—	—	3
Drehzahl	n	U/min	2000
Leistungen			
Spannung an den Klemmen	U	V	224
Stromstärke an den Klemmen	J	A	400
Klemmenleistung $\dfrac{U \cdot J}{1000}$	N_{Kl}	kW	89,6
Generatorwirkungsgrad	η_{Dyn}	vH.	80
Effektive Leistung der Turbine $\dfrac{N_{Kl}}{\eta_{Dyn}}$	N'_{e_T}	kW	112
	N'_{e_T}	PS	152
Kondensationsanlage (Kühlwasser-, Kondensat- und Luftpumpe):			
Stromstärke	J_K	A	71
Spannung	U_K	V	224
Leistung	N_K	kW	15,9
Verlust in der Zuleitung Klemmen-Schalttafel $N_Z = \dfrac{R \cdot J^2}{1000}$ *	N_Z	kW	0,1
Nutzleistung an der Schalttafel $N_{Sch} = N_{Kl} - N_K - N_Z$	N_{Sch}	kW	73,6
Mechanische Verluste der Turbine (durch Sonderversuche ermittelt)[1]	N_m	PS	24
Innere Leistung der Turbine $N_i = N_{e_T} + N_m$	N_i	PS	176
Thermische Verhältnisse			
Dampfdruck vor der Turbine	p_1	ata	14,7
„　　„ den Düsen	p_2	ata	13,7
„　　„ dem Niederdruckteil	p_3	ata	0,891
Vakuum im Abdampfstutzen	p'_4	mm Q.-S.	704,0
Vakuum in vH. des Barometerstandes	p''_4	vH.	94,5
Druck im Abdampfstutzen	p_4	ata	0,054
Dampftemperatur vor der Turbine	t_1	° C	249,5
„　　„ den Düsen	t_2	° C	247,5
„　　„ dem N.-Dr.-Teil	t_3	° C	111,0
„　　im Abdampfstutzen	t_4	° C	35,8
Wärmeinhalt des Dampfes vor der Turbine (aus J.-S.-Tafel)	i_1	kcal/kg	698
Speisewassertemperatur vor dem Rauchgasvorwärmer	t_w	° C	18

---

* Der Widerstand der Zuleitungen-Generator-Schalttafel ist berechnet mit 0,006 Ohm.

[1] Vgl. S. 178.

Zahlentafel 36 (Fortsetzung).

Erzeugungswärme des Dampfes $i = i_1 - t_w$ . . .	i	kcal/kg	680
Adiabatisches Wärmegefälle AL_0 bezogen auf den Zustand vor der Turbine (verlustlose Maschine, — vgl. Abb. 99)	AL_0	kcal/kg	207
Wärmeinhalt des Dampfes im Abdampfstutzen . .	i_2	kcal/kg	603,5
Verbrauchszahlen			
gemessene Kondensatmenge	D_1	kg/h	1135
„ Stopfbüchs.-Dampfmenge	D_2	kg/h	45
Gesamtdampfmenge $D_1 + D_2$	D	kg/h	1180
Dampfverbrauch, bezogen auf die			
Turbinenleistung N'_{e_T}	D'_T	kg/kWh	10,5
„ N_{e_T}	D_T	kg/kWh	7,75
Klemmenleistung N_{Kl}	D_{Kl}	kg/kWh	13,18
Schalttafelleistung N_{Sch}	D_{Sch}	kg/kWh	16,0
Wärmeverbrauch, bezogen auf die			
Turbinenleistung $N'_{e_T} = \dfrac{D \cdot i}{N'_{e_T}}$	W'_{e_T}	kcal/kWh	7170
Turbinenleistung $N_{e_T} = \dfrac{D \cdot i}{N_{e_T}}$	W_{e_T}	kcal/kWh	5280
Klemmenleistung $N_{Kl} = \dfrac{D \cdot i}{N_{Kl}}$	W_{Kl}	kcal/kWh	5050
Schalttafelleistung $N_{Sch} = \dfrac{D \cdot i}{N_{Sch}}$	W_{Sch}	kcal/kWh	10900
Wirkungsgrade			
ALi aus J—S-Diagramm	ALi	kcal/kg	94,5
idealer thermischer Wirkungsgrad $\eta_{th} = \dfrac{AL_0}{i}$	η_{th}	vH.	30,4
innerer thermischer Wirkungsgrad $\eta_{thi} = \dfrac{AL_i}{i}$	η_{thi}	vH.	13,9
thermodynamischer Wirkungsgrad $\eta_{thd} = \dfrac{\eta_{thi}}{\eta_{th}}$	η_{thd}	vH.	45,6
mechanischer Wirkungsgrad der Turbine $\eta_m = \dfrac{N'_{e_T}}{N_i}$	η_m	vH.	86,5
wirtschaftlicher Wirkungsgrad der Gesamtanlage $\eta_w = \dfrac{632,3 \cdot 1,36 \cdot N_{Sch}}{D \cdot i}$			
$\quad = \dfrac{632,3 \cdot 1.36 \cdot 73,6}{1180 \cdot 680}$	η_w	vH.	7,9

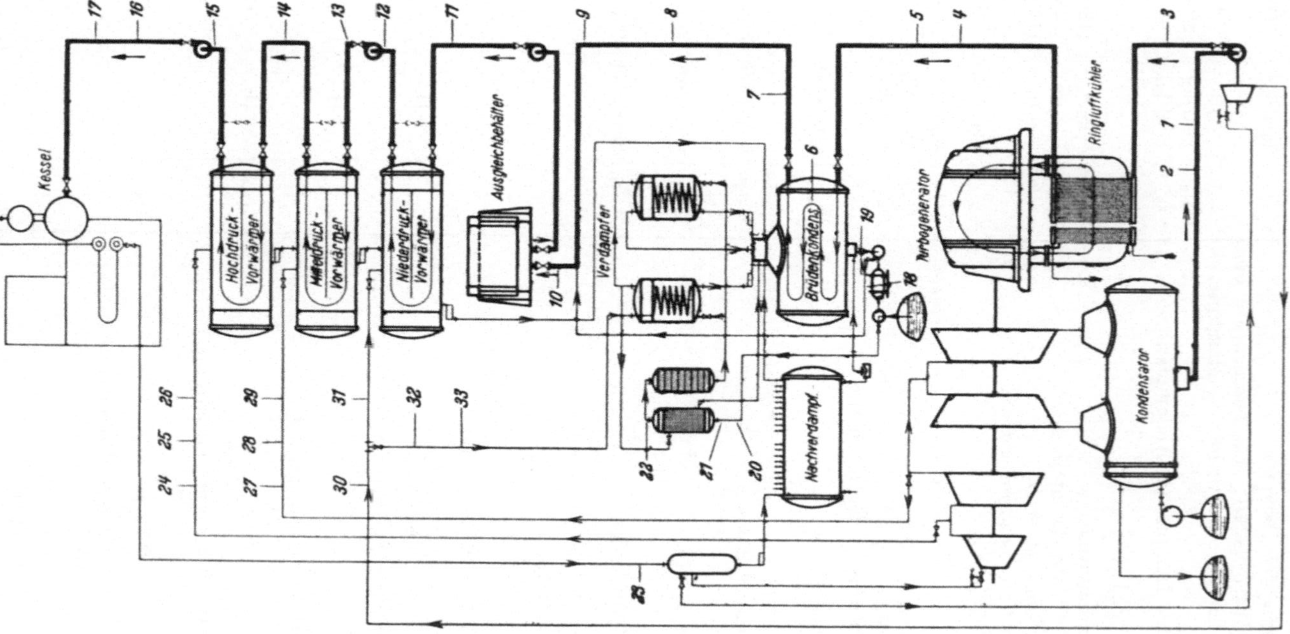

Abb. 100. Meßstellen zur wärmetechnischen Betriebsüberwachung des Wasserkreislaufes in einem Kraftwerk.

Meßstelle: *1, 4, 7* Kondensattemperatur. *2, 5, 9* Kondensatmenge. *3* Kondensatdruck. *6* Druck im Brüdenkondensator. *8* Druck in der Steigleitung. *11, 13, 16* Speisewasserdruck. *17* Speisewassermenge. *18* Temperatur des Zusatz- und Kondenswassers. *19* Zusatz- und Kondenswassermenge. *20, 22* Temperatur des Rohwassers. *21* Rohwassermenge. *23* Frischdampftemperatur. *24, 27, 30* Temperatur des Heizdampfes. *25, 28, 31* Heizdampfmenge. *26, 29, 32* Heizdampfdruck. *33* Heizdampfmenge.

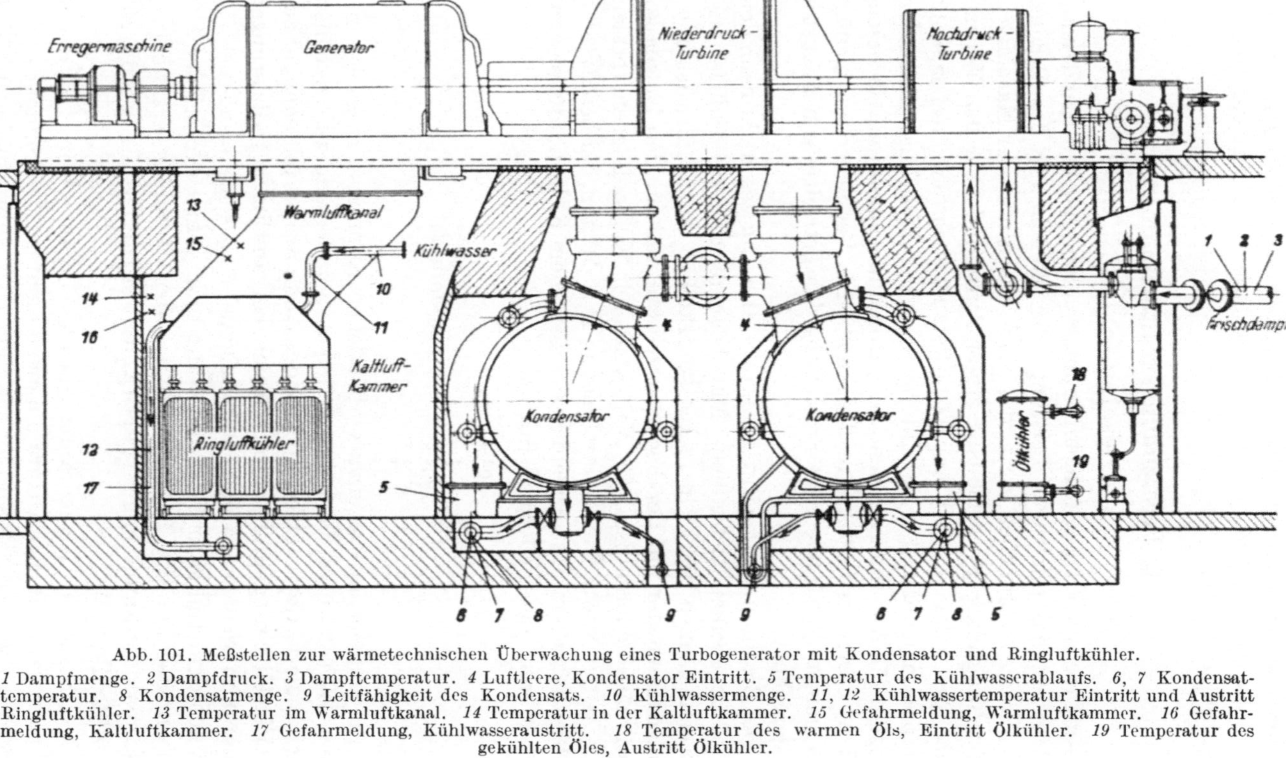

Abb. 101. Meßstellen zur wärmetechnischen Überwachung eines Turbogenerator mit Kondensator und Ringluftkühler.

1 Dampfmenge. 2 Dampfdruck. 3 Dampftemperatur. 4 Luftleere, Kondensator Eintritt. 5 Temperatur des Kühlwasserablaufs. 6, 7 Kondensattemperatur. 8 Kondensatmenge. 9 Leitfähigkeit des Kondensats. 10 Kühlwassermenge. 11, 12 Kühlwassertemperatur Eintritt und Austritt Ringluftkühler. 13 Temperatur im Warmluftkanal. 14 Temperatur in der Kaltluftkammer. 15 Gefahrmeldung, Warmluftkammer. 16 Gefahrmeldung, Kaltluftkammer. 17 Gefahrmeldung, Kühlwasseraustritt. 18 Temperatur des warmen Öls, Eintritt Ölkühler. 19 Temperatur des gekühlten Öles, Austritt Ölkühler.

unterschied zwischen der Sättigungstemperatur der Luftleere und der Kühlwasseraustrittstemperatur. Eine Übersicht über den Einbau der Meßgeräte bei Untersuchungen an Turbinen-Kraftanlagen geben die Abb. 100 und 101.

3. Verbrennungskraftmaschinen.

a) Dieselmaschinen.

Aufgabe einer Dieselmaschinenuntersuchung ist die Ermittlung der indizierten und effektiven Leistung, der Berechnung des Brennstoff- und Wärmeverbrauches, sowie des Wirkungsgrades der Maschine. Die Aufstellung einer Energiebilanz ergibt Aufschluß über den Wärmeverbleib. Bei Anlagen mit Kompressor kommt noch die Untersuchung des Kompressors hinzu. Für die Untersuchung von Dieselmaschinen sind die „Regeln für Abnahmeversuche an Verbrennungsmotoren, Gaserzeugern und Abwärmeverwertern" maßgebend[1]. Als Versuchsdauer genügt im allgemeinen ½ Stunde, von Erreichung des betriebswarmen Zustandes an gerechnet.

Die Bestimmung der indizierten Leistung geschieht nach den auf S. 152 gegebenen Richtlinien. Man beachte, daß zur Indizierung von Dieselmaschinen der kleinere Indikatorkolben einzusetzen ist und sich infolgedessen der auf der Feder vermerkte und für den Normalkolben bestimmte Federmaßstab im Verhältnis der Kolbenflächen verkleinert. Ist z. B. der Normalkolbendurchmesser $D = 20$ mm, der benutzte Federmaßstab $f = 5$ mm, so errechnet sich bei einem Kolbendurchmesser von $d = 10$ mm, der Federmaßstab aus

$$f = \frac{\dfrac{10^2\,\pi}{4}}{\dfrac{20^2\,\pi}{4}} \cdot 5 = 1{,}25 \text{ mm/at}$$

Die Indizierung des etwa vorhandenen Kompressors erfolgt in ähnlicher Weise, wobei die Leistung jeder Zylinderseite zu berechnen ist. Der indizierte Gesamtarbeitsbedarf des Kompressors folgt aus der Summe der Einzelleistungen. Es empfiehlt sich, bei sämtlichen Indizierungen das Diagramm wenigstens 5mal hintereinander zu schreiben.

Aus dem Indikatordiagramm kann man genau wie bei der Dampfkolbenmaschine die Steuerungsfehler der Maschine erkennen. Das „Normaldiagramm" einer Viertaktmaschine hat die in Abb. 83 dargestellte Form.

Das Schwachfederdiagramm gibt die Vorgänge beim 1. und 4. Takt, die beim gewöhnlichen Diagramm meist nicht recht erkennbar sind, stark vergrößert wieder. Es sei hier erwähnt, daß bei wechselnder Belastung

---

[1] VDI-Verlag, Berlin 1930.

keine Beeinflussung des Schwachfederdiagrammes erfolgt im Gegensatz zur Gasmaschine, bei der mit der wechselnden Belastung auch eine veränderliche Förderarbeit verbunden ist.

Die Arbeitsweise einer **Zweitaktmaschine** ist durch die Diagrammform Abb. 102 gekennzeichnet. Die Abgase entweichen durch Schlitze im Zylinder, so daß kurz vor dem Hubende ein starker Abfall in der Expansionslinie eintritt.

Ein Förderdiagramm ist hier nicht vorhanden, doch wird die indizierte Leistung durch den Kraftbedarf der Luftpumpe verkleinert.

In Abb. 103 sind einige charakteristische Fehlerdiagramme wiedergegeben. Die Erkennung

Abb. 102.
Indikatordiagramm einer
Zweitakt-Dieselmaschine.

eines Fehlers wird manchmal schwierig. Es empfiehlt sich dann eine Aufnahme der Steuerdaten der Maschine. Hierzu wird das Schwungrad von Hand gedreht und die Bewegung der Steuerorgane festgelegt. Man

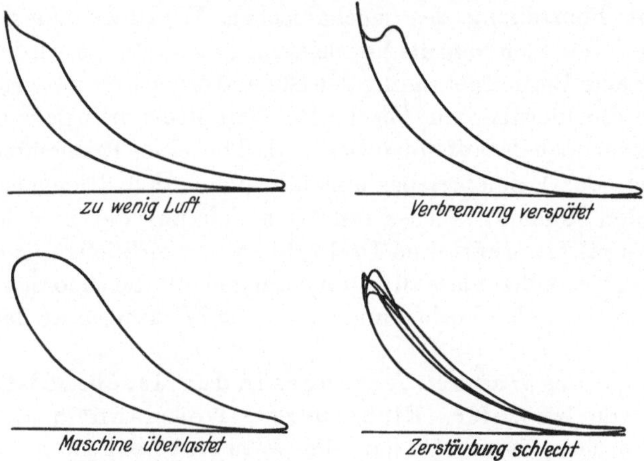

Abb. 103. Fehlerhafte Diagramme bei Dieselmaschinen.

nehme zweckmäßig die Steuerdaten mehrerer Male hintereinander und bilde aus den gewonnenen Ergebnissen den Mittelwert. Die Diagrammform wird wesentlich durch das Verdichtungsverhältnis, den Zündzeitpunkt und durch den Heizwert des Brennstoffes beeinflußt.

Versetzte Diagramme (Abb. 83) ermöglichen eine genauere Beurteilung der Einströmverhältnisse.

Zur Einstellung der Steuerung bei Viertaktmaschinen können nachfolgende Zahlenangaben dienen:

	Öffnung	Schluß
Einlaß . . .	10—20° vor Totpunkt	5—15° hinter Totpunkt
Auslaß . . .	20—30° ,, ,,	0—15° ,, ,,
Brennstoff .	0— 5° ,, ,,	35—40° ,, ,,

Bei raschlaufenden Maschinen gelten etwa folgende Werte:

	Öffnung	Schluß
Einlaß . . .	20—30° vor Totpunkt	25—30° hinter Totpunkt
Auslaß . . .	20—40° „ „	15—25° „ „
Brennstoff .	7— 9° „ „	40—50° „ „

Zur Bestimmung der effektiven Leistung vergleiche man die im Abschnitt II/X 2 gemachten Angaben[1]. Bei einer Maschine mit angeschlossenem Kompressor muß bei der Berechnung des mechanischen Wirkungsgrades der Arbeitsbedarf des Kompressors berücksichtigt werden. Es wird dann

$$\eta_m = \frac{N_e}{N_i - N_{i_K}} = \sim 60\text{---}88 \text{ vH., im Mittel } 73 \text{ vH.}$$

Hierin ist

N_e = Nutzleistung
N_i = indizierte Leistung
N_{i_K} = indizierte Leistung des Kompressors

Da zur Beurteilung des mechanischen Wirkungsgrades die Einsetzung der Wellenleistung als Nutzleistung notwendig ist, wird bei Stromerzeugung eine Berücksichtigung der Generatorverluste notwendig. Man vergleiche die hierüber im Abschnitte Dampfturbinen gemachten Angaben. Es sei noch darauf hingewiesen, daß bei einer Riemenübertragung die Verluste des Riementriebes ungefähr gleich dem Riemenschlupf gesetzt werden können. Dieser ermittelt sich aus der aus dem Übersetzungsverhältnis ermittelten Drehzahl zu der wirklichen (gemessenen) Drehzahl. Der Drehzahlabfall ergibt, bezogen auf die theoretische Drehzahl, den prozentualen Verlust und damit den Wirkungsgrad des Riementriebes.

Die Frage des Wärmeüberganges in der Maschine ist durch die Arbeiten von Nusselt[2], Eichelberg[3], Neumann[4] u. a. näher erforscht worden. Nusselt hat die Wärmeübergangszahl durch Wärmeleitung im Zylinder einer Verbrennungskraftmaschine bestimmt. Eichelberg hat an verschiedenen Dieselmotoren Temperaturmessungen durchgeführt und Zahlenwerte für die Wandtemperaturen gefunden, die etwa in folgenden Grenzen liegen:

85—120° auf der vom Kühlwasser bespülten Seite,

120—230° auf der vom Gas bespülten Seite,

---

[1] Die Leistung nimmt mit zunehmender Höhe des Aufstellungsortes der Maschine ab (rund 1 vH. je 100 m Höhe).

[2] Z. VDI 1914 S. 361. Forsch.-Arb. Ing.-Wes. 1923 Heft 264. Z. VDI 1926 S. 468.

[3] Forsch.-Arb. Ing.-Wes. 1923 Heft 263.

[4] Forsch.-Arb. Ing.-Wes. 1923 Heft 245. Z. VDI 1921 S. 801. 1923 S. 755, 1924 S. 77.

je nach dem Grade der Belastung. Die Wärmemengen liegen dabei zwischen 900—1800 kcal/m² h° C für den Wärmeübergang Wand an Kühlwasser und zwischen 350—500 kcal/m² h° C für den Wärmeübergang Gas an Wand. In der genannten Arbeit von Eichelberg finden sich noch Hinweise über die Temperaturverteilung. (Man vgl. hier auch die Versuche der Gebr. Sulzer A.-G., Winthertur[1]).

Die Wärmebewegung während des Arbeitsprozesses läßt sich an Hand eines Entropie-Diagrammes verfolgen. In diesem Diagramm sind die Temperaturen als Ordinaten und die Entropiewerte als Abszissen aufgetragen. Die verschiedenen hier möglichen Verfahren sind ausführlich beschrieben in: „Dubbel, Öl- und Gasmaschinen[2].

Die Berechnung des Wärmeverbrauches setzt die Kenntnis des Heizwertes voraus. Nach den „Regeln“ gilt für die Berechnungen der untere Heizwert H_u kcal/kg des Brennstoffes. Die Brennstoffmenge muß sehr genau durch Wägung bestimmt werden. Zweckmäßig schaltet man in die Treibölzuführungsleitung eine aus einem Glasmeßzylinder von etwa 50—70 cm Höhe und 60 mm Durchmesser bestehende Abzweigleitung ein. Während der Versuche wird der Brennstoff aus diesem Meßzylinder entnommen. Eine in den Meßzylinder eingeführte senkrecht stehende verschiebbare Nadel dient zur Einstellung des Brennstoffspiegels. Das „Abreißen“ des Flüssigkeitsspiegels ist auf diese Weise leicht festzustellen, so daß mit Hilfe einer Stoppuhr das in der Zeiteinheit verbrannte Brennstoffgewicht eindeutig bestimmt werden kann. Man beachte, daß etwaiges Tropföl an der Ölpumpe aufgefangen und von der gewogenen Menge in Abzug gebracht werden muß.

Aus dem Brennstoffverbrauch folgt der Wärmeverbrauch

$$W_i = B_i \cdot H_u \ \text{kcal/PS}_i \text{h}$$
$$W_e = B_e \cdot H_u \ \text{kcal/PS}_e \text{h}$$

wobei B_i und B_e die auf 1 PS$_i$ bzw. 1 PS$_e$ bezogenen Brennstoffmengen in kg bedeuten.

Um einen Vergleich mit verschiedenen Brennstoffen zu ermöglichen, berechnet man den Brennstoffverbrauch auch wohl für einen Heizwert von 10000 kcal/kg. Der umgerechnete Brennstoffverbrauch folgt aus

$$B_e' = \frac{B_e}{10\,000} \ \text{kg/PS}_e \text{h}$$

bezogen auf einen Heizwert von 10000 kcal/kg.

Man beachte, daß durch zu reichliche Zylinderschmierung eine Verbrennung des Zylinderöles eintreten kann, wodurch fälschlich ein zu günstiger Brennstoffverbrauch gemessen wird.

---

[1] Z. VDI 1926 S. 429.
[2] Berlin: Julius Springer 1926.

Der Brennstoffverbrauch beträgt für Vollast bei im Viertakt arbeitenden Maschinen 160—200 g/PS$_e$h, bei Zweitakt Dieselmaschinen 190—250 g/PS$_e$h. Junkers Doppelkolbenmotore verbrauchen etwa 175 bis 198 g/PS$_e$h.

Die Wärmeverbrauchszahlen schwanken zwischen 1600—1900 kcal/PS$_e$h für Vollastbetrieb. Bei Verwendung von Petroleum oder Spiritus ist der Verbrauch etwas höher.

Aus dem Wärmeverbrauch ermittelt sich der wirtschaftliche Wirkungsgrad

$$\eta_g = \frac{632,3}{W_e}$$

Hierin ist W_e die für 1 PS$_e$h tatsächlich aufgewandte Brennstoffmenge. η_g schwankt zwischen 30—38 vH.

Aufgabe: Wie groß ist der Gesamtwirkungsgrad, wenn der Brennstoffverbrauch mit 200 g/PS$_e$h gemessen worden ist? Brennstoffheizwert $H_u = 10\,000$ kcal/kg.

Es ist

$$\eta_g = \frac{632,3}{W_e} = \frac{632,3}{0,2 \cdot 10\,000} \cdot 100 = 31,6 \text{ vH.}$$

Der mechanische Wirkungsgrad beträgt im Mittel bei

kompressorlosen Maschinen . . . . 82—87 vH.

einfachwirkenden Zweitaktmaschinen . . . . 78 „

doppeltwirkenden Zweitaktmaschinen mit angebauter
Spülluftpumpe . . . . 78—80 „

In indizierte Arbeit wird umgewandelt

$$Q_i = 632,3 \cdot N_i$$

Der thermische Wirkungsgrad bezogen auf die indizierte Leistung ist

$$\eta_{\text{thi}} = \frac{632,3}{W_i} = \frac{632,3 \, N_i}{B \cdot H_u}$$

Er beträgt 40—50 vH. bei ausgeführten Anlagen, je nach dem Belastungsgrad.

Das Verhältnis der indizierten Leistung zur Leistung eines unter gleichen Verhältnissen arbeitenden verlustlosen Maschine bezeichnet man als Gütegrad. Es ist

$$\eta_v = \frac{\eta_{\text{thi}}}{\eta_0}$$

wenn mit η_0 der thermische Wirkungsgrad der verlustlosen Maschine bezeichnet wird. (Hier ist nicht die Bezeichnung thermodynamischer Wirkungsgrad gewählt worden, weil dieser mit dem Begriff des Clausius-Rankine-Prozesses verbunden ist, der hier nicht zutrifft.)

Der Begriff η_0 ist bei Dieselmotoren umstritten. Güldner[1] nimmt einen Arbeitsprozeß an, bei dem die Verbrennung durch Wärmezufuhr bei konstantem Druck und der Ausschub durch Wärmeentziehung bei konstantem Volumen erfolgt. Expansion und Kompression verlaufen adiabatisch.

Bei „Strahlmaschinen" erfolgt nach der Verdichtung eine Verbrennung bei konstantem Volumen und danach eine Verbrennung bei konstantem Druck.

Seilinger[2], Neumann[3] und Köhler[4] haben Ergänzungen zu den Güldnerschen An-

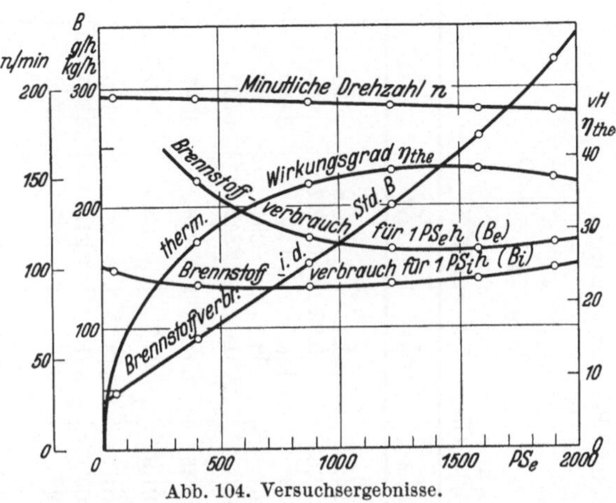

Abb. 104. Versuchsergebnisse.

nahmen gebracht. Schmidt[5] bringt in einer neueren Arbeit eine Kritik dieser Ergebnisse und stellt einen Idealprozeß auf, der die Änderung der spezifischen Wärmen mit der Temperatur, die Gewichtsänderung der Ladung durch die Einspritzung des Brennstoffes und die Verschiedenheit der Gaszusammensetzung vor und nach der Verbrennung berücksichtigt. Der hierbei berechnete Wirkungsgrad schwankt zwischen $\eta_0 = 50$—60 vH. je nach der Belastung, so daß aus der Gleichung

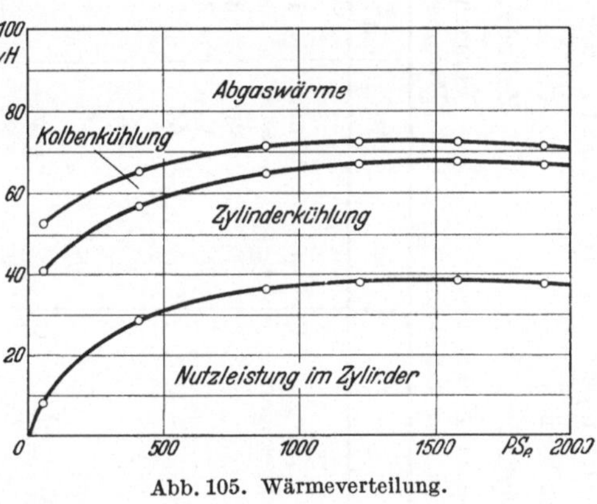

Abb. 105. Wärmeverteilung.

$$\eta_v = \frac{\eta_{thi}}{\eta_0}$$

ein Gütegrad von

$\eta_v = 75$—85 vH. je nach Art der Maschine folgt. In der Arbeit von Schmidt finden sich Kurventafeln, die eine Vereinfachung der Rechnung ermöglichen.

---

[1] Güldner: Berechnen und Entwerfen von Verbrennungsmotoren. Berlin: Julius Springer.

[2] Z. VDI 1922 S. 8.

[3] Z. VDI 1923 S. 279.

[4] Z. VDI 1912 S. 241.

[5] Forsch.-Arb. Ing.-Wes. 1929 Heft 314.

Zahlentafel 37. Versuchsergebnisse an einer kompressorlosen Dieselmaschine mit unmittelbar gekuppeltem Gleichstromgenerator 1600 PS Leistung[1].

1. Allgemeine Angaben.

Ausführung: 6 Zylinder

Zylinderdurchmesser $D = 580$ mm

Hub $s = 840$ mm

Zylinderkonstante $\quad c = \dfrac{1}{2} \cdot \dfrac{D^2 \pi}{4} \dfrac{s}{60 \cdot 75} = 0{,}618$

Versuchsdauer: je 2 h

Barometerstand gleichbleibend 716 mm Q.-S.

	Bez.	Dim.	Lehrlauf mit Erregung	$^1/_4$ Last	$^1/_2$ Last	$^3/_4$ Last	$^1/_1$ Last	20 vH. Überlast
2. Leistungen:								
Drehzahl	n	U/min	195	194,5	191,8	188,8	186	185,4
$\sum p_{mi}$ (Förderdruck bereits abgezogen)	p_{mi}	at	2,65	5,63	9,72	12,7	16,1	19,0
indizierte Leistung	N_i	PS$_i$	315	674	1146	1480	1840	2163
Generator-Spannung	U	V	300	264	299	294	297	310
„ Stromstärke	J	A	—	1047	2031	2843	3630	4175
„ Leistung $\dfrac{UJ}{1000}$	N_D	kW	—	276,5	607,5	836	1087	1295
η_{Dynamo} (aus Sonderversuchen)	η_D	vH.	—	91,9	93,7	93,6	93,2	92,8
effektive Maschinenleistung $N'_e = \dfrac{N_D}{\eta_D}$	N'_e	kW$_e$	~36,8	301	648	895	1160	1392
	N_e	PS$_e$	~50	409	881	1215	1575	1898
Reibungsleistung $N_R = N_i - N_e$	N_R	PS	265	265	265	265	265	265
3. Brennstoff:								
Brennstoffverbrauch	B	kg/h	46,2	90,2	151,3	199,5	257	320,5
unterer Heizwert	H_u	kcal/kg				10 105		
Zusammensetzung	—	vH.			C= 85,40 O$_2$= 2,04		H$_2$= 12,66 H$_2$O= 0	
4. Kühlwasser:								
Verbrauch Zylinderkühlung	G_z	t/h	6,0	9,6	15,4	17,8	18,7	18,95
„ Kolben- und Lagerkühlung	G_K	t/h	2,15	2,26	3,8	5,0	5,46	5,84
Gesamtverbrauch	G	t/h	8,15	11,86	19,2	22,8	24,16	24,79
Eintrittstemperatur	t_{we}	°C	13	13	13	12,5	10,5	11
Austrittstemperatur Zylinderkühlung	t'_{wa}	°C	38,5	40	39,5	45	50	59
„ Kolben- und Lagerkühlung	t''_{wa}	°C	38,5	46	38	34,5	34	35
abgeführte Wärmemenge								
Zylinder: $G_z (t'_{wa} - t_{we})$	W_z	kcal/h	153 000	259 000	408 000	580 000	738 000	910 000
Kolben und Lager: $G_K (t''_{wa} - t_{we})$	W_K	kcal/h	55 000	74 600	95 100	110 000	128 500	140 000

[1] Mit Benutzung von Ergebnissen eines Abnahmeversuches an einem MAN.-Dieselmotor. Z. bayer. Revis.-Ver. 1928 Nr. 12.

Zahlentafel 37 (Fortsetzung).

	Bez.	Dim.	Lehrlauf mit Erregung	$^1/_4$ Last	$^1/_2$ Last	$^3/_4$ Last	$^1/_1$ Last	20 vH. Überlast
5. Verbrauchszahlen:								
Brennstoffverbrauch bezogen auf								
indizierte Leistung	B_i	g/PS$_i$h	~146,5	133,7	132,7	134,8	139,7	147,8
effektive Leistung	B_e	g/PS$_e$h	~292,5	220,2	171,7	164,2	163,2	168,5
Generatorleistung	B_D	g/kWh	—	326,0	250,8	238,8	238,2	247
Kühlwasserverbrauch								
indizierte Leistung	—	kg/PS$_i$h	~ 25,85	17,65	16,7	15,3	13,1	11,4
effektive Leistung	—	kg/PS$_e$h	~163	29,1	21,8	18,7	15,3	13,0
Generatorleistung	—	kg/kWh	—	43,0	31,6	27,2	22,2	19,1
Schmierölverbrauch								
Zylinderöl	—	kg/h	0,2	0,3	0,7	0,9	1,2	1,5
Triebwerksöl	—	kg/h	← nicht gemessen →					
6. Abgase:								
Zusammensetzung: Kohlensäure	CO_2	vH.	1,05	2,2	3,9	5,5	7,2	8,8
Sauerstoff	O_2	vH.	19,5	17,8	15,6	13,4	11,2	8,8
Abgastemperatur	t_{ga}	°C	100	168	257	335	434	538
Lufttemperatur	t_{le}	°C	22	22	23	23	19	19
Luftüberschußzahl	m	—	10,9	6,2	3,7	2,6	2,1	1,7
7. Wärmeverbrauch bezogen auf								
indizierte Leistung	W_i	kcal/PS$_i$h	~1490	1360	1350	1370	1420	1500
effektive Leistung	W_e	kcal/PS$_e$h	~2970	2230	1735	1662	1655	1705
Generatorleistung	W_D	kcal/kWh	—	3320	2540	2425	2420	2510
8. Wirkungsgrade:								
mechanischer Wirkungsgrad $\dfrac{N_e}{N_i}$	η_m	vH.	~16	60,7	76,9	82,2	85,6	87,7
indizierter thermischer Wirkungsgrad $\dfrac{632,3}{W_i}$	η_{thi}	vH.	~42,5	46,5	46,8	46,2	44,5	42,2
effektiver thermischer Wirkungsgrad $\dfrac{632,3}{W_e}$	η_{the}	vH.	~21,2	28,4	36,4	38	38,3	37,1

13*

Zahlentafel 37 (Fortsetzung).

	Leerlauf mit Erregung		¹/₄ Last		¹/₂ Last		³/₄ Last		¹/₁ Last		20 vH. Überlast	
	kcal/h	vH.	kcal/h	vH.	kcal/h	vH.	kcal/h	vH.	kcal/h	vH.	kcal/h	vH.
9. Wärmeverteilung:												
Nutzleistung N_e	31 600	6,8	259 000	28,4	558 000	36,4	768 000	38,0	999 000	38,3	1 195 000	37,1
Verluste:												
Zylinderkühlung	153 000	32,8	259 000	28,4	408 000	26,6	580 000	28,7	738 000	28,2	910 000	28,9
Kolben- und Lagerkühlung	55 000	11,9	74 600	8,1	95 100	6,2	110 000	5,4	128 500	4,9	140 000	4,4
Abgase und Rest	226 400	50,5	320 840	35,1	473 900	30,8	562 000	27,9	744 500	28,6	995 000	29,6
	466 000	100	913 000	100	1 535 000	100	2 020 000	100	2 610 000	100	3 240 000	100

Für praktische Zwecke genügt eine Bestimmung von η_g, η_m und η_{thi}.

Die Wärmeverluste setzen sich zusammen aus

Kolben- und Lagerreibung
Kompressorarbeit (falls vorhanden)
Kühlwasserwärme
Abgaswärme
Strahlung, Leitung und Rest

Die beiden ersten Verluste sind im mechanischen Wirkungsgrad enthalten. Die gesamte Kühlwasserwärme beträgt bei ortsfesten einfachwirkenden Viertakt Dieselmotoren 500—800 kcal/PS$_e$h und bei größeren Zweitaktmotoren 400—500 kcal/PS$_e$h.

Zur Bestimmung der Abgaswärme kann man die Abgase durch ein Abgaskalorimeter hindurchleiten, das aus einem vergrößerten Junkers Kalorimeter zur Bestimmung des Heizwertes gasförmiger und flüssiger Brennstoffe besteht, oder auch rechnerisch die Abgaswärme festlegen. Hierfür ist notwendig

Bestimmung des Kohlenstoff- und Wasserstoffgehaltes des Brennstoffes,
Messung des CO_2 und CO-Gehaltes der Abgase,
Messung der Abgastemperatur.

Aus Formel 61 berechnet sich dann die fühlbare Wärme der Abgase zu

$$V = \left[\, 0,32\, \frac{c}{0,536\,(CO_2 + CO)} + 0,46\, \frac{9\,h + w}{100}\right](T - t)\ \text{kcal/kg}$$

Hierin kann der Wassergehalt w vernachlässigt werden.

In Zahlentafel 37 ist ein Versuchsbericht über die Untersuchung einer Dieselmaschine aufgeführt. In den Abb. 104 u. 105 sind die Ergebnisse zeichnerisch wiedergegeben.

Abwärmeverwertung ist bei Dieselmaschinen über 100 PS lohnend. Als Wärmequellen kommen die Abgase und das Kühlwasser in Betracht. Es ist Erzeugung von Dampf, Warmluft und Warmwasser möglich. Bis 50 vH. der Abwärme können nutzbar gemacht werden. Abgastemperatur beim Austritt aus der Maschine 300—600⁰ (bis 900⁰) C.

b) Gasmaschinen.

Die Untersuchung von Gasmaschinen gleicht in vielen Punkten der von Dieselmaschinen. Es sei darum in Nachfolgendem genauer nur auf etwa abweichende Merkmale eingegangen.

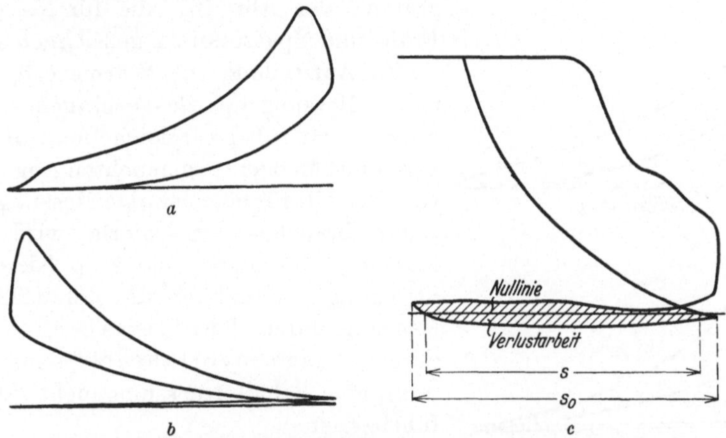

Abb. 106. Indikatordiagramme von Gasmaschinen.
a Zweitaktmaschine. *b* Viertaktmaschine (Arbeitsdiagramm). *c* Förderdiagramm (Schwachfederdiagramm).

Die Untersuchung erstreckt sich im wesentlichen auf die Bestimmung der indizierten und effektiven Leistung, des Gas- und Wärmeverbrauches, sowie der Wirkungsgrade.

Bei Ermittlung der indizierten Leistung beachte man, daß die Arbeitsdiagramme durch die verschiedenen Gas- und Luftmischung leicht streuen und daher eine Mittelwertbildung mit großer Sorgfalt durchgeführt werden muß. Die Schwachfederdiagramme (bei Viertaktmaschinen) verändern sich mit wechselnder Belastung und machen eine wiederholte Aufnahme des Förderdiagrammes notwendig. Bei Zweitaktmaschinen ist die Arbeit der Ladepumpe von der Gesamtarbeit in Abzug zu bringen. Normaldiagramme von Zweitakt und Viertaktmaschinen sind in Abb. 106 dargestellt[1].

Bei Gasmaschinen sind folgende Zahlen für die Einstellung der Steuerung üblich.

---

[1] Eingehende Untersuchungen über den Einfluß wechselnder Mischung und Zündung sind enthalten in: Gramberg: Maschinenuntersuchungen und das Verhalten der Maschinen im Betriebe. Berlin: Julius Springer.

Viertaktmaschinen:

	Öffnen		Schluß	
Einlaß	0— 8 vH. vor Totpunkt		8—15 vH. nach Totpunkt	
Auslaß	12—20 „ „ „		0—10 „ „ „	

Zweitaktmaschinen:

Einlaß	∼30° vor Totpunkt	60—70° nach Totpunkt	
Auslaßschlitze .	60—45° vor Totpunkt	60—45° „ „	

Die richtige Lage des Zündpunktes ist zur Erreichung einer möglichst hohen Leistung wichtig. Wie sehr die Diagrammfläche durch die Zündung beeinflußt wird, zeigen die Diagramme der Abb. 107, die für Normal-, Früh- und Spätzündung gezeichnet sind.

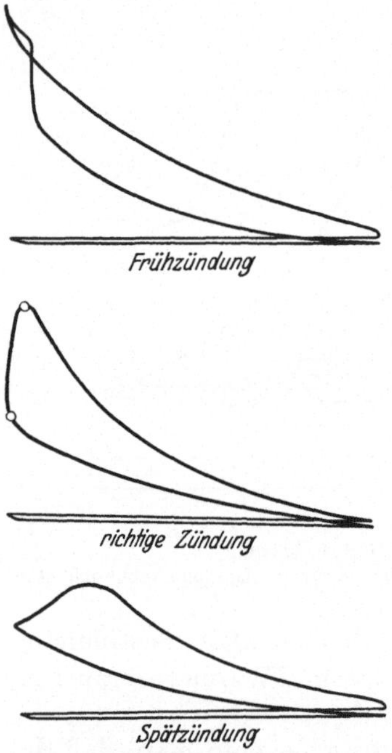

Zur Aufstellung einer Wärmeverteilung ist die Messung des Gasverbrauches notwendig. Hierüber vergleiche man die im Abschnitt Meßgeräte gemachten Angaben. Gleiches gilt für eine etwaige Messung des Luftverbrauches. Schwierig wird die Messung durch die stark pulsierende Strömung. Man kann die unmittelbare Messung durch Impfverfahren"[1] und durch „Ausgabeverfahren"[2] umgehen, wenn eine Behältermessung nicht durchführbar ist.

Der Gasverbrauch beträgt im Mittel bei ausgeführten Maschinen

Hochofengasmaschinen 2,6—2,8 m³/PS$_e$h
(15° 735,5 mm Q.-S.)

Koksofengasmaschinen 0,5—0,55 m³/PS^{e}h
(15° 735,5 mm Q.-S.)

Frühzündung

richtige Zündung

Spätzündung

Abb. 107. Indikatordiagramme einer Viertakt-Gasmaschine bei verschiedenen Zündungen.

(kleine Maschinen mehr).

Der Wärmeverbrauch demgemäß

2200—2500 kcal/PS$_e$h

Aus dem Wärmeverbrauch ermittelt man den wirtschaftlichen Wirkungsgrad

$$\eta_g = \frac{632,3}{W_e} = \sim 25\text{—}29 \text{ vH.}$$

bei kleineren Maschinen sind die Werte höher.

Der mechanische Wirkungsgrad ist

$$\eta_m = \frac{N_i}{N_e}$$

---

[1] Mitt. Wärmestelle Düsseldorf Nr. 140.
[2] Arch. Eisenhüttenwesen Bd. 6 (1932/33) S. 13/16.

Hierbei ist es zweckmäßig für N_i nur die Leistung des Arbeitszylinders einzusetzen und den Verbrauch einer etwa vorhandenen Luftpumpe nicht zu berücksichtigen. Mit dieser Annahme wird der mechanische Wirkungsgrad η_m

bei Kleingasmaschinen   72—78 vH.
bei Großgasmaschinen   82—84 vH.

Bei Viertaktmaschinen spielt der volumetrische Wirkungsgrad η_{vol} eine Rolle. Man bezeichnet damit das Verhältnis des wirklichen Saughubes zum vollen Maschinenhub. Man bestimmt η_{vol} zweckmäßig aus dem Schwachfederdiagramm. η_{vol} wird im wesentlichen durch die Ventilwiderstände beeinflußt. Mit den Bezeichnungen der Abb. 106 wird

$$\eta_{vol} = \frac{s}{s_0}$$

Der volumetrische Wirkungsgrad beträgt bei

langsamlaufenden Maschinen   88—95 vH.
schnellaufenden Maschinen   80—85 vH.

Der thermische Wirkungsgrad bezogen auf die indizierte Leistung ist

$$\eta_{thi} = \frac{632,3}{W_i} = \frac{632,3\,N_i}{V \cdot H_u}$$

Hierin ist

$V\ =$ stündliche Gasmenge m³ bezogen auf den Betriebszustand

$V_u =$ Heizwert des Gases kcal/m³ bezogen auf den gleichen Zustand wie V

Der thermische Wirkungsgrad gibt das Verhältnis der in indizierte Arbeit umgewandelten Wärmemenge zum gesamten Wärmeaufwand wieder.

Das Verhältnis der indizierten Leistung zur Leistung einer unter den gleichen Verhältnissen arbeitenden verlustlosen Maschine bezeichnet man als Gütegrad. Es ist

$$\eta_v = \frac{\eta_{thi}}{\eta_0}$$

Hierin ist η_0 der thermische Wirkungsgrad der verlustlosen Maschine[1].

Als Beispiel eines Leistungsversuches sind in Zahlentafel 38 die Ergebnisse einer Untersuchung an einer kleinen Gasmaschine wiedergegeben. Die effektive Leistung wurde durch Bremszaum bestimmt.

---

[1] Vgl. auch Schnell: Forsch.-Arb. Ing.-Wes. 1929 Heft 314.

Zahlentafel 38.

Untersuchung eines Viertakt-Gasmotors von 10 PS Leistung.

1. Allgemeine Angaben:

Zylinderdurchmesser $D = 230$ mm
Hub $\qquad\qquad s = 320$ mm

Zylinderkonstante $c = \dfrac{1}{2}\,\dfrac{D^2\,\pi}{4}\,\dfrac{s}{60\cdot75} = 0{,}01478$

Bremszaumkonstante $c_B = 0{,}002$
reduziertes Bremsgestängegewicht $G_{st} = 14$ kg
Versuchsdauer 2 h je Belastung
Barometerstand gleichbleibend 740 mm Q.-S.

	Bez.	Dim.	1	2	3	4
2. Leistungen:						
Drehzahl	n	U/min	206	206	205	205
mittlerer Druck:						
Arbeitsdiagramm	p_{m1}	at	3,18	3,96	3,7	3,9
Förderdiagramm	p_{m2}	at	0,38	0,36	0,34	0,32
$p_{m1}-p_{m2}$	p_m	at	2,8	3,6	3,36	3,58
indizierte Leistung						
$N_i = p_{mi}\cdot n\cdot c$	N_i	PS$_i$ h	8,55	9,65	10,2	10,9
Bremsbelastung: Gewicht . .	G_1	kg	4	7	9	11
Feder. . . .	G_f	kg	3,8	3,9	4,15	4,35
$\Sigma G = G_1 + G_{st} - G_f$	ΣG	kg	14,2	17,1	18,85	20,65
effektive Leistung						
$N_e = \Sigma G\cdot n\cdot c_B$	N_e	PS$_e$ h	5,83	7,05	7,72	8,47
Reibungsleistung						
$N_R = N_i - N_e$	N_R	PS	2,72	2,6	2,48	2,43
3. Gasverbrauch:						
Gasdruck (absolut)	p_g	mm Q.-S.	743,8	743,8	743,8	743,8
Gastemperatur	t_g	°C	12,5	12,5	12,5	12,5
Gasverbrauch	V	m³/h	6,23	7,1	8,0	8,35
Gasverbrauch reduziert						
$V_0 = V\,\dfrac{273}{273+t_g}\cdot\dfrac{p_g}{760}$	V_0	Nm³/h	5,83	6,63	7,48	7,8
Heizwert des Gases	H_u	kcal/m³	←———— 3920 ————→			
4. Kühlwasser:						
Verbrauch						
Mantel.	G_1	kg/h	475	510	510	518
Deckel	G_2	„	360	386	420	382
Gesamt	G	„	835	896	930	898
Eintrittstemperatur	t_{we}	°C	13	13	13	13
Austrittstemperatur		°C				
Mantel.	t'_{wa}	°C	29	29,2	30,1	30,5
Deckel	t''_{wa}	°C	25,8	26,7	28,1	29,2
Vom Kühlwasser abgeführte Wärme						
Mantel $G_1\,(t'_{wa}-t_{we})$ . . .	W_M	kcal/h	7600	8250	8700	9400
Deckel $G_2\,(t''_{wa}-t_w$	W_D	„	4600	5300	6340	6200

Zahlentafel 38 (Fortsetzung).

	Bez.	Dim.	1	2	3	4
5. Verbrauchszahlen:						
Gasverbrauch bezogen auf						
indizierte Leistung	B_i	Nm^3/PS_ih	0,68	0,685	0,735	0,715
effektive Leistung	B_e	Nm^3/PS_eh	1,0	0,94	0,97	0,92
Kühlwasserverbrauch bez. auf						
indizierte Leistung	—	kg/PS_ih	97,6	93	91,3	82,5
effektive Leistung	—	kg/PS_eh	143	127	120	106
Schmierölverbrauch						
Zylinderöl	—	kg/h				
Lageröl	—	kg/h	nicht gemessen			
6. Abgase:						
Zusammensetzung						
Kohlensäure	CO_2	vH.	6,0	6,5	6,8	7,0
Sauerstoff	O_2	„	9,0	9,0	8,8	8,1
Wasserdampf	H_2O	„	10,0	12,0	14,0	16,0
Luftüberschußzahl	m	—	1,66	1,67	1,65	1,56
Abgastemperatur	t_{ga}	⁰ C	165	175	178	190
Lufttemperatur	t_l	⁰ C	20	20	20	20
7. Wärmeverbrauch:						
bezogen auf indizierte Leistung	W_i	$kcal/PS_ih$	2860	2880	3060	3000
„ „ effektive Leistung	W_e	$kcal/PS_eh$	4190	3940	4050	3860
8. Wirkungsgrade:						
mechanischer Wirkungsgrad $\dfrac{N_e}{N_i}$	η_m	vH.	68	73	76	78
indizierter thermischer Wirkungsgrad $\dfrac{632,3}{W_i}$	η_{thi}	vH.	22	21,9	20,6	21
effektiver thermischer Wirkungsgrad $\dfrac{632,3}{W_e}$	η_{the}	vH.	15,1	16,1	15,6	16,4
volumetrischer Wirkungsgrad (aus dem Schwachfederdiagramm)	η_{vol}	vH.	72	79	84	90

	1		2		3		4	
	kcal/h	vH.	kcal/h	vH.	kcal/h	vH.	kcal/h	vH.
9. Wärmeverteilung:								
Nutzleistung . . .	3 690	15,1	4 460	16,1	4 880	15,6	5 360	16,4
Kühlwasser								
Mantel	7 600	31,1	8 250	29,7	8 700	27,8	9 400	28,7
Deckel	4 600	18,8	5 300	19,0	6 340	20,2	6 200	18,9
Abgaswärme u. Rest	8 410	35	9 790	35,2	11 430	36,4	11 740	36
	24 400	100	27 800	100	31 350	100	32 700	100

Literaturverzeichnis.

Hier sind nur einige ergänzende Werke zusammengestellt. Die übrigen
Literaturhinweise sind im Text angegeben.

Balcke: Die Organisation der Wärmeüberwachung in technischen Betrieben.
München-Berlin: Oldenbourg 1929.

Bongards: Feuchtigkeitsmessung (mit zahlreichen Literaturhinweisen). München-
Berlin: Oldenbourg 1927.

ten Bosch: Die Wärmeübertragung. 2. Aufl. Berlin: Julius Springer 1927.

Cammerer: Der Wärme- und Kälteschutz in der Industrie. Berlin: Julius Springer
1928.

— Wirtschaftliche Isolierstärken bei Wärme- und Kälteschutzanlagen und Wärmeabgabe isolierter Rohre bei unterbrochener Betriebsweise. Hernhausen: Indu-
strieverlag 1927.

Deutsche Prioform-Werke Bohlander u. Co.: Wärme und Kälteschutz
in Wissenschaft und Praxis.

Gramberg: Technische Messungen bei Maschinenuntersuchungen. 6. Aufl. (mit
ausführlichem Literaturverzeichnis). Berlin: Julius Springer 1933.

— Maschinenuntersuchungen. 3. Aufl. Berlin: Julius Springer 1924.

Gröber-Erck: Die Grundgesetze der Wärmeübertragung. 2. Aufl. Berlin: Julius
Springer 1933.

Grünzweig und Hartmann: Wärme- und Kälteverlust in isolierten Rohrleitungen und Wänden. Berlin: Julius Springer 1928.

Gumz: Feuerungstechnisches Rechnen. Leipzig: Spamer 1931.

Henning: Temperaturmessung. Braunschweig: Vieweg 1915.

Keinath: Elektrische Temperatur — Meßgeräte. München: Oldenbourg 1923.

Knoblauch und Hencky: Anleitung zur genauen technischen Temperaturmessung. 2. Aufl. München: Oldenbourg 1926.

Kohlrausch: Praktische Physik. 14. Aufl. Leipzig: Teubner 1930.

Landolt, Börnstein, Roth: Physikalisch-chemische Tabellen. 5. Aufl.
Berlin: Julius Springer 1923—1931.

Menzel: Die Theorie der Verbrennung. Dresden-Leipzig: Steinkopff 1924.

Merkel: Die Grundlagen der Wärmeübertragung. Dresden-Leipzig: Steinkopff
1927.

Mitteilungen der Wärmestelle des Vereins deutscher Eisenhüttenleute Düsseldorf.

— des Forschungsheimes für Wärmeschutz. München.

Regeln für Abnahmeversuche, herausgegeben von V. D. I. und anderen Ver-
einigungen
Dampfanlagen 1925 (veraltet). Dampfturbinen 1930.
Durchflußmessungen mit genormten Düsen und Blenden 1932.
Kältemaschinen und Kühlanlagen 1929. Kreiselpumpen 1928.
Rückkühlanlagen 1931. Verbrennungskraftmaschinen 1930.
Wärme- und Kälteschutz 1930. Wasserkraftanlagen 1930.
Wasserkraftmaschinen 1930.

Richtlinien zur Bemessung von Wärme- und Kälteschutzanlagen 1931.

Schack: Der industrielle Wärmeübergang. Düsseldorf: Stahleisen 1929.

Winckler-Brunck: Lehrbuch der technischen Gasanalyse. 5. Aufl. Leipzig:
Felix 1927.

W. S. W.-Mitteilungen der Fa. Rheinhold u. Co., Berlin.

Namen- und Sachverzeichnis.

Abgasverlustzähler 139.
Absaugepyrometer 111.
Absorptionsverhältnis 12.
Absorptionsvermögen 10.
Abwärmeverwertung, Dieselmaschinen 197.
Ackert 77.
Ados 132, 151.
A. E. G. 128.
Ampere 1.
Anemometer 69.
Anzeigegeräte 89.
Arbeit 1.
Ardometer 117.
Askania 90, 143.
Aßmann 124.
Auftrieb 50.
August 123.
Ausdehnungsthermometer 101.
Ausflußmessung 74.
Ausgabeverfahren 89.
Ausstrahlungsvermögen 115.

Bansen 46.
Befehlsanlagen 148.
Behälterstandsmesser 99.
Blende 79, 86.
Bopp & Reuther 81.
Brabbée 48.
Brauer 173.
Brauß 44.
Bremszaum 155.

Cammerer 65.
Celsius 101.
Clausius Rankine Prozeß 177.
CO$_2$-Messung — Doppeldeutigkeit der — 143.

Dalton 120.
Dampfkesseluntersuchung 157.

Dampfmaschine — Einsteuerung der — 176.
— — Untersuchung der 180.
Dampfpreis 169.
Dampfturbinenuntersuchung 184.
Dampfverbrauch der Dampfkraftmaschinen 57.
Daniell 126.
de Bruyn 125, 136.
d'Huart 38.
Dieselmaschinen 188, 194.
Dissoziation 45.
Doerfel 173.
Drehkolbenwassermesser 66.
Dreiecksüberfall 72.
Drosselkalorimeter 128.
Druckmesser 96.
Druck-Temperaturverfahren 125.
Dubbel 191.
Düse 87.
Duplex-Mono-Apparat 136.
Durchflußmesser 69.
Durchflußzahlen: Blende 79.
Durchflußzahlen: Düse 87.
Durchflußpyrometer 111.

Eberle 59.
Eckardt 136.
Eichelberg 190.
Einsteckdüse 89.
Emissionsvermögen 10.
Expansionsberichtigung 81.
Expansionslinie — Untersuchung der — 172.
Extrapolationsverfahren 113.

Fahrenheit 101.
Faraday 2.
Farbumschlagpyrometer 118.
Fehling 38.
Fernmessung 143.
Fernthermometer 102.
Festkegelmesser 70.
Feuchtigkeitsgehalt: Luft 122.
Feuchtigkeitsmesser — Absorptions- 127.
Feuchtigkeitsmessung 119.
Feuerraumbelastung 163.
Flammenstrahlung 19.
Flammentemperatur 46.
Flügelradzähler 69.
Fourier 5.
Fritzsche 48.
Füllungsgrad 170.

Gasbewegung 47.
Gasentnahme 142.
Gasmaschine 197.
Gasmesser 67.
Gaspyrometer 112.
Gasstrahlung 17.
Gasthermometer 102.
Gasverbrauch — Gasmaschinen- 198.
Gesamtstrahlungspyrometer 117.
Geschwindigkeitsmesser 68.
Gleichrichter 77.
Gleichstromübertragung 145.
Glockenmesser 92, 98.
Glühfadenpyrometer 114.
Glühfarben des Eisens 113.
Grenzschichtentheorie 21.
Griffiths 58.
Groß 144.

Güldner 193.
Gütegrad 192.

Hallwachs u. Langen 91, 146.
Hartmann u. Braun 146.
Hassenstein 44.
Heilmann 58.
Heizwertmessung 149.
Hempel 130.
Hencky 149.
Heizflächenleistung 161.
Herdrückstand 161.
Herschel 88.
Hohlraumstellung 15.
Holborn-Kurlbaum 114.
Hopf 49.
Hygrometer 126.

Impfverfahren 89.
Impulsverfahren 147.
Indikator 152.
Indikatordiagramm 170.
ISA. 87.
Isolierstärke 61, 63.
i—t-Diagramm 42.

Jakemann 58.
Joule 3.
Junkers 73, 135, 150.

Kalorimeter 150.
Keiser & Schmidt 125.
Kelvin 101.
Kippflüssigkeitsmesser 68.
Kirchhoff-Gesetz 12.
Kistner 49.
Koch 58.
Köhler 193.
Kofler 108.
Kohlensäuregehalt der Abgase 33.
Kohlensäureschreiber 129, 138.
Kohlrausch 101.
Kolbendampfmaschine 169.
Kolbenmesser 66.
Kompensationseinrichtung 102.
Kompensationsverfahren 147.
Konvektion 21, 23.

Kreuzfadenpyrometer 115.

Lambert Gesetz 14.
Le Chatelier 104.
Leerlaufverlust 178.
Leistung 1.
— effektive 154.
— indizierte 153.
Leuchtschaltbild 148.
Luftbedarf der Verbrennung 30.
Luftmenge, theoretische 32.
Luftüberschuß 31.
Luftüberschußzahl 34.
Luftvorwärmung 47.

Manometer 96.
Mayer, Julius Robert 3.
Meinecke 73.
Meßflansch 87.
Meßwarte 144.
Mischung 5.
Mollier 53.
Mündungsmesser 74.

Nägel 125.
„n", Bestimmung des Exponenten — 174.
Nernst 45.
Neumann 190, 193.
Normaldampf 56.
Normblende 79.
Nusselt 17, 47, 61, 190.

Orsat-Apparat 129.

Pegel 70, 73.
Peiseler 75.
Pintsch 66.
Pitotrohr 75.
Planck 11.
Prandtl 21.
Psychrometer 123.
Pyrometer
— Absauge- 111.
— Gesamtstrahlungs- 117.
— Oberflächen 107.
— Schmelzpunkt 119.

Quecksilberwaage 90.

Ranarex Apparat 128, 136.
Rankine 177.
Rauchdichteschreiber 164.
Rauchgasgewicht 35.
Rauchgasmenge 33.
Rauchgasprüfer 129.
Reaumur 101.
Rehbock 71.
Reibungsverlust 48.
Reynolds 21, 80.
Reynoldssche Zahl 80.
Ringelmann-Skala 165.
Ringkammerentnahme 86.
Ringrohrferngeber 146.
Ringwaage 95.
Rosin 38.
Rostbelastung 163.
Rosspalten 163.
Rückdruckverfahren 155.
Rußablagerung 162.

Sättigungszustand 122.
Sauerstoffbedarf 29.
Sauerstoffschreiber 135.
Schack 17, 46, 148.
Schirmmessung 68.
Schmelzpunktpyrometer 119.
Schmidt 89, 112, 149, 193.
Schornsteinverlust 162.
Schüle 39.
Schutzgasverfahren 96.
Schwachfederdiagramm 188.
Schwimmermesser 92, 98.
Segerkegel 119.
Seilbremse 155.
Seilinger 193.
Siegertsche Formel 43.
Siemens & Halske 114, 126, 138, 146.
spezifisches Gewicht der Gase 77.
— — — Rauchgase 36.
— Wärme der Rauchgase 39.
Staurohr 75.
Staurost 89.
Steinmüller 168.
Stephan-Boltzmann 12.
Steuerung, Gasmaschinen 198.
Stia-Zähler 140.

Stoffwerte 7.
Stoßverluste 49.
Strahlungspyrometer 113.
Strahlungszahlen 13.
Strömungsteiler 94.
Stromstärke 1.
Stromwärme 3.
Strömung 22.
Sulzer, Gebr. A. G. 191.

Taumelscheibenmesser 66.
Taupunkt 120.
Teildruck 120.
Teilstrahlungspyrometer 113.
Temperaturmessung 100.
— von Oberflächen 108.
Thibaut 125.
Thomson 70.
Temperaturleitfähigkeit 10.
Thermoelement 103.
— mit Strahlungsschutz 109.
Thermospannung 105.
Trommelmesser 67.
Torsionsdynamometer 155.

Überfallwehr 70.

V. D. I.-Prozeß 177.
Venturirohr 88.

Verbrennungskraftmaschinen 188.
— Einstellung 188.
— Einstellung der Steuerung 189.
Verbrennungstemperatur 45.
Verdampfungsziffer 160.
Völligkeitsgrad 178.
Volt 1.
Volta 1.

Wärmeaustausch 27.
Wärmeaustauscher 49.
Wärmedurchgang 24.
Wärmedurchgangszahlen 25, 59.
Wärmeeinheit 3.
Wärmeflußmesser 149.
Wärmegefälle 54.
Wärmeinhalt der Rauchgase 38.
Wärmeinhalt des Wasserdampfes 51.
Wärmeleitfähigkeit 138.
Wärmeleitung 5.
Wärmeleitzahlen 6.
Wärmeleitzahlen-Isolierstoffe 63.
Wärmemengenmessung 148.
Wärmepreis 169.
Wärmestrahlung 10.
Wärmeübergangszahl 16.

Wärmeübergang, Verbrennungskraftmaschinen 190.
Wärmeübertragung 5.
Wärmeverbrauch 55.
— Kraftmaschinen 58.
Wärmeverlust 42, 44.
— Kesselanlage 161.
— nackter Dampfleitungen 59.
Wärmewert 182.
Waggener 113.
Wamsler 58.
Wassermesser 66.
Wechselstromübertragung 145.
Wehrmessung 70.
Wenzl 112.
Wheatstonesche Brücke 100.
Widerstandsthermometer 103.
Widerstandsziffer 49.
Widerstand—elektrischer 3, 145.
Windkessel 75.
Wirkungsgrad 4, 55, 57.
Witte 79.
Woltmannzähler 69.

Zähigkeit 22.
Zähigkeitszahlen 23.
Zugstärke 50.

Von folgenden Abbildungen wurden Druckstöcke liebenswürdigerweise zur Verfügung gestellt:

Abb. 42. Bopp & Reuther G. m. b. H. Mannheim-Waldhof.
„ 44. Askania-Werke A.-G. Berlin-Friedenau.
„ 47. I. C. Eckardt A.-G. Cannstadt.
„ 50 a, 51 a. Junkers Thermotechnik. Berlin.
„ 56, 57 b. G. Siebert G. m. b. H. Hanau.
„ 60. W. C. Heraeus. Hanau a. M.
„ 69. Ados Apparatebau. Aachen.
„ 64, 72, 74. Siemens & Halske A.-G. Berlin.

Maschinentechnisches Versuchswesen. Von Prof. Dr.-Ing. **A. Gramberg,** Oberingenieur und Direktor bei der IG-Farbenindustrie in Höchst.
Band I: **Technische Messungen** bei Maschinenuntersuchungen und zur Betriebskontrolle. Zum Gebrauch an Maschinenlaboratorien und in der Praxis. Sechste, vielfach erneuerte und umgearbeitete Auflage. Mit 395 Abbildungen im Text. XV, 488 Seiten. 1933.
Gebunden RM 24,—
*Band II: **Maschinenuntersuchungen** und das Verhalten der Maschinen im Betriebe. Ein Handbuch für Betriebsleiter, ein Leitfaden zum Gebrauch bei Abnahmeversuchen und für den Unterricht an Maschinenlaboratorien. Dritte, verbesserte Auflage. Mit 327 Figuren im Text und auf 2 Tafeln. XVIII, 601 Seiten. 1924. Gebunden RM 20,—

Anleitung zur Durchführung von Versuchen an Dampfmaschinen, Dampfkesseln, Dampfturbinen und Verbrennungskraftmaschinen. Zugleich Hilfsbuch für den Unterricht in Maschinenlaboratorien technischer Lehranstalten. Von Oberingenieur Dipl.-Ing. **Franz Seufert.** Neunte, verbesserte Auflage. Mit 60 Abbildungen. VII, 180 Seiten. 1932. RM 4,40

*__Brand-Seufert, Technische Untersuchungsmethoden zur Betriebsüberwachung,__ insbesondere zur Überwachung des Dampfbetriebes. Zugleich ein Leitfaden für Maschinenbaulaboratorien technischer Lehranstalten. Neu herausgegeben von Oberingenieur Dipl.-Ing. **Franz Seufert.** Fünfte, verbesserte und erweiterte Auflage. Mit 334 Abbildungen, einer lithographischen Tafel und vielen Zahlentafeln. X, 430 Seiten. 1926.
Gebunden RM 29,40

*__Bau und Berechnung der Dampfturbinen.__ Eine kurze Einführung von Oberingenieur Dipl.-Ing. **Franz Seufert.** Dritte, verbesserte Auflage. Mit 77 Abbildungen im Text und auf 2 Tafeln. IV, 100 Seiten. 1929.
RM 3,60

*__Bau u. Berechnung der Verbrennungskraftmaschinen.__ Eine Einführung von Oberingenieur Dipl.-Ing. **Franz Seufert.** Sechste, verbesserte Auflage. Mit 105 Abbildungen im Text und auf 2 Tafeln. V, 145 Seiten. 1930. RM 4,80

*__Verbrennungslehre und Feuerungstechnik.__ Von Oberingenieur Dipl.-Ing. **Franz Seufert.** Zweite, verbesserte Auflage. Mit 19 Abbildungen, 15 Zahlentafeln und vielen Berechnungsbeispielen. IV, 128 Seiten. 1923. RM 2,60

*__Technische Wärmelehre der Gase und Dämpfe.__ Eine Einführung für Ingenieure und Studierende. Von Oberingenieur Dipl.-Ing. **Franz Seufert.** Vierte, verbesserte Auflage. Mit 27 Textabbildungen und 5 Zahlentafeln. IV, 86 Seiten. 1931. RM 3,—

** Auf die Preise der vor dem 1. Juli 1931 erschienenen Bücher wird ein Notnachlaß von 10% gewährt.*

***Leitfaden der Technischen Wärmemechanik.** Kurzes Lehrbuch der Mechanik der Gase und Dämpfe und der mechanischen Wärmelehre von Professor Dipl.-Ing. **W. Schüle.** Fünfte, vermehrte und verbesserte Auflage. Mit 132 Textfiguren und 6 Tafeln. VIII, 323 Seiten. 1928.
RM 7,50; gebunden RM 9,—

Neue Tabellen und Diagramme für Wasserdampf. Von Dr. **Richard Mollier**, Professor an der Technischen Hochschule in Dresden. Siebente, neubearbeitete Auflage. Mit 2 Diagrammtafeln. 32 Seiten. 1932.
RM 3,—

i s-Diagramm für Wasserdampf. Von Dr. **Richard Mollier**, Professor an der Technischen Hochschule in Dresden. (Sonderausgabe aus Mollier, Neue Tabellen und Diagramme für Wasserdampf, 7. Auflage.) 54×70 cm plano. 1932. Neudruck 1933.
Einfarbig RM 1,—
Zweifarbig RM 1,—

$p\mathfrak{B}$-Tafel, Tabellen und Diagramme zur thermischen Berechnung der Verbrennungskraftmaschinen. Von Dr.-Ing. **Otto Lutz**, Stuttgart. Mit 20 Textabbildungen und 3 Tafeln. VI, 68 Seiten. 1932.
RM 8,50

***Kreiselmaschinen.** Einführung in Eigenart und Berechnung der rotierenden Kraft- und Arbeitsmaschinen. Von Dipl.-Ing. **Hermann Schaefer.** Mit 150 Textabbildungen und vielen Beispielen. V, 132 Seiten. 1930.
RM 7,50

Turbokompressoren und Turbogebläse. Eine Einführung in Arbeitsweise, Bau und Berechnung. Von Dipl.-Ing. **Erwin Schulz**, Berlin. Mit 96 Textabbildungen. V, 106 Seiten. 1931.
RM 5,50

Die Pumpen. Ein Leitfaden für höhere technische Lehranstalten und zum Selbstunterricht. Von Prof. Dipl.-Ing. **H. Matthiessen**, Kiel, und Dipl.-Ing. **E. Fuchslocher**, Kiel. Dritte, vermehrte und verbesserte Auflage. Mit 178 Textabbildungen. V, 106 Seiten. 1932.
RM 3,30

***Kreiselpumpen.** Eine Einführung in Wesen, Bau und Berechnung von Kreisel- oder Zentrifugalpumpen. Von Dipl.-Ing. **L. Quantz**, Stettin. Dritte, umgeänderte und verbesserte Auflage. Mit 149 Textabbildungen. V, 115 Seiten. 1930.
RM 5,50

** Auf die Preise der vor dem 1. Juli 1931 erschienenen Bücher wird ein Notnachlaß von 10% gewährt.*